高等职业教育市政工程类专业融媒体系列教材

冷热源工程施工

郑福珍　李晓东　主　编

韩沐昕　吕　君　苏德权　副主编

孙　颖　主　审

中国建筑工业出版社

图书在版编目（CIP）数据

冷热源工程施工 / 郑福珍，李晓东主编；韩沐昕，
吕君，苏德权副主编 . —北京：中国建筑工业出版社，
2024.2
高等职业教育市政工程类专业融媒体系列教材
ISBN 978-7-112-29434-3

Ⅰ . ①冷… Ⅱ . ①郑…②李…③韩…④吕…⑤苏
… Ⅲ . ①制冷工程－工程施工－高等职业教育－教材②热
力工程－工程施工－高等职业教育－教材 Ⅳ . ① TB6
② TK1

中国国家版本馆 CIP 数据核字（2023）第 244968 号

本书围绕冷热源工程设计与施工的实际需要，设置典型的五个学习项目。包括冷热源工程案例识图；冷热源机房附属设备的认知及选择，各设备之间管道系统连接；冷冻站工程；锅炉房工程；换热站工程。教材依据学生认知规律设置项目，将教学内容模块化。教材注重培养学生专业能力、职业素养、团队精神、社会能力，为学生未来职业发展和继续学习打下良好基础。

为便于教学，作者特别制作了配套课件，任课教师可以通过如下途径申请：
1. 邮箱 jckj@cabp.com.cn，12220278@qq.com
2. 电话：（010）58337285
3. 建工书院 http://edu.cabplink.com

责任编辑：吕　娜　聂　伟　王美玲
责任校对：赵　力

高等职业教育市政工程类专业融媒体系列教材
冷热源工程施工
郑福珍　李晓东　主　编
韩沐昕　吕　君　苏德权　副主编
孙　颖　主　审

*

中国建筑工业出版社出版、发行（北京海淀三里河路 9 号）
各地新华书店、建筑书店经销
北京雅盈中佳图文设计公司制版
天津安泰印刷有限公司印刷

*

开本：787 毫米 ×1092 毫米　1/16　印张：16¼　字数：333 千字
2024 年 7 月第一版　2024 年 7 月第一次印刷
定价：**49.00** 元（附数字资源及赠教师课件）
ISBN 978-7-112-29434-3
（41609）

前　言

　　《冷热源工程施工》立体化教材是依照供热、通风与空调工程技术专业的教学标准、课程教学大纲编写的，同时适用暖通领域高素质技术技能人才的培养需求。

　　本书围绕冷热源工程设计与施工的实际需要，设置典型的五个学习项目，以常用冷热源形式为主要叙述对象，包括冷热源工程案例识图、冷热源机房主要设备及附属设备认知及选择、各设备之间管道系统连接。项目设置注重按照学生的认知规律，分析学习项目，设计典型工作任务，将教学内容模块化。培养学生专业能力、职业素养、团队精神、社会能力，为学生未来职业发展和继续学习打下良好基础。

　　本教材项目 1 由黑龙江建筑职业技术学院郑福珍、吕君、王全福、李晓东编写；项目 2 由成都工业职业学院肖光华，黑龙江建筑职业技术学院付莹、关崇明、刘影、苏德权、李晓东，广州市城市建设职业学校刘玮，哈尔滨石油学院赵婧瑜编写；项目 3 由郑福珍编写；项目 4 由黑龙江建筑职业技术学院韩沐昕编写；项目 5 由李晓东编写。全书由郑福珍、李晓东主编，哈尔滨商业大学孙颖主审。

　　由于编者水平有限、编写时间紧迫，书中难免存在错误和不足之处，恳请广大读者批评指正。

目 录

冷热源方案及识图

冷热源系统就是利用各种设备制备热媒或冷媒的热力系统。它可以直接或间接地通过冷媒从建筑内除去热量，也可以直接或间接地通过热媒向建筑内加入热量，以维持被调房间内的热湿环境。冷热源系统方案的选择直接关系到建筑的温、湿度要求及建筑的能耗情况。

任务一 常用冷热源方案

【教学目标】

通过项目教学活动，培养学生具备常用冷源、热源形式原理的认知及选择能力。培养学生具备辩证思维能力、自我学习能力和耐心细致地分析和处理问题的能力，具备良好的职业道德以及诚实、守信、善于沟通和合作的专业素养。

【知识目标】

通过学习任务一常用冷热源方案，应使学生：

1.掌握常用冷源形式及原理；

2.掌握常用热源形式及原理；

3.掌握冷热源方案的选择原则与方法。

【知识点导图】

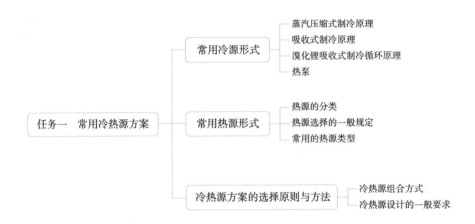

【引导问题】

1.家用冰箱是如何实现制冷的？

_____

_____

2.热量是如何从换热站进入千家万户的？

_____

_____

_____

任务 1.1　常用冷源形式

普冷冷源（制冷温度 −120K 以上）主要是采用液体汽化制冷法。液体汽化制冷是指利用液体汽化过程吸收潜热实现制冷目的。液体压力不同，其沸点也不同，压力越低，沸点越低。冷源常用制冷方式有蒸汽压缩式制冷、吸收式制冷。

一、蒸汽压缩式制冷原理

蒸汽压缩式制冷循环由压缩机、冷凝器、节流阀和蒸发器四大部件组成，制冷剂在其中循环流动，状态不断变化，实现制冷目的。

其工作过程：压缩机吸入蒸发器中低温、低压的蒸汽，经压缩后排入冷凝器，制冷剂出压缩机的状态为高温、高压的过热蒸汽；在冷凝器中，高温、高压的过热蒸汽与冷却介质进行换热，放出热量，被冷却成常温、高压的液体；高压液态制冷剂通过节流阀降压后，状态为湿蒸汽，即大部分是低温、低压的液体和少部分蒸汽（称为闪发蒸汽）；进入蒸发器后，低温制冷剂液体在蒸发压力 P_0，蒸发温度 T_0 下吸收被冷却物体的热量而沸腾蒸发，成为低温、低压的蒸汽，与闪发蒸汽一起随即被压缩机吸入，进入下一个循环过程，如此周而复始地循环，将被冷却物体的热量源源不断地排向冷却环境。

循环过程见图 1−1，压缩机消耗机械能，实现制冷剂的循环流动，并形成蒸发器的低压，由 1 点经压缩过程到 2 点；冷凝器内制冷剂与冷却介质（通常是冷却水或室外空气）进行热交换，将低温物体的热量和压缩功转变的热量传给环境，由 2 点经冷却冷凝过程到 3 点；节流阀起到节流降压、调节流量的作用，由 3 点经节流过程到 4 点；蒸发器内制冷剂与被冷却对象（如空调中的冷水）进行热交换，吸收被冷却物体的热量，

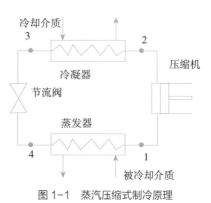

图 1−1　蒸汽压缩式制冷原理

制冷剂由液态变为蒸汽，由 4 点经蒸发吸热过程到 1 点。通过制冷循环，制冷工质不断吸收被冷却物体的热量，使物体温度降低，达到制冷的目的。

下面以家用单冷空调制冷工作过程为例，详细介绍蒸汽压缩式制冷原理。

家用单冷空调设备主要由室内机组和室外机组两部分组成。其中室内机组有蒸发器翅片、机壳、过滤网、风机等。室外机组由气液分离器、压缩机、冷凝器、干燥器、毛细管等组成。

压缩机排出高温、高压的制冷剂蒸汽，进入冷凝器；在冷凝器中，高温、高压的制冷剂蒸汽将热量放给室外环境，被室外空气冷却成高温、高压的液体；高温、高压液态制冷剂经过干燥器去除混入制冷剂中的水分后进入毛细管

微课　1.1−1　常用冷源形式 − 蒸汽压缩式制冷

微课　1.1−2　常用冷源形式 − 家用单冷空调制冷流程

节流降压，变成低温、低压的液体进入蒸发器中；制冷剂在蒸发器内吸收房间的热量蒸发成低温、低压的蒸汽，经气液分离器，被压缩机吸回。经压缩机压缩后再排向冷凝器，如此周而复始地循环，将房间的热量源源不断地排向室外环境。家用单冷空调制冷流程见图 1-2。

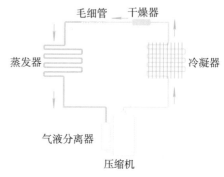

图 1-2　家用单冷空调制冷流程

二、吸收式制冷原理

微课 1.1-3 常用冷源形式－吸收式制冷

　　吸收式制冷原理与蒸汽压缩式制冷相比，相同之处都是利用液态制冷剂在低温、低压条件下蒸发、汽化，同时吸收冷却介质的热量，产生冷效应，使冷却介质温度降低。所不同的是吸收式制冷利用二元溶液作为工质对，组成二元溶液的是两种沸点不同的物质。其中，低沸点的物质是制冷剂，高沸点的物质是吸收剂。为了比较，图 1-3 列出了两种制冷方式的工作原理，吸收式制冷机中有两个循环，即制冷剂循环和溶液循环。

　　如图 1-3（a）所示，左侧为制冷剂循环，与蒸汽压缩式制冷循环图 1-3（b）相同。由冷凝器、节流阀和蒸发器组成，制冷剂是水。在发生器中产生较高压力的过热蒸汽（比吸收器中的压力高，但低于大气压）进入冷凝器，被冷却介质冷却成饱和水；然后经过节流阀节流降压，其状态变为湿蒸汽，即大部分是低温饱和状态的液体水和少量饱和蒸汽的混合状态；其中的低温饱和水在蒸发器中吸热汽化而产生冷效应，使被冷却对象降温，产生制冷效果；蒸发器中汽化的水蒸气被吸收器中的浓溶液吸收。

　　右侧是溶液循环，吸收式制冷特有的循环。吸收式制冷机由发生器、吸收器、溶液泵组成。在吸收器中，来自发生器的浓溶液具有较强的吸收能力，吸收来自蒸发器的低压水蒸气，变成稀溶液；稀溶液被溶液泵加压送入发生器；在发生器中被加热介质（如加热蒸汽、热水等）加热而沸腾，稀溶液中的制冷

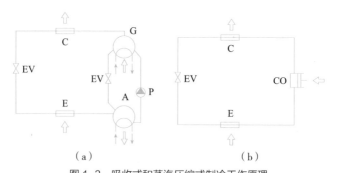

（a）　　　　　　　　　　　　（b）

图 1-3　吸收式和蒸汽压缩式制冷工作原理
（a）吸收式制冷机；（b）蒸汽压缩式制冷机
E—蒸发器；C—冷凝器；EV—膨胀阀；CO—压缩机；G—发生器；A—吸收器；P—溶液泵

剂蒸汽离开发生器，进入冷凝器，稀溶液浓缩为浓溶液；浓溶液经膨胀阀进入吸收器继续吸收蒸发器里的制冷剂水蒸气。

可见，吸收式制冷中制冷剂循环的冷凝、蒸发、节流三个过程与蒸汽压缩式制冷是相同的，所不同的是吸收式制冷以热源为主要动力，消耗热能，而蒸汽压缩式制冷消耗机械能。

吸收式制冷中所用的二元溶液主要有两种，即氨—水溶液和溴化锂—水溶液。氨—水溶液中氨为制冷剂，水为吸收剂。溴化锂—水溶液中水为制冷剂，溴化锂为吸收剂。在工程中主要采用溴化锂—水溶液，即称为溴化锂吸收式制冷。

微课 1.1-4 常用冷源形式－溴化锂吸收式制冷

三、溴化锂吸收式制冷循环原理

溴化锂吸收式制冷是通过水在低压下不断汽化而产生制冷效应。

图 1-4（a）是一种最简单的利用溴化锂溶液实现制冷的装置。把装有溴化锂浓溶液的容器 A 和水溶液的容器 E 相连，并抽出空气维持一定的真空度。由于在容器 A 中的溴化锂浓溶液对水蒸气具有强烈的吸收作用，因此不断吸收来自容器 E 的水蒸气。使 E 中的水蒸气分压力降低，促使容器 E 中的水继续蒸发吸热，使 E 产生制冷效应。但是 A 中的溴化锂浓溶液随时间的增长，溶液变稀，吸收能力降低。温度升高，使容器的制冷能力减小，直到不能制冷。同时，容器 E 中的水也在不断减少。因此，这套装置无法实现连续制冷。

图 1-4（b）是改进以后的装置。在这套装置中，蒸发器 E 可以补充蒸发掉的水，同时在吸收器中补充溴化锂浓溶液，排出溴化锂稀溶液，以保证吸收器中溴化锂的吸收能力。为了提高蒸发器的换热能力及减少液柱对蒸发温度的影响，在蒸发器中设置冷剂（制冷剂的简称）水泵和盘管，将水喷淋在盘管上，盘管内通过需冷却的冷水。为了增强吸收器的吸收作用，将溶液喷淋在管簇上，管簇内通以冷却水，带走吸收过程放出的热量。这种装置虽然可以连续运行，但并不经济，它消耗溴化锂和水，因此，应将溶液再生利用。

图 1-4（c）是溶液进行循环，制冷剂也进行循环的溴化锂吸收式制冷机的流程图。在这个系统中增设了发生器 G 和冷凝器 C。在发生器中装有加热盘管，并通过表压为 0.1MPa 左右的工作蒸汽或 120℃左右的高温水，加热稀溶液，使溶液沸腾，产生水蒸气，从而使溶液变为浓溶液。浓溶液经节流后再回吸收器，吸收水蒸气后变为稀溶液。吸收器中的稀溶液经溶液泵 SP 升压送到发生器中。为了减少吸收器的排出热量和发生器水耗热量，并提高吸收式制冷机的热效率，系统中设有溶液热交换器 HE，使稀溶液和浓溶液进行热交换，这样稀溶液被预热，而浓溶液得到冷却。发生器中产生的冷剂水蒸气在冷凝器中冷凝成冷剂水，再经 U 形管进入蒸发器 E 中，U 形管起冷剂水的节流作用。冷凝器与蒸发器间的压差很小，一般为 6.5~8kPa，即 U 形管中水段定差只有 0.7~0.85m 即可。

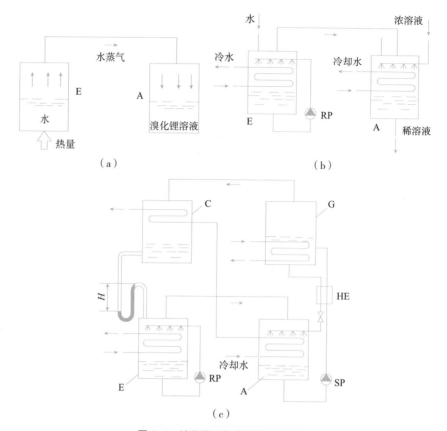

图 1-4　溴化锂吸收式制冷循环原理
（a）最简单的溴化锂吸收式制冷；（b）改进后的溴化锂吸收式制冷；
（c）溶液、制冷剂循环的溴化锂吸收式制冷
E—蒸发器；C—冷凝器；G—发生器；A—吸收器；RP—冷剂水泵；SP—溶液泵；HE—溶液热交换器

1. 单效溴化锂吸收式制冷循环原理

只有一个发生器的溴化锂吸收式制冷机称为单效溴化锂吸收式制冷机。

图 1-5 是国产单效溴化锂吸收式制冷机的工艺流程图。从图中可清楚地看出溶液循环和冷剂水循环。

溶液循环：从吸收器 4 出来的稀溶液由发生器泵 7 升压后，经溶液热交换器 5 送入发生器 2 中；而发生器中的浓溶液经溶液热交换器 5 及引射器 9 进入吸收器中。

冷剂水循环：发生器中产生的冷剂水蒸气进入到冷凝器 1 中，蒸汽放出热量，冷凝成水，经 U 形管 13 进入蒸发器 3 中，冷剂水汽化成蒸汽进入吸收器中，被浓溶液所吸收。

在吸收器和发生器中压力很低，液柱对饱和温度（蒸发器中蒸发温度）影响很大，在蒸发器中 $100mmH_2O$ 会使蒸发温度升高 $10\sim12℃$，由此可以看出压力对蒸发温度的影响非常大，应当避免这种现象。因此，在吸收器和蒸发器中

全部采用淋激式换热器，以减少液柱的影响并增强换热能力。为此，蒸发器设有冷剂水泵，将水喷淋在传热管簇上，循环水量一般为蒸发量的10~20倍；吸收器设有吸收器泵，它的作用除喷淋外，还起引射浓溶液的作用。发生器采用沉浸式换热器，但液面高度应限制在300~500mm。

　　系统中的冷剂水泵、发生器泵、吸收器泵均采用屏蔽泵，以满足溴化锂制冷机高真空度的要求。为了保证系统内的真空度，系统中设有抽气装置。

　　如果溴化锂溶液浓度过高或温度过低，会使溴化锂制冷机在运行中结

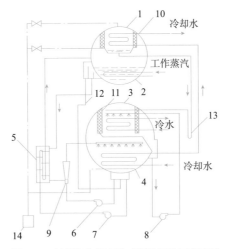

图1-5　单效溴化锂吸收式制冷机的工艺流程
1—冷凝器；2—发生器；3—蒸发器；4—吸收器；
5—溶液热交换器；6—吸收器泵；7—发生器泵；
8—冷剂水泵；9—引射器；10—挡液板；11—挡水
板；12—浓溶液溢流管；13—U形管；14—抽气装置

晶而不得不停机。这是溴化锂制冷机最大的障碍，必须设法杜绝。为了防止溶液结晶，在图1-5中使用了浓溶液溢流管，又称防结晶管。结晶通常发生在浓度高而温度低的地方，即浓溶液热交换器的浓溶液出口管上，一旦发生结晶现象，浓溶液由于不能正常通过热交换器而使发生器内溶液液位上升。当液位超过隔板时，浓溶液就从溢液管流入吸收器中，使吸收器中溶液温度升高，温度较高的稀溶液经热交换器时，可将结晶融化。

2. 双效溴化锂吸收式制冷循环原理

　　为了防止单效溴化锂吸收式制冷机出现结晶现象，热源温度不能太高，如果工作蒸汽压力过高，必须减压使用，但这又造成能量利用上的不合理。采用双效溴化锂制冷机解决了这一问题，它比单效溴化锂制冷机增加了一个高压发生器（也称高压筒），低压部分与单效溴化锂制冷机的结构相近。图1-6为双效溴化锂吸收式制冷机的工艺流程图。

　　从图1-6中可以看出，其中两筒与单效制冷机类似，另一筒则是高压发生器。工作蒸汽进入高压发生器HG中，加热溶液，产生冷剂水蒸气。

　　进入高压发生器HG的稀溶液被工作蒸汽加热至溶液沸点时，产生高温制冷剂蒸汽，进入低压发生器LG盘管内，对低压发生器LG内的稀溶液进行加热，加热后的制冷剂和与低压发生器LG中蒸发出来的制冷剂蒸汽一起进入冷凝器C中，将热量放给冷却水，被冷却为冷媒水。凝结后的冷媒水经冷凝器集水盘汇合后，通过U形管节流装置喷淋在蒸发器E管簇的外表面，在蒸发器内，部分冷媒水蒸发吸收冷水的热量。而尚未蒸发的大部分冷媒水，由蒸发器泵EP喷淋在蒸发器管簇的外表面，吸收通过管簇内流经的冷水的热量，使冷水的温度降低，从而达到制冷的目的。

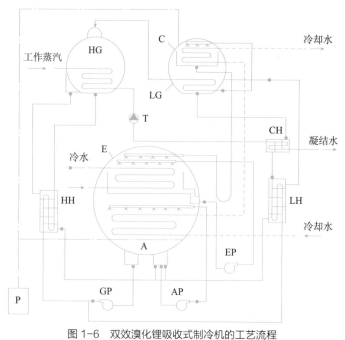

图 1-6　双效溴化锂吸收式制冷机的工艺流程
C—冷凝器；LG—低压发生器；HG—高压发生器；E—蒸发器；A—吸收器；AP—吸收器泵；
GP—发生器泵；EP—蒸发器泵；HH—高温热交换器；LH—低温热交换器；CH—凝水热交换器；
T—疏水器；P—抽气装置

　　机组工作时，吸收器 A 中的稀溶液由发生器泵 GP 分两路输送至高温热交换器 HH 和低温热交换器 LH 经换热升温后，分别进入高压发生器 HG 和低压发生器 LG 中。

　　高压发生器中发生的溴化锂浓溶液经高温热交换器 HH；低压发生器 LG 发生后的溴化锂浓溶液经凝水热交换器 CH；低温热交换器 LH 与吸收器 A 中吸收完水蒸气的溴化锂溶液；这三部分溶液经吸收器泵 AP 加压喷入吸收器管簇的外表面，充分吸收蒸发器蒸发出来的制冷剂蒸汽。

　　双效溴化锂吸收式制冷循环有并联型和串联型两种循环。图 1-6 所示为溶液并联循环流程，即由吸收器出来的稀溶液经吸收器泵分别送入高、低压发生器。图 1-7 所示为溶液串联循环流程，发生器泵将稀溶液经高温溶液热交换器和低温溶液热交换器送入高压发生器中，并被加热产生冷剂蒸汽，稀溶液变成中间溶液；该溶液经高温溶液热交换器 HH 进入低压发生器，再产生冷剂蒸汽而变成浓溶液；浓溶液经低温溶液热交换器后进入吸收器。溶液依次由吸收器—高压发生器—低压发生器—吸收器进行串联循环。

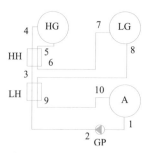

图 1-7　溶液串联循环流程
LG—低压发生器；HG—高压发生器；
A—吸收器；GP—发生器泵；HH—高温
热交换器；LH—低温热交换器

3. 直燃型溴化锂吸收式制冷循环原理

图 1-8 所示为直燃型溴化锂吸收式冷热水机组的流程图（制冷循环）。其内部结构和双效溴化锂吸收式制冷机有相似之处。两者的主要区别是高压发生器单独设置，内部装有燃烧器，直接用火焰加热稀溶液。机组是冷热水机组，其上有切换阀门，用来改变机组的工作状态实现提供冷热水的目的。机组是三筒形，高压发生器单独一个筒体，冷凝器和低压发生器组合为一个筒体，蒸发器和吸收器为一个筒体，另外设有高温热交换器、低温热交换器，还设有吸收器、发生器泵和蒸发器泵（即冷剂泵）。直燃型溴化锂吸收式冷热水机组制冷循环流程如图 1-8 所示。

图 1-8 为机组提供冷媒水的制冷循环：吸收器底部的稀溶液经发生器泵加压后经低温、高温热交换器进入高压发生器，在高压发生器中，燃烧器燃烧燃料加热稀溶液，产生冷剂水蒸气；水蒸气进入低压发生器，加热来自高温热交

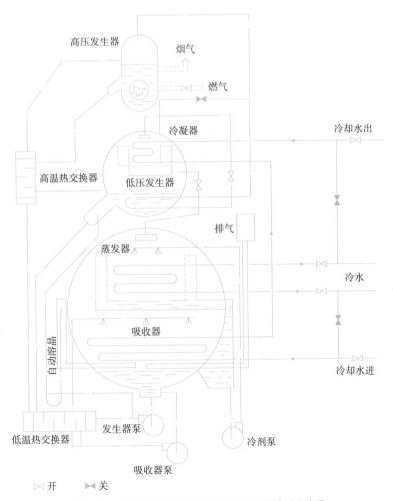

图 1-8　直燃型溴化锂吸收式冷热水机组制冷循环流程

换器的稀溶液，自身凝结成冷剂水进入冷凝器，同时，产生的冷剂水蒸气经挡水板（图中虚线框表示）进入冷凝器；冷凝器中，蒸汽凝结成液体冷剂水，集聚在水盘中。高压的冷剂水降压后进入蒸发器，大部分流入蒸发器的承水盘中，由冷剂泵加压后在蒸发器中喷淋，在汽化的过程中吸收冷媒水的热量而使之降温，冷媒水被冷却。蒸发产生的低温冷剂蒸汽在吸收器中被浓溶液吸收，浓溶液变成稀溶液。吸收器底部的稀溶液被发生器泵加压再被送入高压发生器。冷却水先进入吸收器带走吸收热，再进入冷凝器带走高温冷剂水蒸气的冷凝热。上述过程不断重复。

　　图 1-9 为直燃型吸收式冷热水机组供暖循环流程：冷却水系统关闭，高压发生器产生的高温冷剂水蒸气直接进入冷凝器，加热冷凝器内的热水，而凝结的冷剂水与低压发生器中的浓溶液一起经低温热交换器与稀溶液混合，喷淋到吸收器中，加热热水。热水在吸收器和冷凝器中加热，达到提供空调热水的目

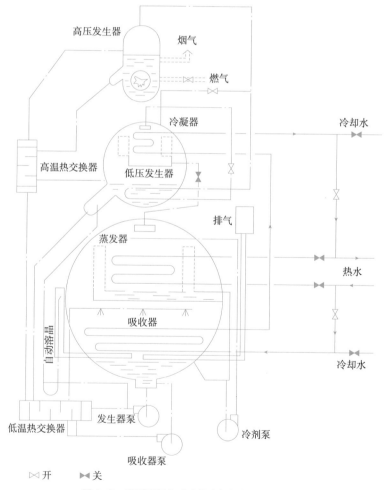

图 1-9　直燃型吸收式冷热水机组供暖循环流程

的。高压发生器中浓缩的浓溶液直接进入吸收器，在其中浓溶液与冷剂水混合成稀溶液。机组在做供暖循环运行时，其实是一个真空锅炉。

　　这种冷热水机组采用一套冷媒水管路系统，既能供冷又能供暖，一机两用，使得整个冷热源设备和系统大为简化，可减少初投资，特别适用于用电力紧张、燃料价格合理的地区。

微课 1.1-5 常用冷热源形式 - 热泵

四、热泵

　　热泵就是以冷凝器放出的热量来供热的制冷机。从某种意义上说，热泵就是制冷机。热泵通过做功使热量从温度低的介质流向温度高的介质。图 1-10 为热泵系统示意。

　　由此可见，热泵的工作原理与制冷机相同，但它们的工作目的不同，工作温度范围也不同。制冷装置的热源温度为环境温度，是将冷源的热量转移到环境中去，使冷源保持低温，而热泵冷源温度是将环境中的热量转移到热源中去，使热源保持一定的高温。

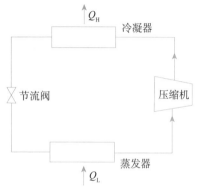

图 1-10　热泵系统示意

　　有些建筑经常需要满足冬季的供热和夏季制冷两种相反的要求。传统的空调系统通常需分别设置冷源（制冷机）和热源（锅炉）。如果让制冷机在冬季以热泵的模式运行则可以省去锅炉和锅炉房，并能减轻供暖造成的大气污染问题。

　　目前，作为建筑冷热源用的冷热水机组，除上述直燃型溴化锂吸收式冷热水机组外，常用的还有空气源热泵冷热水机组、井水源热泵冷热水机组、地下埋管地源热泵。

微课 1.1-6 常用冷热源形式 - 家用热泵空调制冷热流程

1. 空气源热泵冷热水机组

　　家用热泵空调就是一种常见的空气源热泵，下面以家用热泵空调制冷制热为例，详细介绍热泵原理。

　　家用热泵空调制冷原理如图 1-11 所示。

　　压缩机排出高温高压的制冷剂蒸汽，经四通换向阀后排入室外机组进入冷凝器；在冷凝器中，高温高压的制冷剂蒸汽被风扇排出的冷空气冷却，将热量放给室外环境，被冷却成高温、高压的液体；高压液态制冷剂通过毛细管节流降压后，变成低温、低压的液体进入蒸发器中，吸收由风扇运转吸入的室内空气的热量蒸发成低温低压的蒸汽，使室内空气冷却，达到制冷目的。低温、低压的蒸汽经四通换向阀、储液罐，被压缩机吸入，被压缩机压缩后，再排向冷凝器。如此周而复始地循环，将房间的热量源源不断地排向室外环境。

　　家用热泵空调制热原理如图 1-12 所示。

　　压缩机排出高温高压的制冷剂蒸汽，经四通换向阀后排入室内机组冷凝

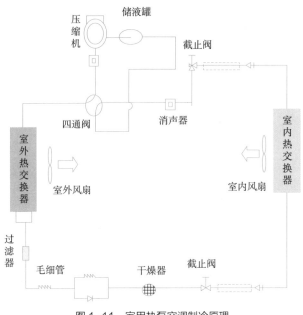

图 1-11　家用热泵空调制冷原理

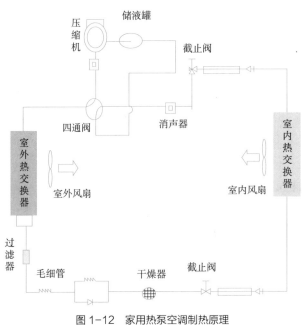

图 1-12　家用热泵空调制热原理

器；在室内机组冷凝器中，高温、高压的过热蒸汽把风扇排出的空气加热，从而将热量放给室内环境，达到制热目的。高温、高压的过热蒸汽放热后被冷却成高温高压的液体；高压液态制冷剂通过两段毛细管节流降压后，变成低温、低压的液体和少部分蒸汽然后进入室外机组蒸发器中，吸收室外环境的热量而沸腾蒸发，成为低温、低压的蒸汽，与闪发蒸汽一道，经四通换向阀、储液罐，被压缩机吸入、压缩后，再排向室内冷凝器。如此周而复始地循环，将环境的热量源源不断地排向室内环境。

由此可见，制冷系统的管路上装有四通电磁换向阀，需要制热时将选择开关拨向"热"挡，通过四通换向阀使制冷剂在系统内的流向方向相反，即蒸发器和冷凝器的工作互换。这时，室外侧的蒸发器（原冷凝器）吸收空气中的热量，室内侧的冷凝器（原蒸发器）放出热量，达到室内侧制热，使房间内空气升温。

四通换向阀在制冷与制热模式的切换中起到不可或缺的作用。

了解了家用热泵空调制冷制热原理，我们再来学习一下空气源热泵冷热水机组的制冷、制热循环流程，如图1-13所示。

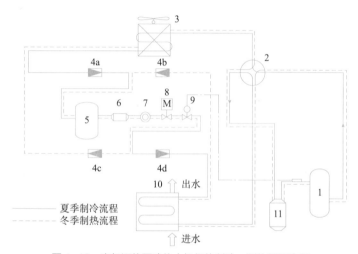

图1-13　空气源热泵冷热水机组的制冷、制热循环流程

在夏季制冷工况下，压缩机1排出的高温、高压制冷剂气体经四通阀2进入空气侧换热器3（此时为冷凝器），向室外排出热量，冷凝后的制冷剂液体经单向阀4a、储液器5、干燥过滤器6、视镜7、电磁阀8、膨胀阀9进行节流降压，通过单向阀4d进入水侧换热器10（此时为蒸发器）。将冷水从12℃冷却至7℃，制冷剂液体则吸热汽化为低温、低压的气体，再经四通阀2进入气液分离器11，在气液分离器中分离的气体被压缩机吸入后重新压缩进行循环。

在冬季制热工况下，压缩机排出的高温、高压制冷剂气体经四通阀2进入水侧换热器10（此时为冷凝器），将循环水从40℃加热至45℃，冷凝后的制冷剂液体经单向阀4b、储液器5、干燥过滤器6、视镜7、电磁阀8、膨胀阀9进行节流降压，通过单向阀4c进入空气侧换热器3（此时为蒸发器）从室外空气中吸取热量，制冷剂液体则吸热汽化为低温、低压的气体，再经四通阀2进入气液分离器11，在气液分离器中分离的气体被压缩机吸入后重新压缩进行循环。

由于风冷热泵机组必须置于室外便于和空气进行热交换的场合，因此经常设置在建筑物屋顶上，而建筑物内则没有制冷及供暖机房。这是风冷热泵机组在一些地区的办公楼建筑中较受欢迎的一个重要原因。此外，风冷热泵机组冷却系统无须冷却水及水泵，基本没有维护要求，整体化的结构使其操作方便，这也是它相对于水冷机组的优势。

2. 井水源热泵冷热水机组

井水源热泵冷热水机组用井水作为低位热源，从一口井汲取水，再从另一口井回灌回去。

图 1-14 为一台井水源热泵冷热水机组的工作原理。该图示是通过水换向来实现供冷与供热工况的转换。

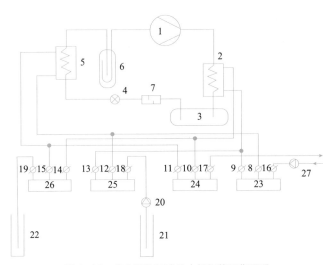

图 1-14 井水源热泵冷热水机组的工作原理

冬季供热时，阀门 16、9、10、17、18、12、15、19 开启，阀门 8、11、13、14 关闭。

用户热水的流程如图 1-15 所示：

图 1-15 冬季供热时用户热水的流程

井水的流程如图 1-16 所示：

图 1-16 冬季供热时井水的流程

夏季供冷时，阀门 16、8、11、17、18、13、14、19 开启，阀门 9、10、12、15 关闭。

用户冷水的流程如图 1-17 所示：

图 1-17　夏季供冷时用户冷水的流程

井水的流程如图 1-18 所示：

图 1-18　夏季供冷时井水的流程

由此可见，该流程是通过水阀门的开启来实现水换向，以达到供暖与供冷的目的。无论是制冷工况，还是供热工况，制冷剂的流程是不变的。

3. 地下埋管地源热泵

地下埋管地源热泵是一种利用地下浅层低温地热资源的，既可供热又可制冷的高效节能热泵系统。地下埋管地源热泵通过输入少量的高品位能源（如电能），实现低品位热能向高品位转移。地能分别在冬季作为热泵供暖的热源，同时蓄存冷量，以备夏用；而在夏季作为冷源，同时蓄存热量，以备冬用。

地下埋管地源热泵是闭式系统，采用埋于地下的高强度塑料管作为热交换器，管路中充满介质，通常是水或乙二醇等防冻水溶液。封闭管路插入多个垂直的井中，利用泵进行循环流动，如图 1-19 所示。

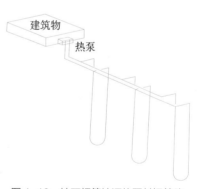

图 1-19　地下埋管地源热泵封闭管路

任务 1.2　常用热源形式

热源负责向供热通风及空调系统提供热媒，供热通风及空调系统可以直接或间接地通过热媒向室内加入热量，以维持房间内的热湿环境。热源设计得合理与否，将会直接影响供热、通风及空调系统是否能正常运行与经济运行。在供热、通风及空调系统设计中，要十分注意合理地选择和设计热源，对使用能源的种类、一次性投资费用、占地面积、环境保护、安全问题和运行费用等方面综合考虑，谨慎决定热源的组成方式并精心设计。

一、热源的分类

建筑中大量应用的热源都需要用其他能源直接转换或采用制冷的方法获取热能。

按获取热能的原理不同，可分为以下几类：

1. 燃烧燃料将化学能转换为热能的热源

通过燃料燃烧将化学能转换为热能的热源，按消耗燃料的不同可分为：

1）燃煤型热源

以煤为燃料的热源，有以下两种类型：

（1）燃煤锅炉，以煤为燃料制备热水或蒸汽，是目前应用广泛的一种热源。

（2）燃煤热风炉，以煤为燃料加热空气制备热风，通常用于生产工艺过程的热源，如用于粮食烘干。

2）燃油型热源

以燃油（轻油或重油）为燃料的热源，有以下三种类型：

（1）燃油锅炉，以燃油为燃料制备热水或蒸汽，是目前建筑中应用较多的一种热源，通常用轻油做燃料。

（2）燃油暖风机，通过燃油的燃烧直接加热空气，可直接置于厂房、养猪场、养鸡场等处供暖，也可用于工艺过程中。

（3）燃油直燃型溴化锂吸收式冷热水机组，既是热源又是冷源。

3）燃气型热源（图1-20）

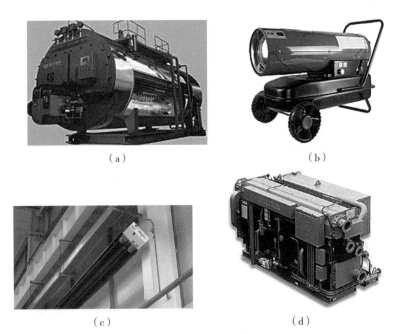

（a）　　　　　　　　　　　　（b）

（c）　　　　　　　　　　　　（d）

图1-20　燃气型热源
（a）燃气锅炉；（b）燃气暖风机；（c）燃气辐射器；（d）燃气直燃型溴化锂吸收式冷热水机组

以燃气（天然气、人工气、液化石油气等）为燃料的热源，有以下几种类型：

（1）燃气锅炉，以燃气为燃料制备热水或蒸气，是建筑中应用较多的一种热源。

（2）燃气暖风机，以燃气的燃烧直接加热空气，可直接用于厂房、养猪场、养鸡场等处的供暖，也可在工艺过程中应用。

（3）燃气辐射器，是一种用于工业厂房辐射供暖的装置，实际上是热源与供暖设备组合成一体的设备。

（4）燃气热水器，是以燃气为燃料制备热水的小型热源装置，用于单户供暖或热水供应。

（5）燃气直燃型溴化锂吸收式冷热水机组，既是热源又是冷源。

2. 太阳能热源

利用太阳能生产热能的热源，可作为建筑供暖、热水供应和用热制冷设备的热源（图 1-21）。

图 1-21　太阳能热源

3. 热泵

热泵是一种利用低品位能量的热源。制冷装置在制冷的同时伴随着热量排出，因此可用作热源。当用作热源时，制冷装置称为热泵机组，简称热泵。热泵是从低品位热源提取热量并提高温度后进行供热的装置。根据热泵驱动的能量不同，可分为蒸汽压缩式热泵和吸收式热泵。

蒸汽压缩式热泵又可分为两类：

（1）电动热泵，消耗电能，以电动机驱动。

（2）燃气热泵和柴油机热泵，以燃气机或柴油机驱动。

4. 电能直接转换为热能的热源

由电能直接转换为热能的热源（称电热设备）有以下三种：

（1）电热水锅炉和电蒸汽锅炉，可用于建筑物内部空调、供暖的热源。

（2）电热水器，可用于单户的供暖或热水供应。

（3）电热风器、电暖气等，通常用于房间补充加热或临时性供暖，这类器具实际上是带热源的供暖设备。

需要说明的是，电能是高品位能量，一般不宜直接转换为热能来应用。

5. 余热热源

余热是指生产过程中被废弃掉的热能，又称为废热。余热的种类有：烟气、热废气或排气、废热水、废蒸汽、被加热的金属、焦炭等固体余热和被加热的流体等余热。只有不含有害物质的、温度适宜的热水才能直接作为热源应用。大部分的余热需要采用余热锅炉等换热设备进行热回收后，才能作为热源应用。

二、热源选择的一般规定

实际供热、通风及空调工程中常用的热源包括：燃煤锅炉、燃油锅炉、燃气锅炉、电锅炉、水源热泵、空气源热泵、土壤源热泵、直燃型溴化锂吸收式冷热水机组等。热源应根据建筑物规模、用途、建设地点的能源条件、结构、价格以及国家节能减排和环保政策的相关规定等，通过综合论证确定。

根据《民用建筑供暖通风与空气调节设计规范》GB 50736—2012 的规定，供热、通风及空调系统热源选择方案，一般应综合分析，考虑所收集到的各种原始资料，并按如下规定进行选择：

（1）有可供利用的废热或工业余热的区域，热源宜采用废热或工业余热。

（2）在技术经济合理的情况下，冷、热源宜利用浅层地能、太阳能、风能等可再生能源。当采用可再生能源受到气候等原因的限制无法保证时，应设置辅助冷、热源。

（3）不具备本条第 1 款、2 款的条件，但有城市或区域热网的地区，集中式空调系统的供热热源宜优先采用城市或区域热网。

（4）不具备本条第 1 款 ~3 款的条件，但城市燃气供应充足的地区，宜采用燃气锅炉、燃气热水机供热或燃气吸收式冷（温）水机组供冷、供热。

（5）不具备本条第 1 款 ~4 款条件的地区，可采用燃煤锅炉、燃油锅炉供热，蒸汽吸收式冷水机组或燃油吸收式冷（温）水机组供冷、供热。

（6）天然气供应充足的地区，当建筑的电力负荷、热负荷和冷负荷能较好匹配、能充分发挥冷、热、电联产系统的能源综合利用效率并经济技术比较合理时，宜采用分布式燃气冷热电三联供系统；

（7）全年进行空气调节，且各房间或区域负荷特性相差较大，需要长时间地向建筑物同时供热和供冷，经技术经济比较合理时，宜采用水环热泵空调系统供冷、供热；

（8）在执行分时电价、峰谷电价差较大的地区，经技术经济比较，采用低谷电价能够明显起到对电网"削峰填谷"和节省运行费用时，宜采用蓄能系统供冷、供热；

（9）夏热冬冷地区以及干旱缺水地区的中、小型建筑宜采用空气源热泵或土壤源地源热泵系统供冷、供热；

（10）有天然地表水等资源可供利用，或者有可利用的浅层地下水且能保证 100% 回灌时，可采用地表水或地下水地源热泵系统供冷、供热。

除符合下列条件之一外，不得采用电直接加热设备作为供暖空调系统的供暖热源和空气加湿热源：

（1）以供冷为主、供暖负荷非常小，且无法利用热泵或其他方式提供供暖热源的建筑。当冬季电力供应充足、夜间可利用低谷电进行蓄热，且电锅炉不在用电高峰和平段时间启用时。

（2）无城市或区域集中供热，且采用燃气、用煤、油等燃料受到环保或消防严格限制的建筑。

（3）利用可再生能源发电，且其发电量能够满足直接电热用量需求的建筑。

（4）冬季无加湿用蒸汽源，且冬季室内相对湿度要求较高的建筑。

在煤、燃气和燃油这三种主要的燃料选择时，以煤为燃料，在许多大中城市中受到了环境保护的制约；以燃油为燃料，在经济性方面目前是最差的；因此如果能够利用燃气为燃料，有利于环境保护、能源效率和经济性等的综合协调。

在人工热源的选择时，对于有城市集中热网的地区，优先考虑集中热网。无余热、废热、可再生能源和城市热网，夏季电能供应又比较紧张的地区，如果冬季需要供热，只能自建本建筑的独立热源及相应装置。

项目热源选型时，应根据项目自身特点，经技术经济比较，选用符合当地条件的零碳能源；有条件时，积极推进太阳能、生物质能、空气能、浅层地热能、中深层地热能等能源的合理应用，促进暖通空调低碳设计，力争实现建筑直接排放零碳化。

三、常用的热源类型

1. 城市集中热网（换热站）

在热源的选择时，对于有城市集中热网的地区，优先考虑集中热网，对整个城市的能源利用、节能环保都是非常有利的，对建筑本身的经济性而言也是较好的选择。

微课 1.1-7 常用热源形式－换热站及燃气（油）锅炉房

在采用城市集中热网作为热源时，通常会设置换热站，根据用户需求改变供热介质品种及热力性能参数。

换热站是供热网络与热用户的连接场所。它的作用是根据热网工况和不同的条件，采用不同的连接方式，将热网输送的热媒加以调节、转换，向热用户系统分配热量，以满足用户需求，并根据需要，进行集中计量、检测供热热媒的参数和数量。

换热站以过热蒸汽、饱和蒸汽、高温热水为热源，利用各种类型的换热器，进行间接换热或直接加热，经热网循环水泵将热水供给热网系统各用户。热交换器可集中设置在锅炉房内、换热站内或用户的入口处。

换热站的作用主要有以下几点：

（1）将热源制备的热媒的温度、压力、流量调整与变换到空调用户设备所要求的热媒状态参数，以保证局部系统安全和经济运行。

通过换热站，可以得到满足用户所要求的不同参数、不同种类的热媒。同一建筑物内暖通空调系统中需要的热媒种类与参数往往是不同的，例如：风机盘管、冷热共用的空调换热器需要 60~50℃ 的热水；热水供暖系统需要 85~60℃ 热水；辐射板采用热水的温度为 38~65℃；寒冷地区新风加热、空气加热需要蒸汽。因此，为了能够向同一系统提供不同参数或不同种类的热媒，在冷热源设计中，常要选用一些换热设备：如蒸汽—水换热器和水—水换热器等。

（2）一次网为高温水时，由于一次网与二次网相互不接触，则一次网的高压经换热器与二次网隔离，而使二次网及设备不受高压的影响，简化系统设计。

（3）当系统太大，不便于运行调节时；或当系统太高，下部设备的承压存在问题时，通常不将所有的设备直接连在一起，而是通过换热器将二者的水压力分隔开，解决供暖及空调水系统承压问题。

根据热网输送的热媒不同，可分为水—水换热站和汽—水换热站。

根据换热站的位置和功能的不同，可分为：

（1）用户热力站（点）。也称为用户引入口。它设置在单栋建筑用户的地沟入口或用户的地下室或底层处，通过它向该用户或相邻几个用户分配热能。

（2）小区热力站（常简称为热力站）。供热网络通过小区热力站向一个或几个街区的多栋建筑分配热能。这种热力站大多是单独的建筑物。从集中热力站向各热用户输送热能的网络，通常称为二级供热管网。

（3）区域性热力站。它用于特大型的供热网络，设置在供热主干线和分支干线的连接点处。

（4）供热首站。位于热电厂的出口，完成汽—水换热过程，并作为整个热网的热媒制备与输送中心。

根据制备热媒的用途，可分为供暖换热站（热站）、空调换热站（冷站）和生活热水换热站或它们间的相互与共同组合。

换热站一般由一次侧供回水管道、换热器、二次侧循环水泵、二次侧供回水管道、二次侧膨胀定压补水装置等主要设备组成，详见图 1-22 换热站系统示意图。

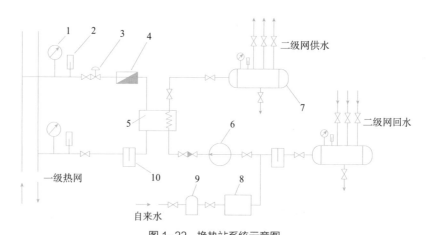

图 1-22　换热站系统示意图

1—压力表；2—温度计；3—调节阀；4—热网流量计；5—供暖用水—水换热器；6—循环水泵；
7—分 / 集水器；8—补水定压装置；9—水处理设备；10—除污器

2.锅炉房系统

锅炉是供热之源，其任务在于安全可靠、经济有效地把燃料的化学能转化为热能，进而将热能传递给水，以生产热水或蒸汽。

1）热水锅炉房

以热水为热媒的热水锅炉房供热系统如图1-23所示。它利用循环水泵使水在系统中循环，水在热水锅炉中被加热到需要的温度后，供暖、通风和空调用热与生活用热水。循环水在各热用户散热冷却后，又通过循环水泵送入热水锅炉重新加热。

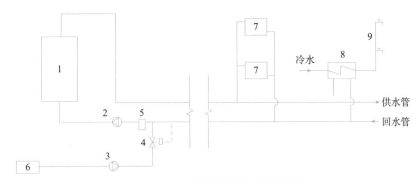

图1-23　热水锅炉房供热系统示意图

1—热水锅炉；2—循环水泵；3—补给水泵；4—压力调节阀；5—除污器；6—水处理装置；
7—供暖散热器；8—生活热水加热器；9—生活用热水

2）蒸汽锅炉房

以蒸汽为热媒的蒸汽锅炉房供热系统如图1-24所示。蒸汽锅炉产生的蒸汽，通过蒸汽干管输送到汽—水换热器，经换热加热热水后供暖、通风、空调用热与生活用热水。热用户的凝结水经过凝结水干管流到锅炉房的凝结水箱，再由锅炉给水泵送入锅炉进行加热。

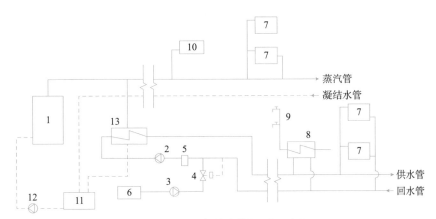

图1-24　蒸汽锅炉房供热系统示意图

1—热水锅炉；2—循环水泵；3—补给水泵；4—压力调节阀；5—除污器；6—水处理装置；
7—供暖散热器；8—生活热水加热器；9—生活用热水；10—生产用蒸汽；11—凝结水箱；
12—锅炉给水泵；13—热网水供暖换热器

任务 1.3   冷热源方案的选择原则与方法

一、冷热源组合方式

冷热源设计的合理与否将会直接关系到建筑供冷、供热需求。因此，在设计中，要十分注意合理地选择建筑冷热源方案。要根据使用能源的种类、一次投资费用、占地面积、环境保护、安全问题和运行费用等方面综合考虑，慎重决定冷热源的组成方式并要精心比较研究。

目前，建筑常见的冷热源组合方式见表 1-1。

建筑常见的冷热源组合方式   表 1-1

序号	组合方式	制冷设备	制热设备	特点
1	电动冷水机组供冷锅炉供热	活塞式冷水机组螺杆式冷水机组离心式冷水机组	燃煤锅炉燃油锅炉燃气锅炉电锅炉	1. 电动冷水机组能效比高； 2. 冷源、热源一般集中设置，运行维修管理方便； 3. 对环境有一定的影响； 4. 占据一定的有效建筑面积； 5. 夏季用电动冷水机组供冷，冬季用锅炉供暖
2	溴化锂吸收式冷水机组供冷锅炉供热	热水型吸收式冷水机组蒸汽型吸收式冷水机组	燃煤锅炉燃油锅炉燃气锅炉电锅炉	1. 冬季锅炉供暖，夏季锅炉供蒸汽或热水，作为溴化锂吸收式冷水机组的动力； 2. 与序号 1 的组合方式相比，有利于保护臭氧层，但对温室效应影响较大； 3. 供冷时，安全性高、噪声小； 4. 溴化锂吸收式冷水机组存在溴化锂对普通碳钢的腐蚀性，同时对气密性要求较高
3	电动冷水机组供冷热电站供热	活塞式冷水机组螺杆式冷水机组离心式冷水机组	大型锅炉汽—水换热器水—水换热器	1. 由热电站作为热源供热，其锅炉容量大，自动化程度高，热效率可高达 90% 以上； 2. 可以取消分散的独立锅炉房，明显地改善环境； 3. 具有电动冷水机组供冷的特点
4	溴化锂吸收式冷水机组供冷热电站供热	热水型吸收式冷水机组，蒸汽型吸收式冷水机组	燃煤锅炉燃油锅炉燃气锅炉电锅炉	1. 冬季锅炉供暖，夏季锅炉供蒸汽或热水，作为溴化锂吸收式冷水机组的动力； 2. 与序号 1 的组合方式相比，有利于保护臭氧层，但对温室效应影响较大； 3. 供冷时，安全性高、噪声小； 4. 溴化锂吸收式冷水机组存在溴化锂对普通碳钢的腐蚀性，同时对气密性要求较高； 5. 由热电站作为热源供热，其锅炉容量大，自动化程度高，热效率可高达 90% 以上； 6. 可以取消分散的独立锅炉房，明显地改善环境； 7. 具有电动冷水机组供冷的特点
5	直燃型溴化吸收冷热水机组	直燃型溴化吸收冷热水机组	直燃型溴化吸收冷热水机组	1. 直燃机夏季供冷水，冬季供热水，一机两用，甚至一机三用； 2. 与独立锅炉房相比，直燃机燃烧效率高，对于大气环境污染小

续表

序号	组合方式	制冷设备	制热设备	特点
6	空气源热泵冷热水机组	空气源热泵冷热水机组	空气源热泵冷热水机组	1. 它是一种具有显著节能效益和环保效益的空调冷热源，应合理使用高位能； 2. 空气是热泵的优良、低位热源之一； 3. 设备利用率高，一机两用； 4. 省掉冷水机组的冷却水系统和供热锅炉房； 5. 可置于屋顶，节省建筑有效面积； 6. 设备安装和使用方便； 7. 注意结霜和融霜问题
7	井水源热泵冷热水机组	地下井水源热泵冷热水机组	地下井水源热泵冷热水机组	除具有序号5和6组合方式中由可供冷又可供热所带来的特点之外，还具有下列特点： 1. 地下井水是热泵优良、低位热源之一，由于冬季地下水温度比空气温度高而稳定，故地下水热泵冷热水机组运行的使用系数高，而且运行稳定； 2. 合理利用高位能源，能源利用率高； 3. 使用灵活，调节方便； 4. 适合用于地下水量充足、水温适当、水质良好、供水稳定的场合； 5. 设计中要注意使用后的地下水回灌到取水的同一含水层中，并严格控制回灌水质量
8	地下埋管地源热泵	水/水热泵或乙二醇水溶液/水热泵机组	水/水热泵或乙二醇水溶液/水热泵机组	除具有序号5和序号6组合方式中由可供冷又可供热的特点以及序号7中由热泵技术所带来的特点之外，还具有下列特点： 1. 浅层岩土蓄能加浅层地温能才是地埋管热泵可持续利用的低温热源； 2. 与地表水源热泵、地下水源热泵相比，地埋管地源热泵初投资高，仅地下埋换热器的投资约占系统投资的20%~30%； 3. 地埋管地源热泵一般需要大面积的土地埋设地下埋换热器，这在大城市及既有建筑改造中利用此系统带来难以克服的困难
9	天然冷热源	蒸发冷却设备和冷却塔供冷、夜间自然供冷设备及全新风运行	太阳能供暖设备地热供暖设备	1. 是一种节能型的空调冷热源；利用新风供冷、冷却塔供冷、地热供暖等天然冷热源，可节省空调能耗； 2. 天然冷热源一直存在于自然界中，对生态无害，选用天然冷热源对环境来说是一种非常安全的选择

二、冷热源设计的一般要求

1. 设计的原始资料

原始资料是设计工作的重要依据之一，如果原始资料不全或有错误，就会引起设计方案的不合理，甚至造成经济上的重大损失。因此，在冷热源设计之前，必须先收集有关的原始资料。一般来说，主要有以下内容：

（1）空调冷负荷、热负荷及参数要求

①小时最大冷（热）负荷、小时平均冷（热）负荷、冷水或热水（蒸汽）

参数、热负荷特点等。

②生活用热负荷。

③冷负荷与热负荷曲线（至少要有最小负荷）。

冷（热）负荷是确定冷（热）源规模、机组选型和确定热力系统等原则性问题的主要依据。

（2）城市的能源结构和能源政策

城市的能源结构是电力、城市供热、燃气（天然气、城市煤气）、油等两种以上组成的多元化能源结构，为了提高一次能源利用效率及热效率，可按冷负荷要求，采用几种能源合理搭配作为冷热源。如电＋气（天然气、城市煤气），电＋油、电＋蒸汽、电＋城市供热等。同时，也要考虑利用能源峰谷、季节差价进行设备选型，提高一次能源的效率和运行的经济性。因此，设计人员应掌握以下供电、供油、气源资料：

①电源及电压电价（峰谷分时电价）及供电的可靠性等。

②城市、区域供热或工厂余热供热的可行性、热媒及参数、热价等。

③燃气、油的产地、价格、运输距离及运输工具、供应的稳定性、性能指标等。

（3）气象资料

气象资料应包括：纬度、海拔高度、大气压力和室外计算干、湿球温度及相对湿度、供暖期天数、主导风向及频率、风速、最大冻土深度等。

（4）水质资料

水质资料是指水源种类及供水压力、温度、价格和水质分析报告等。

（5）地质资料

地质资料是指水文、工程地质资料（如湿陷性、黄土等级、地下水位、地基土允许承载力等）和地震烈度等。

（6）对于冷水机组、中央热水器、换热设备及主要材料资料，设计人员应了解和掌握以下几点：

①冷水机组、中央热水器和换热器等设备的主要性能、规格、技术参数、外形尺寸、质量、价格等。

②辅助设备资料包括风机、水泵、各种标准与非标准设备（定压设备、水箱、水处理设备等）的技术参数及安装外形图等。

③主要材料包括管材、附件及保温材料的供应和价格。

（7）改建、扩建工程对原有设备、管道、土建等竣工资料进行收集，同时还要了解原有冷热源运行情况、曾发生的事故及处理情况，以及目前尚存在的问题和业主的最新要求等。

（8）用户发展规划

设计冷热源时，应当了解用户近期和远期的发展规划，以利于将来的扩建与发展。

2. 设计程序

（1）必须充分了解工程情况，深入实际调查研究，作好设计前期的准备工作。

（2）根据冷热源的原始资料、基础数据、发展规划、能源结构与政策、环保要求、使用场所等，进行多方案的、综合的技术经济比较，在多方案论证基础上，制定出既能很好满足用户要求又技术先进、经济合理的方案，其方案的确定应考虑以下几个方面：

①冷热源形式如分散建站还是集中建站，用何种能源、热媒、制冷剂、设备等。

②冷水系统形式采用一次泵系统还是二次泵系统；同程系统还是异程系统；变水量系统还是定水量系统等。

③冷却水系统形式如用直流式、混合式或是循环供水方式。

④消防、安全、环保等方面的技术措施。

（3）在负荷计算和分析基础上，根据设计工况选择冷水机组、中央热水器和换热器等设备（设备形式、容量和台数等）及确定冷水、冷却水、热媒等参数。

（4）根据已选定的冷水机组、中央热水器和换热器，选择其他辅助设备、管道及附件等。

（5）根据选择好的设备及空调负荷分布情况等，确定冷冻站、热力站等用房的位置与大小及房间的组成，进行设备、管道的布置并绘制必要的设备及管道布置图。

（6）向配合专业提出协作条件。

①提出供电、弱电、自控要求。

②如冷冻站、热力站需要供暖和机械通风，则向暖通专业提供相应的协作条件。

③将计算所得的冷却水量、系统补水量及其他用水量提供给给水排水专业。

（7）根据机房内各种系统管道布置情况，进行管道的水力计算，正确地确定各种系统管道的管径与流动损失，为选择各种水泵提供依据。

（8）编制设计文件、图纸，并列出设备材料清单。

3. 一般设计原则

（1）冷热源设备形式的确定及选择，应根据建筑物规模、用途、冷热负荷、所在地区气象条件、能源结构与政策、价格及环保规定等情况，通过综合论证确定。

（2）发展城市区域供热是我国城市供热的基本政策。因此，设计中应优先采用城市供热或区域供热；同时，优先考虑采用工矿企业余热作为空调制冷、制热的热源，这更符合国家的能源政策。

（3）热电冷联产是利用现有的热电系统，发展供热、供电和供冷为一体的能源综合利用系统。冬季用热电厂的热源供热，夏季采用溴化锂吸收式冷水机组供冷，可使热电厂冬夏负荷平衡，高效经济运行。因此，具有热电条件的商业或公共建筑群，应积极创造条件实施热电联产或热、电、冷三联产。

（4）冷热源设计要遵守国家有关环保方面的规定和政策。如选择电动压缩式冷水机组，应考虑制冷剂对环境的影响，要符合《蒙特利尔议定书》与《京都协议》的有关规定。由于压缩式冷水机组的使用年限一般为20年，因此，当采用过渡制冷剂（如R22、R123等）时，应考虑我国的禁用年限（中国2040年全部停止使用）。又如，锅炉和直燃机燃烧的燃料应优先选用天然气、城市煤气；当无燃气时，可用燃油以减少对环境的影响。

（5）冷热源节能是设计中始终要贯彻的原则，主要原则如下：

①优先考虑采用天然冷热源。

②在条件允许的地区，应考虑采用冷却塔供冷方式。

③回收与利用冷源中的冷凝废热。

④在条件允许的地区，选用空气源热泵冷热水机组、井水源热泵冷热水机组作为冷热源。

（6）在冷热源设计中，必须遵循国家对其安全等方面标准规范中的有关规定。

任务二　冷热源机房施工图的识读

【教学目标】

通过项目实例教学活动，培养学生具备冷冻站机房施工图及换热站机房施工图识读能力。培养学生具备认真、细致、严谨的学习能力、识图能力及知识拓展应用能力。

【知识目标】

通过任务二冷热源机房施工图的识读学习，应使学生：

1. 掌握冷冻站机房施工图的组成及识读方法；

2. 掌握换热站机房施工图的组成及识读方法。

【主要学习内容】

任务二　冷热源机房施工图的识读

施工图组成
- 图纸目录
- 设计施工说明
- 设备材料表
- 原理图（流程图）
- 平面图
- 剖面图
- 系统轴测图
- 详图

冷冻站施工图实例解读
- 原理图识读
- 机房平面图识读
- 屋顶设备平面图识读
- 冷冻站剖面图识读
- 系统轴测图识读
- 详图识读

换热站施工图实例解读
- 换热站施工图识读顺序
- 设计施工说明识读
- 换热站原理图识读
- 换热站平面图识读
- 换热站剖面图识读
- 详图识读

【引导问题】

1. 任务 2.2 中的冷冻站施工图实例中由几个管井将冷冻水供到用户？

2. 任务 2.2 中的换热站施工图实例中体现出几个循环系统？

任务 2.1　施工图组成

微课 1.2-1
冷冻站施工
图组成

一套完整的冷热源机房施工图一般由文字与图纸这两大部分组成。文字部分主要包括图纸目录、设计施工说明及设备材料表等。图纸部分又可分为基本图和详图两部分。基本图包括平面图、剖面图、系统轴测图、原理图等；详图包括大样图、节点图和标准图。

一、图纸目录

为了查阅方便，在众多施工图纸设计工作完成后，设计人员要按一定的图名和顺序将它们逐项归纳编排成图纸目录，并将其放在一套图纸的最前面。通过图纸目录我们可以了解整套图纸的大致内容，包括图纸组成、顺序、编号、名称、张数、图幅大小等。

二、设计施工说明

设计施工说明主要表达的是在施工图纸中无法表示清楚，而在施工中施工人员必须知道的技术、质量方面的要求，它无法用图的形式表达，只能以文字形式表述。

设计施工说明在内容上一般包括本工程主要技术数据，如工程概况、设计参数、设计依据、系统划分与组成、系统施工说明、系统调试与运行、工程验收等有关事项。很多设计人员习惯在设计施工说明这张图纸中纳入了图例和选用图集（样）目录两部分，这两部分是识图的重要辅助材料，为能够看懂施工图打下基础。设计说明也是编制施工图预算和进度计划的依据之一。

三、设备材料表

在设备材料表内明确表示了工程中所选用的设备、附件的名称、型号、规格、数量、主要性能参数以及安装地点等；工程中所选用的各种材料的材质、规格、强度要求等在材料表中也有清楚的表达。

四、原理图（流程图）

原理图（流程图）是综合性的示意图，用示意性的图形表示出所有设备的外形轮廓，用粗实线表示管道。从图中可以了解系统的工作原理，介质的运行方向，同时也可以对设备的编号、建（构）筑物的名称及整个系统的仪表控制点（温度、压力、流量及分析的测点）有一个全面的了解。另外，通过了解系统的工作原理，还可以在施工过程中协调各个环节的进度，安排好各个环节的试运行和调试的程序。

施工图中是否需要原理图（流程图）视情况而定，一般对于热力、制冷、空调冷热水系统及复杂的风系统应绘制原理图（流程图）。系统原理图（流程图）应绘出设备、阀门、控制仪表、配件，标注介质流向、管径及设备编号。原理图可不按比例绘制，但管路分支应与平面图相符。空调、制冷系统有监测与控制时，应有控制原理图，图中以图例形式绘出设备、传感器及控制元件位置；说明控制要求和必要的控制参数。

五、平面图

平面图是施工图中最基本的一种图，是施工的主要依据。它主要表示建筑物以及设备的平面布局，设备的位置、形状轮廓及设备型号，管路的走向分布及其管径、标高、坡度坡向等数据，设备的定位尺寸，剖面图的剖切位置及其编号。平面图主要包括冷冻机房设备平面图、冷冻机房设备基础平面图、冷冻机房设备接管平面图等。

管道和设备布置平面图应以直接正投影法绘制，按假想除去上层楼板后俯视规则绘制，否则应在相应垂直剖面图中表示平剖面的剖切符号，剖视的剖切符号应由剖切位置线、投射方向线及编号组成，剖切位置线和投射方向线均应以粗实线绘制。用于冷冻站设计的建筑平面图，应用细实线绘出建筑轮廓线和与冷冻站有关的门、窗、梁、柱、平台等建筑构配件，并标明相应定位轴线编号、房间名称、平面标高。在平面图中，一般风管用双线绘制，水、气管用单线绘制。常采用绘图比例为 1：100。

六、剖面图

剖面图主要表示建筑物与设备、管道在垂直方向的布置及尺寸关系，管道垂直方向上的排列和走向，横纵向管道的连接，以及管道的编号、管径和标高。当管道与设备连接交叉复杂，光靠平面图标示不清时，应绘制剖面图或局部剖面图。一般情况下，制冷机房与冷冻站机房需要绘制剖面图，其他区域一般无须绘制。

剖面图应在平面图基础上尽可能选择反映清晰全貌的部位垂直剖切后绘制。断面的剖切符号用剖切位置线和编号表示。一般风管用双线绘制，水、气管用单线绘制，并注明管道、设备标高。常采用绘图比例为 1：100。

识读剖面图时要根据平面图上标注的断面剖切符号（剖切位置线、投射方向线及编号）来对应识读。

七、系统轴测图

系统轴测图（又称系统图）直接反映管道在空间的布置及交叉情况，它可以直观地反映管道之间的上下、前后、左右关系，从而完整地将管道、部件及附属设备之间相对位置的空间关系表达出来。系统轴测图还注明管道、部件及附属设备的标高、管道断面尺寸、设备名称及规格、型号等。

系统轴测图是以轴测投影法绘制，宜采用与相应的平面图一致的比例，按正等轴测或正面斜二等轴测的投影规则绘制。管道系统图的基本要素应与平、剖面图相对应。水、汽管道及冷冻站风管道系统图均可用单线绘制。图中的管道重叠、密集处，可采用断开画法，断开处宜以相同的小写拉丁字母表示，也可用细虚线连接。常采用绘图比例为 1 : 100。

八、详图

详图就是对施工图中某部分的详细阐述，而这些内容是在其他图纸中无法表达但却又必须表达清楚的内容。

1）大样图

大样图也称为详图，它是为了详细表明平、剖面图中局部管件和部件的制作、安装工艺，而将此部分单独放大，绘制成图。常采用绘图比例为 1 : 20 或 1 : 50。一般在平、剖面图上均标注有详图索引符号，根据详图索引符号可将详图和总图联系起来看。通用性的工程设计详图，通常使用国家标准图，此时只需指出标准图号，供施工人员从标准图中查阅。

2）节点图

节点图能够清楚地表示某一部分管道的详细结构及尺寸，是对平面图及其他施工图不能表达清楚的某点图形的放大。节点用代号来表示它所在的位置，如"A 节点"，则需在平面图上对应找到"A"所在的位置。

3）标准图

标准图是一种具有通用性的图样。一般由国家或有关部委出版标准图集，作为国家标准或行业标准的一部分予以颁发。标准图中标有成组管道、设备或部件的具体图形和详细尺寸，但它不能作为单独施工的图纸，而只作为某些施工图的组成部分。中国建筑设计研究院出版的《暖通空调标准图集》是目前本专业中主要使用的标准图集。

任务 2.2 冷冻站施工图实例解读

一、原理图识读

微课 1.2-2 冷冻站施工图实例解读——原理图

系统原理图（流程图）是一种示意图，可不按比例绘制，主要表示系统的工作原理及流程，使我们对整个系统的连接与原理有一个全面的了解。为了能够快速地切入主题，识图时也可先阅读原理图，以便迅速抓住系统的来龙去脉。

图 1-25 为某综合大厦制冷机房原理图（流程图）。表 1-2 为该平面图标题栏上方附有的本层设备材料表。该原理图清晰地表示出了制冷系统各设备之间的连接、介质流向等。

1. 冷水系统

冷水系统将标号为 3、4 的直燃冷水机组，标号为 6、7 的集水器、分水器，

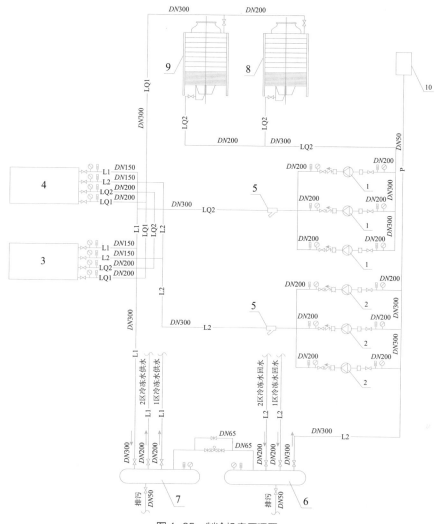

图 1-25 制冷机房原理图

机房原理图设备材料表 表 1-2

序号	名称	型号及规格	单位	数量	备注
1	冷却水泵	IS200-150-315	台	3	两用一备
2	冷冻水泵	IS150-125-400	台	3	两用一备
3	直燃机组	BZ75VIC	台	1	
4	直燃机组	BZ65VIC	台	1	
5	Y 形过滤器	DN300	个	1	
6	集水器	Dg450 × 9	个	1	
7	分水器	Dg450 × 9	个	1	
8	冷却塔	DBNL3-400	台	1	
9	冷却塔	DBNL3-300	台	1	
10	膨胀水箱	国标 1 号	台	1	

标号为 2 的冷水泵以及标号为 10 的膨胀水箱连接在一起，实现提取制冷机组蒸发器冷量的作用，再将提取的冷量供应给各层的空调机组。

该系统的工作流程与原理为：冷水在制冷机组蒸发器中放出热量后温度降低，低温冷冻水被送入到分水器，从而分为两路送至各层空调机组中，在空调机组中吸收空气热量使空气降温，而低温冷水温度升高，升温后的高温冷水由两路汇至集水器，并在冷水泵的推动下由集水器转移至机组蒸发器继续放热降温，完成整个冷水循环。

为了维持系统内压力稳定并容纳温度变化引起的膨胀水量，在冷冻水泵吸入口侧接入一膨胀水箱。

2. 冷却水系统

冷却水系统将标号为 3、4 的直燃冷水机组，标号为 8、9 的冷却塔以及标号为 1 的冷却水泵连接在一起，实现转移制冷机组冷凝器热量的作用。

该系统的工作流程与原理为：冷却水吸收制冷机组冷凝器的放散热量后温度升高，高温冷却水被送入到冷却塔，在冷却塔中与周围的空气进行热湿交换，从而将热量传递给周围的空气，高温冷却水温度降低，降温后的低温冷却水在冷却水泵的推动下进入冷水机组冷凝器中继续吸收热量，完成整个冷却水循环。

二、机房平面图识读

微课 1.2-3
冷冻站施工图
实例解读——
平面图

建筑设置空调系统，主要就是对室内的空气进行冷却、加热、除湿、加湿等热湿处理，而要想实现该功能，必须有相应的冷热源，也就是说要有能够产生冷水、热水或者蒸汽等热湿介质的设备，与此相对应的就是制冷机组与锅炉。制冷机组、锅炉与空调机组的连接也有相应的系统，针对该系统形成了制冷机房（也称冷冻站）图纸与锅炉房图纸，锅炉房图纸识读将在项目 4 中进行介绍，下面介绍制冷机房图纸的识读。

识读的基本方法与步骤是：

（1）通过图纸目录，了解图纸构成情况与每张图纸的主题、设计人员等；

（2）通过设计施工说明、图例、设备材料表等其他文字部分，了解整个工程的概况、系统划分、施工要求、主要设备材料等内容，并掌握图纸上所使用的符号与线形所代表的含义；

（3）从平面图开始，分析图纸的内容，初步了解每张图上的设备、管道等构成情况，系统划分情况及其相互关系；

（4）结合剖面图、系统轴测图、原理图、详图，分析平面图上表述不清的内容；

（5）综合各视图上的内容，构思出图纸所表达的比较复杂的空间物体或系统的结构与外形。

制冷机房（也称冷冻站）图纸同样也包含平面图、剖面图、详图、原理图等。下面我们针对制冷机房的平面图进行识读。

图 1-26 为某综合大厦制冷机房平面图，表 1-3 为该平面图标题栏上方附有的本层设备材料表。

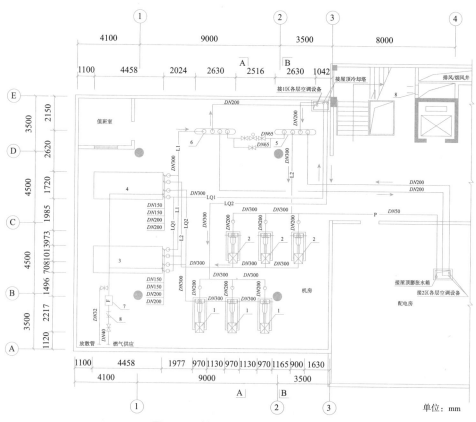

图 1-26　某综合大厦制冷机房平面图

制冷机房设备材料　　　　　　　　　　　　　　　　表 1-3

序号	名称	型号及规格	单位	数量	备注
1	冷却水泵	IS200-150-315	台	3	
2	冷冻水泵	IS150-125-400	台	3	
3	直燃机组	BZ75VIC	台	1	
4	直燃机组	BZ65VIC	台	1	
5	集水器	Dg450×9	个	1	
6	分水器	Dg450×9	个	1	
7	流量计	DN40	个	1	底标高 300mm
8	过滤器	DN40	个	1	

由该平面图可见，在靠近南墙处布置有两台标号为 3 和 4 的直燃式冷水机组，由表 1-3 的设备表可知直燃机组 3 型号为 BZ75VIC，直燃机组 4 型号为 BZ65VIC。该两机组上有五个管路接口，分别为燃气接口、冷冻水进水接口、

冷冻水出水接口、冷却水进水接口、冷却水出水接口。从而形成了三个系统：燃气供应系统、冷冻水系统、冷却水系统，下文将对这三个系统分别进行介绍。

1. 燃气供应系统识读

该机组的燃气系统比较简单，由图 1-26 可见，燃气由①轴、南墙之间靠近东墙的位置引入，引入管为 $DN40mm$，引入口处有一截止阀以控制燃气供应，然后分别经过标号为 8 的过滤器和标号为 7 的流量计，而后分两路接入到两个制冷机组的燃气接口上。在流量计和分流三通之间接有一个 $DN32mm$ 的放散管，以便在紧急情况下释放燃气。

2. 冷冻水系统识读

该系统是连接冷水机组和空调机组的水系统，本平面图示例出了冷水机组到管井立管的连接。由前面介绍的图例我们得知，管道代号为 L1 的水管为冷冻水供水管，管道代号为 L2 的水管为冷冻水回水管，明确这一点对图纸识读非常关键。

两个机组的冷冻水供水管在直燃机组 4 的冷冻水出水口附近经合流三通汇合到一起，管径则由合流前的 $DN150mm$ 变为了 $DN300mm$，合流管则继续前行接入到了标号为 6 的分水器上。经由分水器后，冷冻水供水系统兵分两路：一路接入到 1 区管井冷冻水供水立管上，最终与 1 区各层空调设备连接，向它们供应冷冻水；另外一路连接到 2 区管井的冷冻水供水立管上，最终连接到 2 区各层空调设备上，以向这些设备供应冷冻水。这两路冷冻水供水管的管径均为 $DN200mm$。

制冷机房中的冷冻水回水管则分别由 1 区、2 区管井中的冷冻水回水立管引出，管径为 $DN200mm$，直接接入到了标号为 5 的集水器上。在集水器中会合后，经由管径为 $DN300mm$ 的冷冻水回水干管引出，送入到了标号为 2 的三个冷冻水泵（型号 IS150-125-400）吸入口，最终由冷冻水泵将回水送入到两个直燃机组中。

同时，我们要注意该系统中的分水器和集水器之间连接有一个管径为 $DN65mm$ 的旁通管，该管中间加设电动调节阀和手动调节支路，以便在分水器、集水器间压差过大时开启旁通管旁通一部分水流量。另外，冷冻水泵吸入口处也连接有管径为 $DN50mm$ 的膨胀水管（管道代号 P），该膨胀水管经 2 区管井的立管连接到屋顶上的膨胀水箱。

3. 冷却水系统识读

该系统是连接冷水机组和屋顶冷却塔的水系统，本平面图示例出了冷水机组到管井立管的连接。管道代号为 LQ1 的水管为冷却水供水管，管道代号为 LQ2 的水管为冷却水回水管。

两个机组的冷却水供水管在直燃机组 4 的冷却水出水口附近经合流三通汇合到一起，管径则由合流前的 $DN200mm$ 变为了 $DN300mm$，合流管则继续前行直接接入到 1 区管井冷却水供水立管上，最终与屋顶的冷却塔连接，以使升温后的冷却水实现冷却降温从而循环使用。

制冷机房中的冷却水回水管则由 1 区管井中的冷却水回水立管引出，管径为 DN300mm，直接接入到了标号为 1 的三个冷却水泵（IS200-150-315）吸入口，最终由冷却水泵将回水送入到两个直燃机组中。

另外，由该图可以很清楚地查询冷水机组、水泵、分水器、集水器等设备的定位尺寸和定型尺寸。

三、屋顶设备平面图识读

建筑屋顶设备平面图反映的是安装在建筑屋面上的设备平面布局及管路连接方式，一般来说安装在室外屋面的设备主要有冷却塔、水箱、风冷冷水机组、防排烟系统的通风机、多联空调系统的室外机组等，这些设备并不是同时存在的，根据不同工程所采用的冷冻站系统形式，在屋面布置相应的空调设备。

图 1-27 为某综合大厦屋顶冷冻站平面图，表 1-4 为该平面图标题栏上方附有的本层设备材料表。由该平面图可看到，该建筑屋面共布置有三类设备：

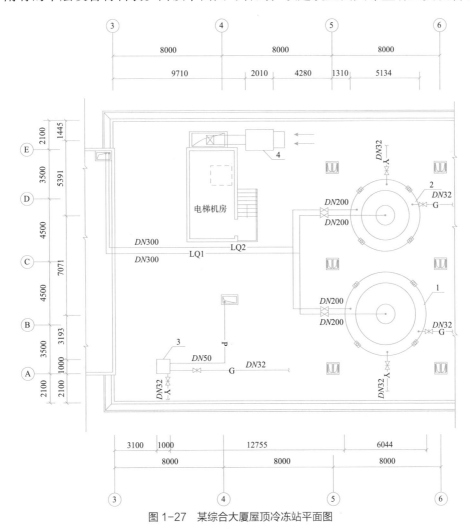

图 1-27　某综合大厦屋顶冷冻站平面图

屋顶设备材料表　　　　　　　　　　表 1-4

序号	名称	型号及规格	单位	数量	备注
1	冷却塔	DBNL3-400	台	1	
2	冷却塔	DBNL3-300	台	1	安装高度距楼面 1.0m
3	膨胀水箱	国标 1 号	台	1	
4	轴流风机	T4-72 №.8C	台	1	

（1）标号为 1 和 2 的冷却塔，由表 1-4 的设备表可知冷却塔 1 型号为 DBNL3-400，冷却塔 2 型号为 DBNL3-300；（2）标号为 3 的膨胀水箱，规格为国标 1 号，且由表 1-4 可知安装高度距楼面为 1.0m；（3）标号为 4 的轴流风机，型号为 T4-72 №.8C，该轴流风机由室外引入新风，并将空气送入到加压送风竖井中，该风机为机械加压送风风机，火灾发生时，该风机启动，向防烟楼梯间送入新风。

　　屋顶平面图中还示例出了冷却塔、膨胀水箱的管路平面连接。两个冷却塔的进回水管路连接到一起形成冷却水供水干管（管道代号 LQ1）和冷却水回水干管（管道代号 LQ2），两个干管连接到 1 区管井立管上，最终与制冷机房的两个直燃式冷水机组连接，向机组持续地供应冷却水。冷却塔上还接有管道代号为 G 的补给水管以及管道代号为 Y 的溢流管。这些管路与冷却塔连接时均设置有截止阀。

　　膨胀水箱连接有管道代号为 P 的膨胀管，该膨胀管连接到 2 区管井的膨胀立管上，最终连接到制冷机房的冷冻水泵的吸入管上。与冷却塔一样，膨胀水箱也接有代号为 G 的补给水管以及代号为 Y 的溢流管。

　　该建筑屋面上所有设备的定位尺寸在图 1-27 中均已标明。各种管路的管径在图 1-27 中也有明确的标注。

四、冷冻站剖面图识读

　　剖面图是对平面图的一个补充，它是与平面图相对应的，用来说明平面图无法清楚表达的内容。一般制冷机房、冷冻站机房、特别复杂的管路系统等需要绘制剖面图。

微课　1.2-4
冷冻站施工图
实例解读——
剖面图

　　图 1-28、图 1-29 分别为某综合大厦制冷机房 A—A 剖面图与 B—B 剖面图。

　　在识读剖面图的时候，首先我们要明确其对应平面图上的剖切位置、剖面编号、剖视方向，并紧紧结合平面图进行解读。下面我们就结合图 1-26 的制冷机房平面图来介绍一下剖面图的识读。

1. 制冷机房 A—A 剖面图识读

　　由制冷机房平面图，我们可知 A—A 剖面位于①轴和②轴之间靠近②轴处，剖视方向为由北向南；B—B 剖面位于②轴和③轴之间靠近②轴处，剖视方向为由南向北。

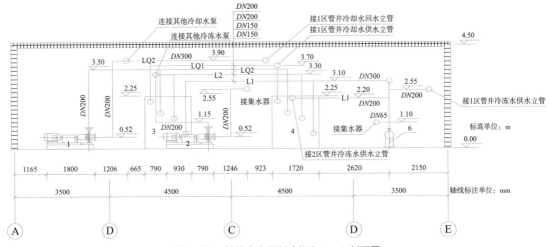

图 1-28　某综合大厦制冷机房 A—A 剖面图

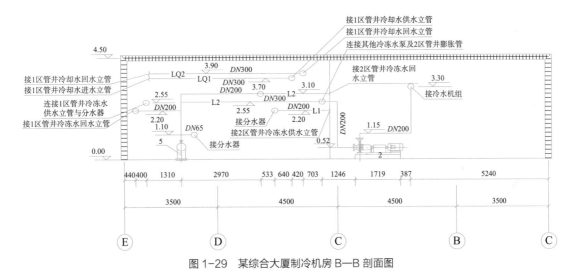

图 1-29　某综合大厦制冷机房 B—B 剖面图

　　该剖面图中展示出了两个冷水机组、冷冻水泵、冷却水泵、分水器等设备以及 1 区、2 区管井立管之间的连接管路在垂直方向上的布局、位置关系、标高、管径等。这些内容在图 1-26 上无法得以全部体现。

　　与 1 区管井冷却水回水立管相连接的机房冷却水回水管安装高度为 3.9m，经冷却水泵加压后送入到机组的冷却水回水干管的安装高度为 3.5m，由机组出来连接 1 区管井冷却水供水立管的冷却水供水干管安装高度为 3.7m。

　　由机组流出连接分水器的冷冻水供水干管的安装高度为 3.1m，分水器与 1 区管井冷冻水供水立管连接的管路安装高度为 2.55m，分水器与 2 区管井冷冻水供水立管连接的管路安装高度为 2.2m，集水器与冷冻水泵连接的水平冷冻水回水干管安装高度为 2.55m，冷水机组与冷冻水泵连接的水平冷冻水回水干管安装高度为 3.3m，分水器与集水器连接的旁通管安装高度为 1.1m。

设备、管路的定位尺寸以及各段管路的管径大小在图 1-28 中都清楚地标注出来了，该图与平面图中均有标注的尺寸，在数值上是一一对应的。

2. 制冷机房 B—B 剖面图识读

该剖面图中主要展示出了在 A—A 剖面图上没有画出的集水器与冷冻水泵以及 1 区、2 区管井立管之间的连接管路在垂直方向上的布局、位置关系、标高、管径等内容。

连接 1 区管井冷冻水回水立管与集水器的管路安装高度为 2.2m，连接 2 区管井冷冻水回水立管与集水器的管路安装高度为 3.1m，连接冷冻水泵与集水器的水平冷冻水回水干管安装高度为 2.55m，连接冷冻水泵与 2 区管井膨胀立管的水平膨胀管的安装高度为 2.55m。该图中体现的其他管路与 A—A 剖面图一致，在此不再详述。

五、系统轴测图识读

系统轴测图（又称系统图）是采用三维坐标绘制的，可以清晰地表示出冷冻站系统设备以及风、水管路的空间布局，其上下、左右、前后的位置关系可以直观地体现，使我们从整体上了解系统构成情况以及各种设备、部件等的尺寸、规格、数量等，让我们对平面图、剖面图的理解更加深刻。

系统轴测图与平面图在设备及管道的相对位置、相对标高、实际走向上是一一对应的，鉴于两者的这种关系，在识读时两个图应该交替着看、对照着看，会更利于理解。

系统图主要反映管线标高，这与剖面图的作用相同。系统图与剖面图取一种形式即可表述清楚。本教材实例采用的是绘制剖面图形式，所以无系统图。

六、详图识读

冷冻站施工图所需要的详图较多，总的来说，有设备、管道的安装详图，设备、管道的加工详图，设备、部件的结构详图等。它主要是表示设备、局部管件和部件的制作方法和安装工艺，这是对指导施工有重要意义的一种图样。下面以某综合大厦的部分大样图为例介绍一下冷冻站详图的识读方法。

微课 1.2-5
冷冻站施工图
实例解读——
详图

图 1-30、图 1-31 分别为冷却塔配管图、膨胀水箱配管图。在前述的平面图和原理图中我们无法获取这两个设备具体的管路安装方法，但这两个大样图则清晰地表示出了设备的管路连接方法以及相应的阀门设置，为施工提供了详细的指导，这正是详图最重要的作用。

图 1-32 为新风机组配管大样图。由该图我们可知新风机组的进出水管路与机组连接时均需采用软管连接形式，并均要设置截止阀。同时，在回水管上设置有电动二通阀，该阀由新风机组的出风口处空气温度来控制调整，以保证送风参数满足要求。另外，冷凝水管与机组连接处需要设置 U 形存水弯。

图 1-33 为风机盘管配管大样图。由该图我们可知风机盘管的进出水管路

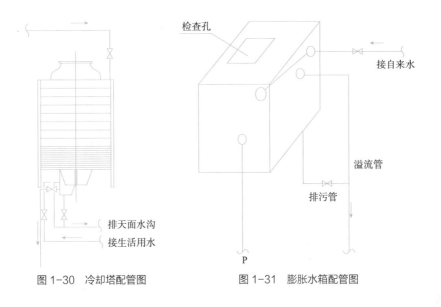

<table>
<tr><td>图 1-30　冷却塔配管图</td><td>图 1-31　膨胀水箱配管图</td></tr>
</table>

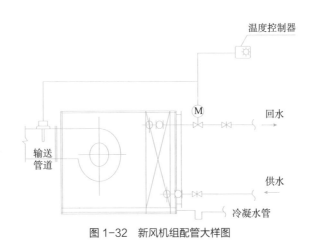

图 1-32　新风机组配管大样图

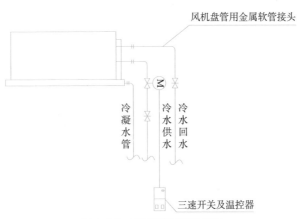

图 1-33　风机盘管配管大样图

与机组连接时均需采用风机盘管用金属软管接头，并均要设置截止阀。同时，在供水管上设置有电动二通阀，该阀由布置于室内的温控器所检测到的温度来控制调整，以保证送风参数满足要求。

图 1-34 为水泵配管大样图。由该图我们可知水泵进出水管的配管要求。水泵的进出水管路与泵体连接时均需采用软管连接形式，并均要设置截止阀。同时，在水泵出水管上设置有止回阀，止回阀后连接有旁通管。进出水管路上均设置有温度计和压力表。

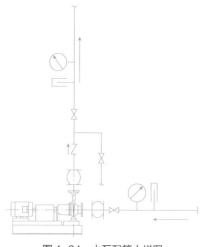

图 1-34　水泵配管大样图

图 1-35 为吊顶式空调机组配管大样图。由该图我们可知吊顶式空调机组的进出水管路与机组连接时均需采用软管连接形式，并均要设置截止阀、压力表、温度计。同时，在回水管上设置有电动二通阀，二通阀前后均设置有截止阀，与二通阀并联设置一个带有手动调节阀的旁通管，以便二通阀维修或更换时能够启动该旁通管以保证吊顶式空调机组正常运行。另外，在机组的供回水之间设置一个加设调节阀的旁通管（$DN40mm$），该旁通管是系统冲洗时使用的，在系统管路安装清洗完毕后，须拆除掉该旁通阀并进行封堵。电动二通阀是通过检测到的回风温度来控制调整的。冷凝水管与机组连接处设置 U 形存水弯。

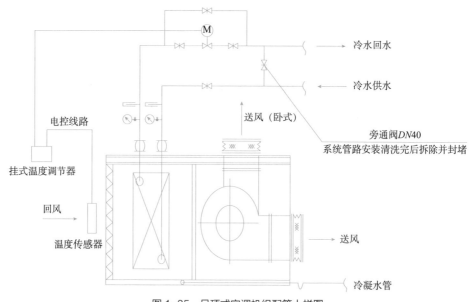

图 1-35　吊顶式空调机组配管大样图

任务 **2.3**　换热站施工图实例解读

一、换热站施工图识读顺序

换热站作为最常用的供热通风及空调系统的热源机房，设备、管道、附件众多，空间纵横交错，流程表达有难度。

微课　1.2-6
换热站施工
图实例解读

因此，正确解读换热站施工图纸，是编制施工图预算以及现场施工前最重要的准备工作。需要对设计图纸和有关标准图的内容、施工说明及各张图纸之间的关系，进行从个别到综合的熟悉，以充分掌握设计意图、了解工程的全貌。

（1）首先阅读设计施工说明，了解工程概况。再结合设备表，弄清流程中各设备的名称和用途。根据介质的种类（结合图例）以及系统编号，将系统进行分类。

（2）以换热机组为中心，查看换热站的原理图或者流程图。

（3）查看设备及管道布置平面图，了解设备的定位布置情况，了解阀门、补偿器、固定支架的安装位置及就地安装测量仪表的位置。

（4）管线交错复杂处，需结合剖面图确定设备间接管的位置及高度等。

二、设计施工说明识读

下面以一个工程实例，完整介绍换热站施工图的整体识读过程。

本工程实例为北京某大厦空调与地板供暖、热水供应换热站。站房位于主体建筑地下一层。

换热站的设计施工说明，主要有下列内容：

（1）设计依据：本专业设计所执行的主要法规和所采用的主要标准（包括标准的名称、编号及年号和版本号）；其他专业提供的设计资料（如总平面布置图、供热分区、热负荷及介质参数、发展要求等）；

（2）确定各个系统的供热负荷；说明加热、被加热介质及其参数；

（3）简述热水循环系统，确定热水循环系统的耗电输热比，简述蒸汽及凝结水系统、水处理系统、定压补水方式等；

（4）换热机组的型号、台数及运行控制要求；

（5）设备材料表（列表给出主要设备如换热器、水泵、水处理设备等的性能参数）；

（6）管道系统的材料、连接形式和要求，防腐、绝热要求；

（7）管路系统的泄水、排气、支吊架、跨距要求；

（8）系统的工作压力和试压要求；

（9）设备基础与到货设备尺寸的核对要求；安装较大型设备时，需要预留安装通道的要求；

（10）设计所采用的图例符号说明等；

（11）本专业设计所执行的主要法规和所采用的主要标准（包括标准的名称、编号及年号和版本号）；

（12）节能、环保、消防、安全措施等；

（13）提请设计审批时需解决或确定的主要问题。

其中，设备表是建设方采购设备的重要依据，因此，必须包含必要的设备性能参数及控制要求，以及设备的备用方案。表1-5为本工程的主要设备列表。

主要设备

表 1-5

序号	名称	型号及规格	数量	单位	备注
1	板式换热器	TGT600-12.7 Q=3650kW PN=1.0MPa	3	台	
2	热水循环泵 （供热一次泵）	QPG200-260（1）A Q=420m³/h H=120kPa N=22kW	3	台	两用一备
3	热水循环泵 （供空调二次泵）	QPG200-260（1） Q=380m³/h H=200kPa N=30kW	3	台	变频控制 两用一备
4	热水循环泵 （供暖二次泵）	QPG100-260A Q=95m³/h H=100kPa N=7.5kW	2	台	一用一备
5	补给水泵	QPGD6.3/70 Q=6m³/h H=70m N=5.5kW 高限压力 0.68MPa 低限压力 0.65MPa	2	台	一用一备 变频控制
6	全自动软水器	FLECK-6BF Q=6m³/h 进水压力 0.2~0.6MPa 进水硬度 <12mg/L	1	台	双罐流量型
7	软化水箱	O3R401-2 NO.14 V=8m³（2600mm×2000mm×1800mm）	1	台	
8	分水器	PN1.0MPa DN700 L=2400mm	1	台	
9	集水器	PN1.0MPa DN700 L=2400mm	1	台	

三、换热站原理图识读

原理图，也称流程图，主要表示系统的工作原理及流程，使我们对整个系统的原理与连接有一个全面的了解。

换热站原理图应体现出热水循环系统、蒸汽及凝结水系统、水处理系统、给水系统、定压补水方式等内容；标明图例符号（也可以在设计说明中加）、管径、介质流向及设备编号（应与设备表中编号一致）；标明就地安装测量仪表的位置等。

图1-36为北京某大厦换热站原理图。图中设备编号对应设备名称见表1-5。该原理图包括了换热站中所有的热力设备和管道，重点表述了设备、

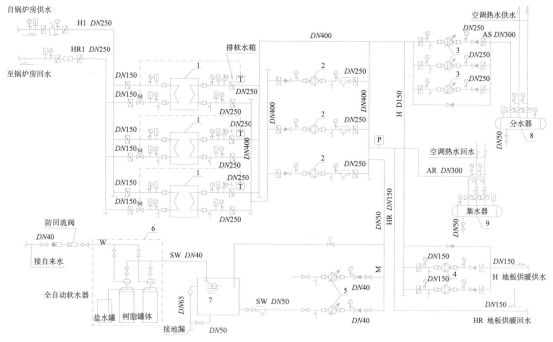

图 1-36　北京某大厦换热站原理图

管道的连接关系以及水的流程。

　　从该原理图可知，主要设备有板式换热器、供热一次泵、供空调二次泵、供暖二次泵、补给水泵、全自动软水器等，这些设备的编号与设备材料表是一致的。

　　本工程的主要管道有一次网供回水管（H1、HR1）、二次网供暖供回水管（H、HR）、二次网空调供回水管（AS、AR）、二次网软化水管（SW）等。

　　从原理图上，我们可以看到，整个系统可以分成一次网供回水、二次网供回水和补水定压三个部分。

　　1. 一次网供回水系统

　　来自锅炉房的一次网供水（管道代号 H1），经过除污器除污后，从机组的一次侧入口进入板式换热器（设备编号 1）进行热交换，释放热量后，温度由 110℃降到70℃，一次网回水（管道代号 HR1）从换热器一次侧出口流出，离开换热器，回到锅炉房。

　　2. 二次网供回水系统

　　二次网分空调、供暖两个系统。本工程二次网分设一、二次热水循环泵。一次热水循环泵用于克服换热站内部阻力。由于空调与供暖的用户系统阻力差距较大，故两个系统分设热水二次循环泵，用于克服各自用户系统的阻力。

　　多用户的空调热水回水（管道代号 AR）汇集到空调集水器（设备编号 9），由一次热水循环泵（设备编号 2）加压后，从机组的二次侧入口进入板式换热器（设备编号 1），吸收一次网热水的热量后，温度由 50℃升至 60℃。二次网回水（管道代号 HR1）从机组的二次侧出口离开换热器。由供空调二次泵（设备编号 3）加压后，进入空调分水器（设备编号 8），热水供给多个空调用户使用。

地板供暖系统的二次网系统的流程与空调系统相同，但由于空调系统与供暖系统的循环水量及系统阻力不同，故单设供暖二次泵（设备编号 4）。

3. 补水定压系统

市政给水经过全自动软水器（设备编号 6），软化处理后进入软化（设备编号 7），经设有变频定压补水装置的补水泵（设备编号 5）补到热水循环一次水泵的吸入口，从而实现系统的补水定压。

四、换热站平面图识读

换热站平面图的识读，需结合主要设备材料表及设计图例。根据图例可得知该平面图中管道种类及相关设备，然后查阅各种管道的引入点和接出点、管径等。

换热站平面图需注明该机房的建筑轴线编号、尺寸、标高和房间名称等。从图 1-37 中得知，本工程换热站位于地下一层的 17 轴、18 轴、A 轴、B 轴之间。

换热站平面图上，可以查取所有设备的定位尺寸，主要设备的外形尺寸及设备编号。从图 1-37 中得知，换热站上部，从左至右，布置有空调系统的分集水器、3 台空调热水二次循环泵、3 台热水一次循环泵、3 台板式换热器。换热站下部，从左至右，布置有 2 台供暖热水二次循环泵、2 台变频补给水泵、1 个软化水箱、1 台全自动软水器。所有设备编号与设备表及原理图保持一致。

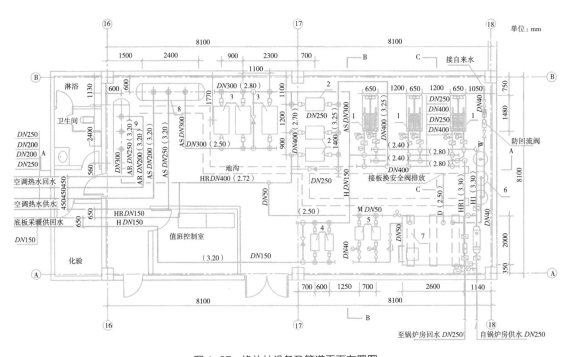

图 1-37　换热站设备及管道平面布置图

在平面图上，可以查到设备的外形尺寸，如：单台换热器（设备编号 1）的尺寸为 1480mm × 650mm；可以查得设备之间的检修距离，如：每两台换热器之间的距离为 1200mm；还可以查得设备的具体安装位置，如：最右侧的一台换热器的边缘距离 18 轴水平距离为 1050mm，距离 B 轴的垂直距离为 750mm。平面图中设备轮廓均为根据实际设备的尺寸和形状按比例绘制。

除了设备的平面定位及设备外形尺寸可以在平面图上查取到以外，设备之间的接管顺序、管径，进入及离开机房的管道位置也体现在平面图上。从图中可知，一次网的供回水自换热站的东南角引入及流出，管径均为 DN250mm。经过除污器除污后，从机组的一次侧入口进入板式换热器（设备编号 1）进行热交换，释放热量后，从换热器一次侧出口流出，离开换热器，回到锅炉房。二次网分空调、供暖两个系统，其供回水管道均自换热站的西侧中间部位引入及流出。其中空调系统分为两路，供回水管径分别为 DN250mm 及 DN200mm，供暖系统供回水管径为 DN150mm。

五、换热站剖面图识读

剖面图是对平面图的一个补充，它与平面图是相对应的，用来说明平面图无法清楚表达的内容。一般冷热源机房、通风空调机房、特别复杂的管路系统等需要绘制剖面图。

在识读剖面图的时候，首先我们要明确其对应平面图上的剖切位置、剖面编号、剖视方向，并紧密结合平面图进行阅读。下面我们就以换热站 A—A 断面的剖面图来介绍一下剖面图的识读方法。

图 1-38、图 1-39 分别为某综合大厦换热站 A—A 剖面图与 B—B 剖面图。

在识读剖面图的时候，首先我们要明确其对应平面图上的剖切位置、剖面编号、剖视方向，并紧紧结合平面图进行阅读。下面我们就结合图 1-26 的换热站平面图来介绍一下剖面图的识读。

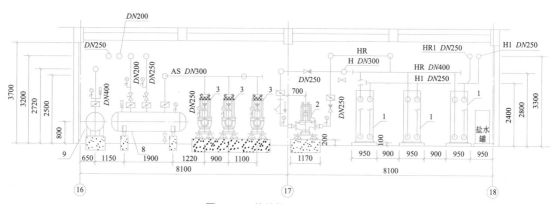

图 1-38　换热站 A—A 剖面图

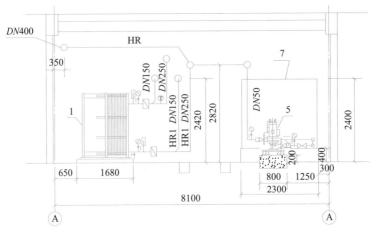

图 1-39　换热站 B—B 剖面图

1. 换热站 A—A 剖面图识读

由换热站平面图，我们可知 A—A 剖面位于 A 轴、B 轴之间处，剖视方向为由南向北。

该剖面图 1-38 中展示出了 3 台换热器、供热一次水泵、空调二次水泵、分水器、集水器等设备以及以上设备之间的连接管路在垂直方向上的布局、位置关系、标高、管径等内容。这些在图 1-37 的换热站平面图上无法得以全部体现。

来自锅炉房的一次网供水（管道代号 H1）安装高度为距地 3.0m，经过除污器除污后，从机组的一次侧入口进入板式换热器（设备编号 1），管道安装高度为距地 2.4m。

本工程的两路空调系统的回水管道的安装高度均为距地 3.2m，汇集到空调集水器（设备编号 9）后，总回水管道标高降低至距地 2.72m，与地热供暖的回水汇合，由热水循环一次泵（设备编号 2）加压后，管道抬升至距地 3.3m，从机组的二次侧入口进入板式换热器（设备编号 1）。板式换热器（设备编号 1）二次侧出水管道安装高度为距地 2.8m，其中一部分由空调二次泵加压后，进入分水器后，于距地 3.2m 的标高处，分两路接建筑物的空调系统。

2. 换热站 B—B 剖面图识读

由换热站平面图，我们可知 B—B 剖面位于 ⑰ 轴、⑱ 轴之间靠近 ⑰ 轴处，剖视方向为由西向东。

该剖面图 1-39 中主要展示出了在 A—A 剖面图上没有画出的补给水泵与供热一次泵之间的连接管路在垂直方向上的布局、位置关系、标高、管径等内容。

由图 1-39 可知，软化水箱（设备编号 7）基础高度为 0.4m，水箱顶部距地 2.4m；补给水泵基础高度为 0.2m；补给水泵连接供热一次泵进水的管路安装高度为 2.82m。

六、详图识读

换热站的各种设备及零部件施工安装，应注明采用的标准图、通用图的图名、图号。凡无现成图纸可选，且需要交代设计意图的，均需绘制详图。

一般来说，有设备、管道的安装详图，设备、管道的加工详图，设备、部件的结构详图等。它主要是表示设备、局部管件和部件的制作方法和安装工艺，这是对指导施工有重要作用的一种图样。

下面以本工程的分 / 集水器大样图为例，来讲解一下详图的识读方法。

图 1-40 反映了分水器 8 和集水器 9 的详细接管尺寸和标高。图中以地面的基准标高为准，分 / 集水器的中心高度均为 800mm，直径均为 700mm，长度均为 2400mm。分 / 集水器顶部依次设有温度计、3 根接管（管径依次为 $DN200$mm、$DN250$mm、$DN300$mm）、压力表，底部设有排污管（管径 $DN100$mm），管径和管间距均标注在图中。

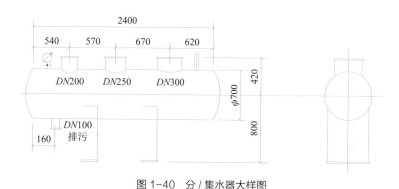

图 1-40　分 / 集水器大样图

总体来说，一套图纸包含换热站设计的全部信息，识读时要相互联系，按照水流方向为顺序依次识读、仔细揣摩，自然而然就可以解读图纸。

习题精练

1. 简述蒸汽压缩式制冷循环过程。
2. 简述吸收式制冷原理。
3. 简述双效溴化锂吸收式制冷循环原理。
4. 简述直燃型溴化锂吸收式制冷循环原理。
5. 简述家用热泵空调制冷原理。
6. 简述建筑常见的冷热源组合方式。
7. 简述冷热源设计的原始资料。
8. 简述冷热源设计程序。
9. 简述冷热源一般设计原则。

冷热源机房附属设备及管道系统

冷热源机房中水泵、水处理设备、稳压补水设备等附属设备是冷热源系统不可缺少的组成部分，管材及附件在冷热源系统中起到输配作用。

任务一　水泵的基本知识

【教学目标】

通过演示、讲解与实际训练，使学生具备水泵的分类及工作原理的认知能力，具有水泵各性能参数含义的理解能力。培养学生对照性能，确定选择方案的专业能力、方法能力和团队合作能力。

【知识目标】

通过学习任务一水泵的基本知识，应使学生：

1. 掌握水泵的分类及工作原理；
2. 掌握水泵各性能参数含义。

【知识点导图】

【引导问题】

1. 水泵是如何将水输送到需要的地方的？

_____

_____

2. 从水泵铭牌上都能读出哪些信息，分别代表什么含义呢？

单级双吸离心清水泵	
型号：100S–90A	转速：2 950r/min
扬程：90m	效率：64%
流量：72m³/h	轴功率：21.6kW
必需汽蚀余量：2.5m	配套功率：30kW
质量：120kg	生产日期：×年×月×日
	××××水泵厂

_____

_____

_____

任务 1.1　水泵的分类及工作原理

　　水泵在生活中比较常见，它是输送液体或使液体增压的机械。它可以将原动机的机械能或其他外部能量传送给液体，使液体能量增加，冷热源工程中，主要用来输送的液体是水。水泵是属于流体机械的一种。

　　水泵在管道工程中无处不在，冷冻水循环系统、冷却水循环系统、换热站水循环系统中，水泵都作为加压设备。下面从三个方面对水泵进行介绍：水泵的分类、工作原理和性能参数。

微课　2.1-1
水泵的分类
及工作原理

一、水泵的分类

　　根据介质分类，可以分为清水泵、污水或污物泵、油泵、耐腐蚀泵、衬氟泵、排污泵等。

　　根据使用安装方式，可以分为管道泵、液下泵、潜水泵等。

　　管道泵是比较常见的类型，图 2-1 即为常见的管道泵。图 2-2 为液下泵，传统液下泵适用于输送任意浓度的强酸、碱、盐、强氧化剂等多种腐蚀性物料，不适用于易燃易爆物料的输送。图 2-3 为潜水泵，是深井提水的重要设备。使用时整个机组潜入水中工作，将地下水提取到地表，是生活用水、矿山抢险、工业冷却、农田灌溉、海水提升、轮船调载的常用设备，还可用于喷泉景观。在工程中，比较常见的是潜水泵。

图 2-1　管道泵　　　　图 2-2　液下泵　　　　图 2-3　潜水泵

　　根据水泵的工作原理和结构进行分类，从图 2-4 中可以看到，水泵可以分为叶片式、容积式，还有其他类型泵。叶片式泵中，又可以分为离心泵、旋涡泵、混流泵和轴流泵。

　　根据进水方式的区别离心泵分为单吸泵和双吸泵。单吸泵是指叶轮上只有一个进水口。而双吸泵是指叶轮两侧都有进水口，如图 2-5、图 2-6。可以从外观上对单吸泵和双吸泵进行区分。

　　离心泵又可以分为单级泵和多级泵。单级泵是指在泵轴上只有一个叶轮的离心泵。多级泵是指在泵轴上有多个叶轮的离心泵，如图 2-7 所示。

- 泵
  - 叶片式泵
    - 离心泵
      - 单吸泵、双吸泵
      - 单级泵、多级泵
      - 蜗壳式泵、分段式泵
      - 立式泵、卧式泵
      - 屏蔽泵、磁力驱动泵
      - 高速泵
    - 旋涡泵
      - 单吸泵、双吸泵
      - 离心旋涡泵
    - 混流泵
    - 轴流泵
  - 容积式泵
    - 往复泵
      - 电动泵
        - 柱塞（活塞）泵、隔膜泵
        - 计量泵
      - 蒸汽泵
    - 转子泵——齿轮泵、螺杆泵、罗茨泵、滑片泵
  - 其他类型泵——喷射泵、空气升液泵、电磁泵

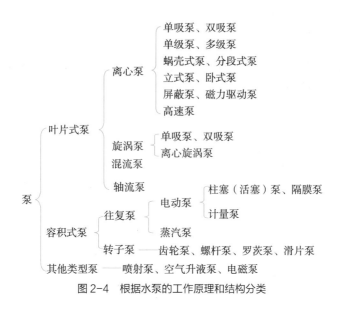

图 2-4　根据水泵的工作原理和结构分类

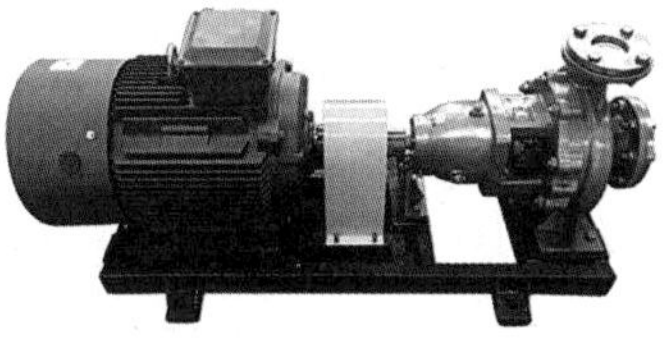

图 2-5　单吸泵

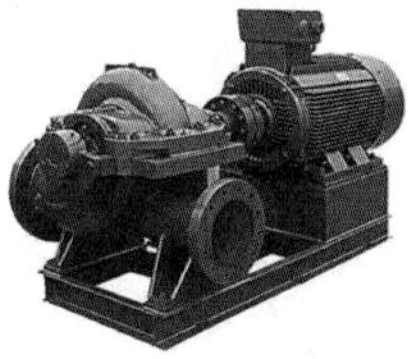

图 2-6　双吸泵

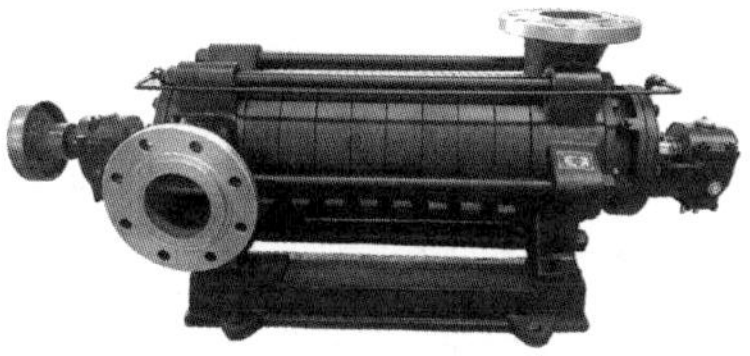

图 2-7　多级泵

叶片式泵和容积式泵性能比较如表 2-1。总体说，叶片式泵结构简单、造价低、体积小、重量轻、安装检修方便。其中轴流泵适用于大流量低扬程，黏度较低的介质，而旋涡泵适用于小流量、高压力的低黏度清洁介质。

叶片式泵和容积式泵性能比较　　　　**表 2-1**

指标		叶片式泵			容积式泵	
		离心泵	轴流泵	旋涡泵	往复泵	转子泵
流量	均匀性	均匀			不均匀	
	稳定性	不恒定，随管路情况变化而变化			恒定	
	范围（m^3/h）	1.6~30000	150~245000	0.4~10	0~600	
扬程	特点	对应一定流量，只能对应一定扬程			对应一定流量可以达到不同扬程，由管路系统确定	
	范围	10~2600m	2~20m	8~150m	0.2~100MPa	0.2~50MPa
效率	特点	在设计点最高，偏离越远，效率越低			扬程高时效率降低很少	扬程高时效率降低很大
	范围（最高点）	0.5~0.8	0.7~0.9	0.25~0.5	0.7~0.85	0.6~0.8

续表

指标	叶片式泵			容积式泵	
	离心泵	轴流泵	旋涡泵	往复泵	转子泵
结构特点	结构简单、造价低、体积小、重量轻、安装检修方便			结构复杂、振动大、体积大、造价高	同叶片泵
适用范围	黏度较低的各种介质（水）	特别适用于大流量、低扬程、黏度较低的介质	特别适用于小流量、较高压力的低黏度清洁介质	适用于高压力、小流量的清洁介质（含悬浮液或要求完全无泄漏可用隔膜泵）	适用于中低压力、中小流量，尤其适用于黏度高的介质

往复型的容积式泵，结构复杂、振动大、体积大、造价高，比较适用于高压力、小流量的清洁介质。

二、水泵的工作原理

1. 离心泵工作原理

离心泵开动前，先将泵和进水管灌满水，水泵运转后，在叶轮高速旋转而产生的离心力的作用下，叶轮流道里的水被甩向四周，压入蜗壳，叶轮入口形成真空，水池的水在外界大气压力下沿吸水管被吸入，补充了整个空间。继而吸入的水又被叶轮甩出蜗壳而进入出水管。

离心泵是由于在叶轮高速旋转所产生的离心力的作用下，将水提至高处的，故称离心泵。

图 2-8 是单级双吸离心泵的构造，它是由泵体、泵盖、叶轮、轴、双吸密封环、轴套、联轴器、轴承体、填料压盖、填料组成。

离心泵启动时，如果泵壳内存在空气，由于空气的密度远小于液体的密度，叶轮旋转所产生的离心力很小，叶轮中心处产生的低压不足以造成吸收液体所需的真空度，这样，离心泵就无法工作。为了使启动前泵内充满液体，应该在吸入管道底部装一止回阀，从而保持泵内液体的充满。此外，在离心泵的出口管路上也应该安装一个调节阀，用于开停水泵和调节流量。

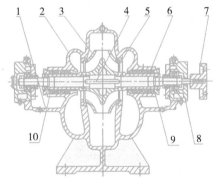

图 2-8　单级双吸离心泵构造
1—泵体；2—泵盖；3—叶轮；4—轴；5—双吸密封环；6—轴套；7—联轴器；8—轴承体；9—填料压盖；10—填料

2. 轴流泵工作原理

轴流泵与离心泵的工作原理不同，它主要是利用叶轮的高速旋转所产生的推力来提升水的。轴流泵叶片旋转时对水所产生的升力，可把水从下方推到上方。

轴流泵的叶片一般浸没在被吸水源的水池中。由于叶轮高速旋转，在叶片产生的升力作用下，连续不断地将水向上推压，使水沿出水管流出。叶轮不断地旋转，水也就被连续压送到高处。

轴流泵特点：第一，水在轴流泵的流经方向是沿叶轮的轴相吸入、轴相流出，因此被称为轴流泵。第二，轴流泵的扬程一般较低，一般为1~13m、但是轴流泵的流量大、效率高，所以非常适于平原、湖区、河网区排灌。第三，与离心泵相比，轴流泵启动前不需灌水，操作简单。

3.混流泵工作原理

由于混流泵的叶轮形状介于离心泵叶轮和轴流泵叶轮之间，混流泵的工作原理既有离心力又有提升力，通过两者的综合作用，水则以与轴形成一定角度流出叶轮，通过蜗壳室和管路把水提向高处。

任务 1.2 水泵性能参数

水泵的性能参数，可以为选择水泵、运行及维护水泵，提供最直接的信息。水泵的性能参数，主要有流量、扬程、功率、效率、允许吸上真空高度或必须汽蚀余量、转速、水泵的铭牌读识、特性曲线这8个方面。

微课 2.1-2
水泵性能参数
（一）

一、流量

水泵的流量就是水泵在单位时间所输送的液体的量，即体积流量和质量流量。体积流量就是指水泵在单位时间内所输送的液体体积，常用单位是 m^3/s、m^3/h、L/s 等。体积流量可以用大写字母 Q 来表示。质量流量指的就是水泵在单位时间内所输送的液体的质量，常用单位就是 t/h，kg/min，kg/s 等。质量流量可以用 Q_m 表示。

体积流量与质量流量是可以相互转换的。即：质量流量 = 体积流量 × 流体密度，也就是 $Q_m=Q \cdot \rho$。常用的流量是体积流量。

流量是水泵非常重要的参数之一。每台水泵都可以在一定的流量范围内工作，我们称之为正常工作区，简称工作区。超出工作区的水泵效率将明显下降。水泵效率最高时所对应的流量为最优流量；水泵的额定流量是水泵的设计流量，也指厂家希望用户经常运行的流量，为了节约能源，降低提水成本，应尽量使水泵在工作区范围内运行。

二、扬程

扬程是指单位质量的液体从水泵的进口到水泵的出口所增加的能量，即水泵对单位重量的液体所做的功。用 H 表示，扬程是表示水泵工作能力大小的参数。扬程的法定单位是帕斯卡，简称帕，用 Pa 表示，也可以用不同的数量级进行表示，如千帕（kPa）、兆帕（MPa）；在工程上，通常把它折算成米水柱，用 mH_2O 表示，简写为米，用字母 m 表示；扬程还可以用工程大气压表示，工程大气压是指 1 公斤的力垂直作用在 $1cm^2$ 的单位面积上所产生的压力。

常用的单位转换：$1MPa=10^3kPa=10^6Pa$；$1mH_2O=9.8kPa$。

需要注意以下两点：

第一，水泵的扬程是表征泵本身性能的，只和水泵进口、出口法兰处的液体能量有关，而与水泵装置无直接关系。

第二，水泵的扬程并不等于扬水高度，扬程是一个能量概念，既包括了吸水高度的因素，也包括了出口压水高度，还包括了管道中的水力损失，所以说扬程并不等于扬水高度。

三、功率

功率指的就是水泵在单位时间内所做功的大小。它的法定单位是瓦特（简称瓦，用大写字母 W 表示），千瓦是瓦的倍数单位，用"kW"表示，在实际工程中，常用马力作为单位来表示功率。

常用的单位转换：1kW=1000W；1 米制马力 =735.499W；1 英制马力 = 745.700W。

有关于功率的几个基本概念分别是：有效功率、轴功率、额定功率和配套功率。

（1）有效功率。泵的有效功率又称作是输出功率，它是指单位时间内流过水泵的液体从水泵那里得到的能量，用 Nu 来表示。

（2）轴功率。轴功率又称输入功率，是指动力机传给泵轴的功率，用大写字母 N 表示。水泵铭牌上所显示的轴功率指的就是对应于通过设计流量时的轴功率，又称作是额定功率。但，轴功率不同于有效功率，因为水泵在实际运转的过程中，由于轴承和填料的摩擦阻力、叶轮旋转时与水的摩擦，泵内水流的漩涡、间隙回流、进出等原因消耗了一部分功率，所以水泵不可能将动力机输入的功率完全变为有效功率，其中一定存在功率损失，也就是说，水泵的有效功率与泵内损失功率之和为水泵的轴功率。

（3）配套功率。配套功率是指为水泵配套的动力机功率，用 Ng 来表示。通常在水泵铭牌或样本上都标有配套功率的数值。水泵的配套功率要比轴功率大一些，主要考虑到水泵与动力机配套成机组，中间会有一个传动装置，它的运转会消耗一部分功率。另外，为确保机组的安全运行，防止动力机超负载，配套功率还要留有一定的余地。

四、效率

水泵的效率是指水泵的有效功率与轴功率之比，用 η 表示。它标志着水泵对能量的有效利用程度，是水泵质量的重要考核指标。水泵的效率以百分数的形式来体现。由于轴功率不可能把全部能量都传递给所输送的液体，在泵的内部存在着能量的损失，所以水泵的有效功率总是小于轴功率，水泵的效率永远小于 1。

水泵的能量损失可以分为三部分，即机械损失、容积损失和水力损失。水泵的有效功率加上水力损失、容积损失、机械损失就等于水泵的轴功率。

五、汽蚀余量或允许吸上真空高度

水泵的汽蚀是水力机械中的一种异常现象。水泵的汽蚀是由水的汽化引起的，水的汽化又与温度和压力有关。水泵的汽蚀是指水泵运行时，由于某些原因会使泵内局部位置水的压力降低到工作温度下水的饱和汽化压力，这时就会造成水的汽化，并产生大量气泡。从水中离析出来的大量气泡随着水流向前运动，流入叶轮中压力较高部位时，气泡受到周围液体的挤压而迅速溃灭，又重新凝结成水，这种现象就称为是水泵的汽蚀现象。

水泵汽蚀会带来的巨大危害。试验表明，汽蚀发生时，水泵就会产生强烈的局部水锤，它产生的冲击频率每分钟能够达到几万次，并且集中作用在极微小的金属表面上，瞬间产生的局部压力能够达到几十甚至几百兆帕。水泵的叶轮或泵壳的壁面瞬间在如此巨大局部压力的连续打击下，金属表面就会产生塑性变形或局部硬化，并产生金属疲劳现象，进而发生裂缝、波蚀，使金属表面呈现蜂窝状孔洞，破坏水泵的叶轮和泵壳，这是水泵汽蚀的第一个危害汽蚀的第二个危害是会引起水泵性能的变化。对于不同类型的水泵引起的变化是不同的。

如图 2-9 所示，对于离心泵来说，水泵叶片流槽狭长，汽蚀刚开始时，气泡占据一定的横道面积，水泵的扬程、功率和效率开始下降，但对水泵的正常工作没有明显的影响。当外界条件使汽蚀更加严重时，气泡大量产生，阻塞流道，使液流的连续性遭到破坏，水流间断，流量–扬程、流量–效率曲线迅速

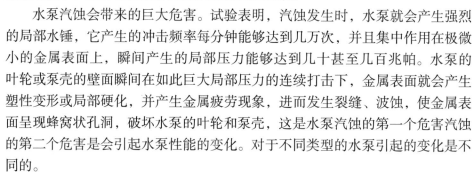
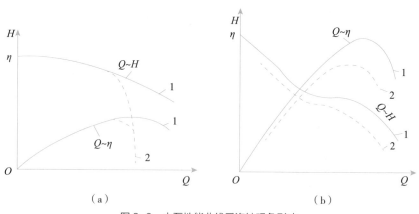

图 2-9 水泵性能曲线受汽蚀现象影响
（a）离心泵；（b）轴流泵
1—表示正常运行时的曲线；2—表示发生汽蚀时的曲线

下降；对于轴流泵，叶片间流道相对宽阔，汽蚀开始后汽蚀区不易扩展到整个流道，因此，性能曲线下降缓慢，不会出现"断裂"工况。

除了以上两个危害，在水泵发生汽蚀的过程中，由于气泡突然破灭，产生噪声和振动，强烈的振动会使机组零件和泵房结构遭到破坏，并且危害管理人员的身心健康。

为了表征水泵的汽蚀性能，引入两个参数，汽蚀余量和允许吸上真空高度。

1）汽蚀余量

汽蚀余量是指在水泵进口处，单位重力的水所具有的大于饱和蒸汽压力的富余能量，也就是水流在进入水泵前超过汽化压力水头的可供使用的能量。可用字母 $NPSH$ 表示。

汽蚀余量还分为临界汽蚀余量和必须汽蚀余量。

临界汽蚀余量是指叶轮内压力最低点的压力刚好等于所输送水流水温下的饱和蒸汽压力时的汽蚀余量，也就是泵内开始发生汽蚀时的汽蚀余量，用 $NPSH_a$ 表示。

必须汽蚀余量是指水泵进口处必须具有超过饱和汽化压力水头的最小能量，必须汽蚀余量能够防止泵的汽蚀发生，用 $NPSH_r$ 表示。

在泵类产品的样本中所提供的汽蚀余量是临界汽蚀余量。为了保证水泵正常工作时不发生汽蚀，将临界汽蚀余量适当加大，可得到必须汽蚀余量。必须汽蚀余量等于临界汽蚀余量加 0.3m。对于大型泵，必须汽蚀余量还可以用临界汽蚀余量乘以系数进行计算，系数为 1.1~1.3。

2）允许吸上真空高度

吸上真空高度是指水泵进口处水流的绝对压力水头小于大气压力水头的数值，也就是安装在水泵进口处真空表的读数。允许吸上真空高度：指水泵在标准状态下（即水温 20℃，表面压力 $1.013 \times 10^5 Pa$）运转时，水泵所允许的最大吸上真空高度，用 Hs 表示，单位为 mH_2O。水泵的允许吸上真空高度是表征水泵汽蚀性能的又一参数，与必须汽蚀余量一样也是计算水泵安装高程的依据。

允许吸上真空高度和必须汽蚀余量之间是有内在联系的，结合整个水泵系统来分析，允许吸上真空高度更能说明水泵汽蚀的物理现象，用它来计算水泵的安装高度比较方便，故应用较为普遍。

六、转速

转速就是指水泵的叶轮每分钟所旋转的圈数，一般用小写字母 n 来表示，通过水泵转速的定义，我们就可以推断出转速的单位，其单位是转每分钟（r/min）。水泵的转速有 2900r/min、1450r/min、970r/min、730r/min、485r/min 等，一般情况下，口径小的泵转速高，口径大的泵转速低。离心泵常用的转速是2900r/min、1450r/min。转速是影响水泵性能的一个重要参数，当转速变化时，水泵的其他五个性能参数都相应地发生变化。当水泵的转速一定时，流量与扬程、功率、效率及必须汽蚀余量之间存在相应的关系，即扬程、功率、效率及必须汽蚀余量均随流量变化而按一定规律变化，可以据此来分析水泵的性能。需要注意的是在往复式水泵中，转速通常以活塞往复的次数来表示，单位与叶片式水泵不同，它的单位是次/min。

任何水泵都以在额定转速、设计流量下运行为最好，此时，它的工作效率最高、最经济。但是，在水泵的实际运行中，由于种种原因，转速经常与额定转速不一致，并且在一些情况下需要改变水泵的转速，当水泵的转速改变时，流量、扬程和功率存在着以下关系：水泵转速改变后，其流量与转速变化率成正比；扬程与转速变化率的平方成正比；轴功率与转速变化率的立方成正比。可见，转速改变后，对轴功率的影响最大。

那么，同一水泵，不同转速，到底有什么区别呢？

首先第一点区别是，低转速的水泵一般都是低扬程大流量的水泵，而高转速的水泵则是高扬程水泵。第二点区别是，在水泵的流量和扬程要求相同的情况下，低转速的水泵运行时的噪声要比高转速的水泵低，并且，低转速的离心泵叶轮的耐磨性更好，对地面的振动也相对较小。第三点区别是在水泵的流量和扬程的要求相同的情况下，低转速的水泵价格也要贵。第四点区别是从设计追求方面来说，高转速的水泵要比低转速的水泵效率高。

七、特性曲线

水泵的性能曲线就是反映水泵各参数之间的相互关系和变化规律的一组曲线，它是合理选择水泵和正确使用水泵不可缺少的基本资料。针对不同的用途，性能曲线在内容和形式上有所不同，这里重点说明基本性能曲线。

基本性能曲线是水泵在设计转速下，扬程 H、功率 N、效率 η 和允许吸上真空高度 [Hs] 或允许汽蚀余量 $NPSH_r$ 随流量 Q 而变化的关系曲线。不同类型的泵，性能曲线是不同的，下面以混流泵为例，介绍泵的基本性能曲线，如图2-10。

图中 Q–H 曲线为混流泵的流量–扬程曲线，是一条下降的曲线，表明扬程随着流量的增加而逐渐减小，只不过混流泵的流量—扬程曲线下降比离心泵陡，比轴流泵平缓。

图中 Q–N 曲线为混流泵的功率曲

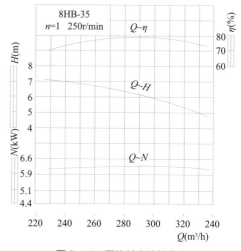

图2-10 泵的基本性能曲线

线，这是一条比较平缓的曲线，说明当流量变化时，混流泵的功率变化很小。

图中 $Q-\eta$ 曲线为流量－效率曲线，混流泵的效率曲线变化比较平缓，高效区范围较宽，使用范围较大。泵运行时，应使运行工况落在高效率区或其附近，从而达到较好的经济效果。

通过特性曲线可以知道，在一定的转速下，泵的各个性能参数之间的关系，不同的泵的特点，以及泵的运行情况，可以据此进行泵的选择与工况调节，使其在最高效的范围内工作。

八、水泵铭牌识读

水泵的型号含义：离心泵，用符号 B 或 BA 代表单级单吸悬臂式，S 或 SH 代表单级双吸式，D 或 DA 代表多级分段式。符号前后均为数字，前面的数字表示水泵吸水口直径，后面的数字表示水泵在最佳工作状况，也就是效率最高时的扬程。

轴流泵用符号 Z 表示，L 代表立式，W 代表卧式，X 代表斜式，B 代表叶片可以进行半调节。符号前后均为数字，前面的数字代表水泵出水口直径，后面的数字（与符号之间有一短横线）表示水泵的比转速除以 10 的整数值。

混流泵用符号 HB 表示，字母前面的数字与离心泵一样，为吸水口直径，后面的数字与轴流泵一样，为比转速除以 10 的整数值。

为了便于用户使用水泵，每台水泵的泵壳上都有一块铭牌，铭牌上简明列出了该水泵在设计转速下运行、效率为最高时水泵的性能参数值。水泵铭牌能够在水泵的订货看样、检查保管、进货发货以及用户使用时起到指导作用。需要注意的是，水泵铭牌上所列出的参数值是该水泵设计工况下的参数值，它只是反映在特性曲线上效率最高点的参数值。

图 2-11 铭牌中可以读出该水泵是口径为 100mm，水泵叶轮外径经过一次切削的单级双吸离心清水泵；它的设计扬程是 90m，设计流量 $72m^3/h$；必须汽蚀余量是 2.5m；重量是 120kg；设计转速是 2950r/min；泵的最高效率是 64%，轴功率是 21.6kW，配套功率是 30kW；除此之外，在铭牌上还有泵的生产日期和生产厂家。

单级双吸离心清水泵	
型号：100S-90A	转速：2 950r/min
扬程：90m	效率：64%
流量：$72m^3/h$	轴功率：21.6kW
必须汽蚀余量：2.5m	配套功率：30kW
重量：120kg	生产日期：×年×月×日
	××××水泵厂

图 2-11　单级双吸离心清水泵铭牌

任务二　水处理系统

【教学目标】

通过演示、讲解与实际训练，使学生具备冷热源水质标准要求识辨能力，具有冷热源水处理常用设备认知及选择能力。培养学生良好的职业道德、自我学习能力、实践动手能力和耐心细致分析和处理问题的能力。

【知识目标】

通过任务二水处理系统的学习，应使学生：

1.掌握冷热源水质标准要求；

2.掌握水处理方法，认识常用水处理设备。

【知识点导图】

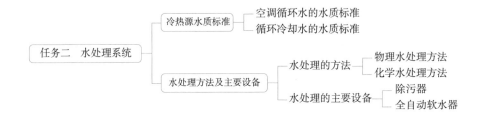

【引导问题】

1.什么样的水可以作为空调循环水和循环冷却水呢？

_____

_____

_____

2.不能作为空调循环水和循环冷却水的水质如何处理才能满足使用要求？

_____

_____

_____

_____

任务 2.1　冷热源水质标准

水是冷热源的能量传导媒介，水中存在杂质，首先，会有结垢的危害，而结垢会增加导热热阻，浪费燃料；也会损坏受热面，使水管产生堵塞；甚至缩短使用寿命，在设备采用机械法除垢或化学清洗除垢后，使受热面损伤。另外一个主要危害是腐蚀。当系统中含有酸、碱、盐的水溶液，便会产生电化学腐蚀或者氧化腐蚀。这些都会对我们的系统产生严重影响。

微课 2.2-1
冷热源水质
标准

在水中，将杂质分为悬浮物、胶体和溶解物三类。其中悬浮物主要通过过滤来处理，而胶体和溶解物需要采用一定方法和设备，去除掉水中杂质，使其含量达到一定的指标，从而满足生产设备的运行要求。水质指标具体有两类：一类是反映水中某种杂质含量的成分指标，如溶解氧、氯离子、钙离子等。另一类是反映某一类物质的总含量的技术指标，如硬度、碱度、含盐量等。具体说衡量水质标准指标是悬浮固形物、溶解固形物、硬度、碱度、pH、溶解氧、磷酸根、亚硫酸根和含油量。

一、空调循环水的水质标准（表 2-2）

空调循环水的水质标准　　　　　　　　　　　　　表 2-2

pH	浊度	铁离子浓度	铜离子浓度
8.1~10	<15mg/L	<1mg/L	<0.2mg/L

总溶固度	细菌总数	总硬度	
<2500mg/L	<108 个 /m³	<200mg/L	

二、循环冷却水的水质标准

补充水来源、水量、水质及其处理方案；设计浓缩倍数，阻垢缓蚀，清洗预膜处理方案及控制条件；系统排水处理方案；旁流水处理方案和微生物控制方案。以上系统的具体要求可以参照现行国家标准《工业循环冷却水处理设计规范》GB/T 50050—2017。

该规范对循环冷却水的水质处理作了规定。表 2-3 是针对间接冷却开式系统循环冷却水规定的水质指标，表 2-4 是针对闭式系统循环冷却水规定的水质指标，此外在规范中还规定了直接冷却系统循环冷却水水质标准。

间接冷却开式系统循环冷却水水质指标　　　　　表 2-3

项目	单位	要求或使用条件	许用值
浊度	NTU	根据生产工艺要求确定	≤ 20.0
		换热设备为板式、翅片管式、螺旋板式	≤ 10.0

续表

项目	单位	要求或使用条件	许用值
pH（25℃）	—	—	6.8~9.5
钙硬度—全碱度（以 CaCO₃ 计）	mg/L	碳酸钙稳定指数 $RSI \geqslant 3.3$	≤ 1100
		传热面水侧壁温大于 70℃	钙硬度小于 200
总 Fe	mg/L	—	≤ 2.0
Cu^{2+}	mg/L	—	≤ 0.1
Cl^-	mg/L	水走管程：碳钢，不锈钢换热设备	≤ 1000
		水走壳程：不锈钢换热设备 传热面水侧壁温不大于 70℃ 冷却水出水温度小于 45℃	≤ 700
$SO_4^{2-}+Cl^-$	mg/L	—	≤ 2500
硅酸（以 SiO_2 计）	mg/L	—	≤ 175
$Mg^{2+} \times SiO_2$（Mg^{2+} 以 CaCO₃ 计）	mg/L	pH ≤ 8.5	≤ 50000
游离氯	mg/L	循环回水总管处	0.1~1.0
NH_3—N	mg/L	—	≤ 10.0
		铜合金设备	≤ 1.0
石油类	mg/L	非炼油企业	≤ 5.0
		炼油企业	≤ 10.0
COD_{Cr}	mg/L	—	≤ 150

闭式系统循环冷却水水质指标 表 2-4

适用对象	水质指标		
	项目	单位	许用值
钢铁厂闭式系统	总硬度	mg/L（以 CaCO₃ 计）	≤ 20.0
	总铁	mg/L	≤ 2.0
火力发电厂发电机内冷水系统	电导率（25℃）	μS/cm	≤ 2.0 ①
	pH（25℃）	—	7.0~9.0
	含铜量	μg/L	≤ 20.0 ②
	溶解氧	μg/L	≤ 30.0 ③
其他各行业闭式系统	总铁	mg/L	≤ 2.0

注：①火力发电厂双水内注机组共用循环系统和转子独立冷却水系统的电导率不应大于 5.0μS/cm（25℃）；
②双水内冷机组内冷却水含铜量不应大于 40.0μg/L；
③仅在 pH<8.0 时进行控制。

　　在实际工程中，要先根据所做系统形式，选择正确表格，然后以表格中的限值作为选取水处理设备的依据。然而各个地区水质不同，对水质要求也不同，还有各自的执行规范，比如广东省就出台了地方标准《中央空调循环水及循环冷却水水质标准》DB44/T 115—2000。

该标准规定了中央空调循环水和工厂循环冷却水的水质指标及相应的水处理推荐药剂主剂的控制指标，适用于广东地区各行业中央空调循环水及工厂循环冷却水的水质处理。

任务 2.2　水处理方法及主要设备

一、水处理的方法

水处理的方法从分类上来说可以分为物理水处理法和化学水处理法两大类。

微课　2.2-2
水处理主要
设备

1. 物理水处理法

物理水处理法可以分为磁水处理器、静电水处理器、电子水处理器和射频水处理器等。

物理水处理法原理是指通过水处理装置产生的磁场或电场改变水分子的物理结构，使水中的钙镁离子无法与碳酸根结合成碳酸钙和碳酸镁，从而达到防垢效果。同时，它们又能破坏垢分子之间的结合力，改变其晶体结构，使垢物疏松、剥落达到除垢目的。

物理水处理装置使用简单，无须保养、管理，也不占机房面积，在中小工程中应用广泛。

2. 化学水处理法

化学水处理法在工程中也非常常见。它是利用在水系统中添加化学药物，进行管道初次清洗、镀膜，达到缓蚀、阻垢、灭菌灭藻的目的。阻垢缓蚀剂是由有机磷、优良共聚物及铜缓蚀剂等组成，对碳钢、铜及铜合金都具有优良缓蚀性能，对碳酸钙、磷酸钙有卓越的阻垢分散性能。

在水处理中常用的阻垢剂有聚磷酸盐、磷酸盐、聚羧酸类聚合物、钼酸盐、锌盐、硅酸盐、亚硝酸盐、巯基苯并噻唑、苯并三唑等。

投加阻垢缓蚀剂时，必须先用水溶解或稀释，配成浓度为 1%~5% 的水溶液，然后均匀地加入系统内。

投药方式可以采用人工加药投药。人工加药投药有间断性、冲击性，投药的均匀度差，无法直接根据系统中的水质参数精确计算所需加药量。

除了人工加药投药，也可采用在线控制的全自动智能化加药装置。

化学水处理方式的常用投药方法有膨胀水箱内投药、加药罐旁通投药和自动加药装置。

（1）膨胀水箱投药

对于一个系统，如果在水系统设计时未考虑化学水处理，在经过实际运行后认为需要时，一般会采用这种投药方法。这种方法虽然看似简单，但由于膨胀罐内水不流动，溶解在膨胀水箱、膨胀管内的药物不易融入水系统内，因此，加药过程需要进行放水、充水，有时需要放空气，所以比较麻烦。

（2）加药罐旁通投药

每次投入加药罐内的药物通过旁通流量，可以很快融入整个水系统中，如图 2-12 所示。

（3）自动加药装置

自动加药装置主要由溶液箱、自动加药泵、控制器、单向阀等组成，如图 2-13 所示。

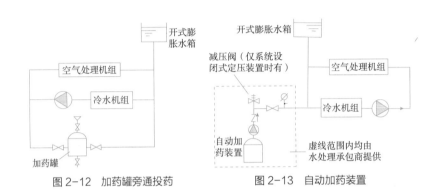

图 2-12　加药罐旁通投药　　　　图 2-13　自动加药装置

自动加药泵为隔膜式泵，它以脉冲方式向水系统注入药溶液，泵的压头可以根据接入点的系统压力选择。控制器用于执行 24h 内任意时段的自动剂量加药。当溶液箱的液面过低时，会发出报警信号。止回阀可控制药液只能进入系统而不能反向流出。自动加药能连续不断、均匀地将药物注入水系统中，使系统中的药剂浓度始终比较均匀，水质更加稳定。

二、水处理的主要设备

1. 除污器

它属于物理水处理方式，除污器的型号是按照接管直径选定的。主要分为立式直通除污器、卧式直通除污器、卧式角通除污器和 Y 形过滤器等，如图 2-14 所示。

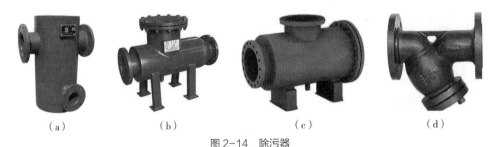

（a）　　　　　　（b）　　　　　　（c）　　　　　　（d）

图 2-14　除污器

（a）立式直通除污器；（b）卧式直通除污器；（c）卧式角通除污器；（d）Y 形过滤器

可以看出，卧式角通除污器与直通除污器外形上比较相近。但是卧式角通除污器更适合拐角安装，进水口和出水口不在同一方向上。

在工程中，冷水机组或换热器、循环水泵、补水泵等设备的入口管道上，应根据需要设置过滤器或除污器。

2. 全自动软水器

它的工作原理是，通过树脂吸附水中的钙镁离子，由于水的硬度主要由钙、镁形成，故一般采用阳离子交换树脂将水中的钙镁离子置换出来，随着树脂内钙镁离子的增加，树脂去除钙镁离子的效能逐渐降低。

全自动软水器一般分为以下几种：

（1）单罐时间型：采用微电脑时间控制，设备运行到设定时间后自动进入再生状态，可以每天再生一次或多天再生一次。

（2）单罐流量型：采用涡轮流量控制或电子流量感应器控制，当设备产水量达到预设定流量后自动进入再生状态，可以每天再生多次。

（3）双罐流量型：又可分为一用一备型和同时运行分别再生型。

一用一备型是指一个罐运行另一个备用，当先运行的罐出水达到设定流量后进入再生阶段，与此同时另一个罐进入工作状态，这样两罐交替工作再生，可以 24h 连续供水。

任务三 管材及附件

【教学目标】

通过演示、讲解与实际训练，使学生具备冷热源常用管材、阀门的形式认知及选择能力；具备进行管道连接及防腐保温处理能力；具备冷热源常用设备附件认知及选择能力。培养学生工作过程中分析、计划、实施、检查的工作能力、方法能力和团队合作能力。

【知识目标】

通过任务三管材及附件的学习，应使学生：

1. 掌握冷热源管材及阀门选型方法；
2. 掌握管道连接方法；
3. 掌握管道防腐保温方法；
4. 掌握冷热源设备附件选型方法。

【知识点导图】

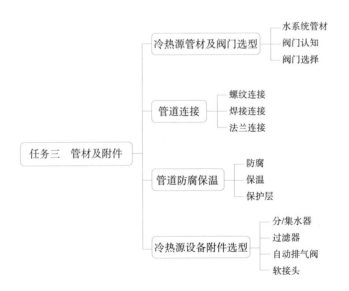

【引导问题】

1. 冷热源系统常用管材是如何确定的？

2. 冷热源系统常用阀门是如何确定的？

任务 3.1　冷热源管材及阀门选型

一、水系统管材

冷热源系统中，主要管材有：普通水煤气管、无缝钢管、螺旋缝电焊钢管和钢板卷焊管。

普通水煤气管，按冶金部《水煤气输送钢管》标准制造，因有焊缝故称为有缝钢管，亦称水煤气管。这种管材多采用螺纹连接。为了便于螺纹加工，管材多用碳素软钢制造，故俗称熟铁管。按其壁厚分两种规格：普通管，适用于公称压力 $PN \leq 1.0$MPa；加厚管，适用于公称压力 $PN \leq 1.6$MPa。规格以公称直径表示，如 DN25mm。根据管材是否镀锌，又分为镀锌钢管（俗称白铁管）和非镀锌钢管（俗称黑铁管）。镀锌钢管常用于输送介质要求比较洁净的管道；非镀锌钢管常用于输送蒸汽、煤气、压缩空气和冷凝水等。

无缝钢管用普通碳素钢、优质碳素钢、普通低合金钢、合金结构钢生产而成，有冷拔和热轧两种。冷拔管的公称直径为 5~200mm，壁厚为 0.25~14mm。热轧管的公称直径为 32~630mm，壁厚为 2.5~75mm。按制造材质的不同，无缝钢管可分碳素无缝钢管、低合金无缝钢管和不锈耐酸无缝钢管。按公称压力可分为低压、中压和高压三种。

螺旋缝电焊钢管，是指用钢带或钢板弯曲变形为圆形、方形等形状后再焊接成的、表面有接缝的钢管。按焊接方法不同可分为电弧焊管、高频或低频电阻焊管、气焊管、炉焊管、邦迪管等。按焊缝形状可分为直缝焊管和螺旋焊管。电焊钢管用于石油钻采和机械制造业等。炉焊管可用作水煤气管等，大口径直缝焊管用于高压油气输送等；螺旋焊管用于油气输送、管桩、桥墩等。焊接钢管比无缝钢管成本低、生产效率高，是常用的管材。

钢板卷焊管属于焊接钢管。它是由钢板，通过卷板机卷成管状，最后通过焊接方式加工而成的钢管。

在选择管材时，可以参考表 2-5。

微课 2.3-1 冷热源管材及阀门选型

管材选择参考　　　　　　　　　　　表 2-5

公称直径 DN（mm）	介质参数		可选用管材
	温度（℃）	压力（MPa）	
≤ 150	< 200 ≥ 200	< 1.0 或 > 1.0	普通水煤气管或无缝钢管
200~500	≤ 450 > 450	< 1.6 或 > 1.6	螺旋缝电焊钢管或无缝钢管
500~700	—	—	螺旋缝电焊钢管或钢板卷焊管
> 700	—	—	钢板卷焊管

二、阀门认知

按阀体结构形式和功能可分为闸阀、蝶阀、截止阀、旋塞阀、球阀、止回阀、减压阀、安全阀、疏水阀、平衡阀等。

按照驱动方式可以分为手动、电动、液动、气动四类。

按照公称压力分高压、中压、低压三类。

下面介绍冷热源水系统中常用的阀门：

1. 闸阀

闸阀是指关闭件沿介质通道轴线的垂直方向移动的阀门，如图 2-15 所示。其优点是流阻系数小，启、闭所需力矩较小，介质流向不受限制。缺点是结构尺寸大，启闭时间长，结构复杂。

把闸阀分为不同类型，最常见的形式是平行式和楔式闸阀，根据阀杆的结构，还可分成明杆闸阀和暗杆闸阀。

图 2-15　闸阀

2. 蝶阀

蝶阀其名称来源于翼状结构的蝶板，如图 2-16 所示。在管道上它主要用于切断和节流。当蝶阀用于切断时，多用弹性密封，材料选橡胶、塑料等；当用于节流时，多用金属硬密封。蝶阀的优点是体积小，重量轻，结构简单，启闭迅速，调节和密封性能良好，流体阻力和操作力矩较小。

蝶阀按结构可分为杠杆式、中心对称门式、偏置板式和斜板式。

图 2-16　蝶阀

3. 截止阀

截止阀指关闭体沿阀座中心线移动的阀门，如图 2-17 所示。它在管道中一般用作切断用，也可用于节流，通常公称直径都限制在 DN250mm 以下。截止阀只允许介质单向流动，安装时有方向性。缺点是压力损失大。

截止阀种类很多，按照结构一般分为直通式、角式和直流式。角式截止阀在制冷系统中用得较多，其进口通道呈 90° 直角，会产生压力降，最大优点是安装在管路系统的拐角处，既省 90° 弯头，又便于操作。

图 2-17　截止阀

4. 旋塞阀

旋塞阀是用带通孔的塞体作为启闭件的阀门，如图 2-18 所示。塞体随阀杆转动，以实现启闭动作。由于旋塞阀密封面之间运动带有擦拭作用，而在全开时可完全防止与流动介质的接触，故它通常也能用于带

图 2-18　旋塞阀

悬浮颗粒的介质。旋塞阀的重要特性是它易于适应多通道结构，以致一个阀可以获得2个、3个甚至4个不同的流道。

5.球阀

球阀是由旋塞阀演变而来的，如图2-19所示。它在管道上主要用于切断、分配和改变介质流向。它的特点是流体阻力最小，其阻力系数与同长度的管段相等，启闭快，密封可靠，结构紧凑，易于操作和维修，因而广泛用于许多场合。

图2-19 球阀

6.止回阀

又称逆流阀、逆止阀或单向阀，如图2-20所示。是用来防止管道和设备中介质倒流的一种阀门，它靠管路中介质本身的流动产生的力自动开启和关闭。

图2-20 止回阀

7.减压阀

减压阀通过启阀件的节流和调节，将介质压力降低，并通过阀后介质压力的直接作用，使阀后的压力自动满足预定的要求，如图2-21所示。

减压阀按结构分为活塞式、薄膜式、波纹管式、弹簧薄膜式、杠杆弹簧式等。

图2-21 减压阀

8.安全阀

它在设备、装置和管道上作为安全保护装置，用以防止介质的压力超过规定的数值，如图2-22所示。

安全阀的主要结构有杠杆式和弹簧式两种。

其优点是体积小、轻便、灵敏度高、安装位置不受限制；缺点是作用在阀杆上的力随弹簧的变形而变化。弹簧式安全阀又分微启式和全启式，带扳手和不带扳手，封闭式和敞开式等不同形式。

图2-22 安全阀

9.疏水阀

疏水阀适用于蒸汽供热设备和管道，用以自动排除凝结水、空气及其他不凝性气体，并阻止蒸汽的漏失，即起阻汽排水的作用，如图2-23所示。

选用时，先要根据凝结水的最大排量和进出口的压力差选型，还要加以修正，其修正系数一般采用1.5~4。

图2-23 疏水阀

10. 平衡阀

平衡阀是水力管网中用来测量及调整至设计流量，并具有必要的测量精度的阀门，如图 2-24 所示。

平衡阀有方向性，如果安装方向错误，就不会对系统起到平衡作用。平衡阀属于调节阀范畴，它的工作原理是通过改变阀芯与阀座的间隙（即开度），改变流体流经阀门的流通阻力，达到调节流量的目的。

图 2-24 平衡阀

三、阀门选择

1. 闸阀、截止阀和蝶阀的特性

闸阀：阀体长度适中，转盘式调节杆，调节性能好，在较大管径管道中被广泛使用。

截止阀：阀体长，转盘式调节杆，调节性能良好，适用于场地宽敞、小管径的场合（一般公称直径小于或等于 150mm）。

蝶阀：阀体短，采用手柄式调节杆，调节性能稍差，价格较高，但调节操作容易，适用于场地小、大管径的场合（一般公称直径大于 150mm）。

2. 各类阀门的选用

（1）冷水机组、热交换器进出口、主管道调节，均可根据情况选用闸阀、截止阀或蝶阀。

（2）分 / 集水器上，由于主要功能是调节，一般选闸阀或截止阀。

（3）水泵入口装设阀门一只，出口装设阀门两只。其中出口端靠近水泵一侧阀门为止回阀，另两只阀门可选择闸阀、截止阀或蝶阀。

（4）供热空调末端设备出入口小口径管道可选用截止阀。

（5）多层、高层建筑各层水平管上，可装设平衡阀，用以平衡各层流量。

（6）水箱及管道、设备最低点装设排污阀，由于不是作为调节使用，宜选用能严密关断的阀门，如闸阀、截止阀等。

（7）蒸汽—凝结水管道系统，如蒸汽供暖系统、锅炉水系统、蒸汽溴化锂冷水机组、汽—水热交换器系统中，一般在蒸汽入口处装设减压阀；在可能产生高压处装设安全阀；在排凝结水处装设疏水阀。

（8）水系统上的排气阀一般采用旋塞阀。

（9）旁通调节阀的选择原则：在变流量系统中，为保证流经冷水机组中蒸发器的冷冻水流量恒定，在冷水机组的供回水管总管之间设置一条旁通管，旁通管上安装压差控制的电动旁通调节阀，旁通调节阀的设计流量宜取容量最大的单台冷水机组的额定流量。

当空调水系统采用国产 ZAPB、ZAPC 型电动调节阀作为旁通阀，末端设备管段的阻力为 0.2MPa 时，对应不同冷量冷水机组旁通阀的通径，可按表 2-6 选用。

不同冷量冷水机组旁通阀的通径确定　　　　　　表 2-6

一台冷水机组制冷量（kW）	140	180	352	530	700	880	1100	1230	1400	1580	1760
旁通阀的通径（mm）	40	50	65	80	100	100	100	125	125	125	150
旁通阀的公称通径（mm）	70	80	100	125	150	200	200	200	250	250	250

任务 3.2　管道连接

微课　2.3-2
管道连接

在冷热源系统中，常见的管道连接方式有：螺纹连接、焊接连接、法兰连接。

一、螺纹连接

螺纹连接，也叫丝扣连接。通常用于管径较小（$DN \leqslant 32mm$）、工作压力较低的系统（$PN \leqslant 1.0MPa$）。可灵活拆装、造价较低、需用专用的接头、应用范围非常广泛。

适用于所有的镀锌钢管连接，直径较小和工作压力较小的焊接钢管连接，以及带螺纹的阀类和设备接管的连接。

螺纹的加工一般采用手动套丝或者机械套丝。

管螺纹的加工质量，是决定螺纹连接严密与否的关键环节。按质量要求加工的管螺纹，即使不加填料，也能保证连接的严密性，质量差的管螺纹，就是加较多的填料也难以保证连接的严密。为此，管螺纹应达到如下质量标准：

（1）螺纹表面应光洁、无裂缝，但允许微有毛刺。

（2）螺纹断缺总长度，不得超过规定长度的 10%，各断缺处不得纵向连贯。

（3）螺纹高度减低量，不得超过规定长度的 15%。

（4）螺纹工作长度可允许短 15%，但不应超长。

（5）螺纹不得有偏丝、细丝、乱丝等缺陷。

螺纹连接的填料对连接的严密性十分重要。填料的选用是根据管内介质的性质和工作温度确定的。暖卫管道介质温度在 120℃ 以下，可使用线麻和白厚漆做填料。当介质温度高于 120℃ 时，则应改用石棉纤维绳和白厚漆做填料。

二、焊接连接

焊接连接的适用工作压力和温度范围广，接口严密、强度高；无须配件和接头；不易渗漏；接口固定、不易拆装。应用范围也非常广泛。

焊接方法分为气体焊接和电弧焊接。

气体焊接又叫氧气 – 乙炔火焰焊接（简称气焊），适用于公称直径小于 50mm，管壁厚度小于 3.5mm 的场合。

电弧焊接（简称电焊），适用于焊接管壁厚 4mm 以上的管子和各种型钢，厚度大于1.2mm的钢板。

各自的特点为：

（1）电焊的电弧温度高，穿透能力比气焊大，易将焊口焊透，因此，电焊适合于焊接厚度4mm以上的焊件；气焊适合于焊接厚度4mm以下的薄焊件，在同样的条件下电焊的焊缝强度高于气焊。

（2）用气焊设备可进行焊接、切割、开孔、加热等多种作业。

（3）气焊的加热面积较大，加热时间较长，热影响区域大，焊件因局部加热极易引起变形；电焊的加热面狭小，焊件引起变形的情况比气焊小得多。

（4）气焊消耗氧气、乙炔气、气焊条，电焊消耗电能和电焊条，相比之下，气焊的成本高于电焊。

由此可见，电焊优于气焊，一般只有公称直径小于50mm、管壁厚度小于3.5mm的管材考虑用气焊焊接。

三、法兰连接

法兰是固定在管口上带螺栓孔的圆盘，俗称法兰盘。法兰连接就是把固定在管口上的一对法兰，中间加入垫片，然后用螺栓拉紧使管道结合在一起。所以法兰是管道连接的一种形式，但在管路中主要用于管道与带法兰的配件或设备的连接，以及不宜采用焊接和螺纹连接的接口处，也属于可拆卸件的一种。

法兰连接适用的工作压力和温度范围广，接口严密、强度高；需专用配件和接头；造价较高；接口灵活、易拆装。主要用于设备及阀件与管道的连接。

法兰连接的优点是拆卸方便、连接强度高、严密性好。

适用于凡是需要拆卸的部位、带法兰的设备进出口、管径较大的镀锌钢管和法兰附件与管道的连接。

1）法兰按照管道与法兰盘的连接方式不同，大致可以分为以下四种，分别是：

（1）平焊法兰，是指法兰与管道直接焊在一起。

（2）对焊法兰，又称高颈法兰，法兰本身的管材与管道对口焊接在一起，强度和刚度较大。

（3）松套法兰，又称活套法兰或活动法兰，法兰本身不与管道固接。

（4）螺纹法兰，是指管端与法兰间采用螺纹连接在一起。

2）法兰连接质量标准见下列要求：

（1）法兰对接平行紧密，与管道中心线垂直。

（2）连接法兰的螺栓，直径和长度应符合标准，螺母在同侧，拧紧后螺杆露出螺母长度一致，且不大于螺杆直径的1/2。

（3）衬垫材质符合设计要求，不得凸入管内，其外边缘接近螺栓孔为宜。不得安放双垫片或偏垫片。

任务 3.3　管道防腐保温

一、防腐

金属腐蚀是金属和周围环境发生作用而被破坏的现象。例如：金属构件在大气中生锈的现象。腐蚀具有很大的危害性，容易造成管道或设备的损坏，以致发生漏水、漏气现象，甚至造成重大事故，所以必须对管道及设备进行防腐处理。

微课　2.3-3
管道防腐保温

在管道及设备的防腐方法中，采用最多的是涂料工艺。

对于放置在地面上的管道和设备，一般采用油漆涂料。

对于设置在地下的管道，则多采用沥青涂料。

防腐首先要解决的问题是除锈。

除锈分为人工除锈和机械除锈。人工除锈劳动强度大、效率低、质量差，但工具简单、操作容易，适用于各种形状表面的处理。由于安装施工现场多数不便使用除锈机械设备，所以在建筑设备安装工程中，人工除锈仍是一种主要的除锈方法。

机械除锈是利用电动机驱动旋转式或冲击式除锈设备进行除锈。常用的除锈机械有旋转钢丝刷、风动刷、电动砂轮等。机械除锈除锈效率高，但不适用于形状复杂的工件。

在除锈之后，进行防腐处理。

油漆涂料防腐的原理就是靠漆膜将空气、水分、腐蚀介质等隔离起来，以保护金属表面不受腐蚀。

油漆的漆膜一般由底层和面层构成。底层应用附着力强，并具有良好防腐性能的涂料涂刷。涂漆的施工方法主要有手工涂刷和喷涂两种。

手工涂刷操作简单，适应性强，可用于各种涂料的施工。但效率低，并且涂刷的质量受操作者技术水平的影响较大，漆膜不易均匀。适用于工程量不大的管道或零星加工件表面的涂刷。

喷涂是压缩空气通过喷嘴时产生高速气流，将储液罐内漆液引射混合成雾状，喷涂于物体的表面。特点是漆膜厚薄均匀，表面平整，效率高。但涂膜较薄，往往需要喷涂几次才能达到需要的厚度。

二、保温

在冷热源系统中，主要介绍两种保温材料：离心玻璃棉和橡塑保温材料。

离心玻璃棉是将熔融状态的玻璃用离心喷吹法工艺进行纤维化并喷涂热固性树脂制成的丝状材料，再经过热固化深加工处理，可制成具有多种用途的系列产品。离心玻璃棉内部纤维蓬松交错，存在大量微小的孔隙，是典型的多孔性材料，具有良好的吸声特性和绝热性能。

离心玻璃棉的优点是阻燃、无毒、耐腐蚀、密度小、导热系数低、化学稳定性强、吸湿率低、憎水性好。广泛用于房屋墙体、船舶机舱隔热；计算机房、冷藏库恒温；各种发电机房、泵房的降噪等。

橡塑保温材料有以下几个特点：

（1）导热系数低。在相同的外界条件下，使用橡塑保温材料厚度比其他保温材料薄一半以上，能达到相同的保温效果，从而节省了楼层吊顶以上的空间，节省投资。

（2）阻燃性能好。材料中含有大量阻燃减烟原料，燃烧时产生的烟浓度极低，而且遇火不熔化，不会滴落着火的火球，材料具有自熄特征。橡塑保温材料为 B1 级难燃材料，确保安全可靠。

（3）安装方便，外形美观。因橡塑保温材料富柔软性，安装简易方便。管道安装时可套上后一起安装，也可将本管材纵向切开后再用胶水粘合而成。对阀门、三通、弯头等复杂部件，可将板材裁剪后，按不同形状包上粘合，确保整个系统的严密性，从而保证了整个系统的保温性。不需另加隔汽层、防护层，减少了施工中的麻烦，也保证了外形美观、平整。

此外，橡塑保温还具有抗振特性，具有很高的弹性，因而能最大限度地减少冷冻水和热水管道在使用过程中的振动和共振。

橡塑保温材料的其他优点还有很多，比如使用起来十分安全，既不会刺激皮肤，也不会危害健康。它们能防止霉菌生长，避免害虫或老鼠啮咬，而且耐酸抗碱，性能优越等。

三、保护层

保护层随敷设地点而异，室内管道可用铝箔、玻璃布、塑料布或木板、胶合板制成保护层；室外管道应用钢丝网、水泥或铁皮作为保护层。

常用的保护层分类有以下 4 种：

（1）沥青油毡和玻璃丝布构成的保护层。

（2）单独用玻璃丝布缠包的保护层。

（3）石棉石膏、石棉水泥保护层。适用于硬质材料的绝热层上面或要求防火的管道上。

（4）薄板保护层。它是用镀锌薄钢板、铝合金薄板、铝箔玻璃钢薄板等按防潮层的外径加工成型，然后固定连接在管道或设备上。

任务 3.4　冷热源设备附件选型

冷热源系统的常见附件有分 / 集水器、过滤器、自动排气阀、软接头。

一、分 / 集水器

集管也称母管，是一种利用一定长度、直径较粗的短管，焊上多根并联接

微课　2.3-4
冷热源系统
的设备附件

管接口而形成的并联接管设备，习惯上也称为分/集水器，如图 2-25 所示；在蒸汽系统中则称为分汽缸。

图 2-25　分/集水器

设置集管的目的一是为了便于连接通向各并联环路的管道；二是均衡压力，使汇集在一起的各个环路具有相同的起始压力或终端压力，确保流量分配均匀。

1）分/集水器直径的确定

分/集水器直径的确定方法有两种：一种是限定断面流速确定直径 D，另一种是经验估算确定直径 D。

在采用限定断面流速确定直径 D 时，蒸汽系统中，分汽缸限定断面流速采用 8~12m/s 计算；而分/集水器限定断面流速则采用 0.1m/s 计算。

当采用经验估算，确定直径 D 时，常采用集管支管中的最大管径的 1.5~3 倍，作为分/集水器直径 D 的取值。这种方法在设计中也比较常用。

2）分/集水器配管间距

分/集水器配管间距的取值见表 2-7。

分/集水器配管间距（mm）　　　　　　表 2-7

d_{1-4}	25	32	40	50	65	80	100	125	150	200	250	300
l	250			260	280	310	330	360	390	460	530	600
L	$\sum l + 240$											
d_5	$\Phi108 \times 4$								$\Phi133 \times 4$	$\Phi159 \times 4$	$\Phi219 \times 4$	$\Phi219 \times 4$

第一行是各配管公称直径，第二行小写 l 表示各配管之间间距的取值，第三行大写 L 表示分/集水器总长度。第四行分/集水器直径。

二、过滤器

空调冷冻水和冷却水系统的水泵、换热设备、热计量装置等的入口管路上，均应设置过滤器，用以防止杂质进入水系统中，污染或堵塞这些设备。

常用过滤器有 Y 形过滤器、过滤球阀。

1）Y 形过滤器

Y 形过滤器，它的结构紧凑、外形尺寸小、安装清洗方便，在空调中应用广泛。过滤器的本体，一般为铸钢件，滤芯为不锈钢网，公称直径小于 25mm 的过滤器，多数为铜质或不锈钢产品。公称直径小于或等于 25mm 时采用丝扣连接；公称直径大于 25mm 时采用法兰连接。

在选择 Y 形过滤器时，原则上过滤器的进出口通径不应小于相配套的泵的进口通径，一般与进口管路口径一致。

按照过滤管路可能出现的最高压力确定过滤器的压力等级。

Y 形过滤器的孔目，主要考虑需拦截的杂质粒径，依据介质流程工艺要求而定。

在材质方面，Y 形过滤器的材质一般选择与所连接的工艺管道材质相同，对于不同的条件可考虑选择铸铁、碳钢、低合金钢或不锈钢等材质的过滤器。

Y 形过滤器要考虑其阻力损失。在一般计算额定流速下，压力损失为 0.52~1.2kPa。

根据工程经验，Y 形过滤器推荐的孔径如下所示：

（1）用于水泵前孔径约为 4mm；

（2）用于冷水机组前孔径为 3~4mm；

（3）用于空调机组前孔径为 2.5~3mm；

（4）用于风机盘管前孔径为 1.5~2mm。

另外，滤网的有效流通面积应等于所接管路流通面积的 3.5~4 倍。

2）过滤球阀

过滤球阀是近年我国研制出来的一种集过滤与球阀功能于一体的新型铜制阀门，如图 2-26 所示。其特点是体积小、流动阻力低、功能多，不仅安装省时省力，且排污方便。

3）过滤器安装要求

安装过滤器前要认真清洗所有管道的螺纹连接表面，使用适量的管道密封胶或特氟龙带。末端螺纹不作处理，以避免密封胶或特氟龙带进入管路系统。

图 2-26　过滤球阀

过滤器可以水平安装或垂直向下安装，不可以垂直向上。

安装口径大于或等于 32mm 的承插焊过滤器或所有 D 系列过滤器时，应注意这类过滤器的垫片是非金属材质的，容易由于过热而损坏。因此应缩短焊接时间，并在焊接完成后对过滤器进行冷却。

三、自动排气阀

冷热源水系统常用闭式循环系统，系统中有空气存在时，会带来很多问题，如腐蚀加剧，产生噪声，水泵形成涡空、气蚀等，形成"气塞"破坏系统的循环。

防止产生气塞的主要措施包括以下几点：

（1）管道的坡度和坡向，避免产生气体积聚；

（2）保持管内的水流速 v 大于 0.25m/s；

（3）在可能形成气体积聚的管路上，安装性能可靠的自动排气阀进行排气。

自动排气阀是常用的排气装置，如图 2-27 所示。它是一种排除空气的理想设备，广泛用于空调和供暖系统中。当系统充满水的时候，水中的气体因为温度和压力变化不断逸出，向最高处聚集，当气体压力大于系统压力的时候，浮筒便会下落带动阀杆向下运动，阀口打开，气体不断排出。当气体压力低于系统压力时，浮筒上升带动阀杆向上运动，阀口关闭。

自动排气阀必须垂直安装，即必须保证其内部的浮筒处于垂直状态，以免影响排气；自动排气阀在安装时，最好跟隔断阀一起安装，这样当需要拆下排气阀进行检修时，能保证系统的密闭，水不致外流；自动排气阀一般安装在系统的最高点，有利于提高排气效率。

四、软接头

软接头通常用于水泵、冷水机组和其他振动设备的接口处，防止设备通过水路系统喘振，如图 2-28 所示。

常用的软接头可以是橡胶制品，也可以是金属制品，前者隔振性能优于后者。

图 2-27　自动排气阀

图 2-28　软接头

任务四　稳压补水设备

【教学目标】

通过实际训练，使学生具备膨胀水箱选型能力；具备气压罐选型能力；具备补水定压泵选型能力；具备稳压补水设备的安装能力。培养学生良好的职业道德、自学能力、实践动手能力、耐心细致分析和处理问题的能力，以及诚实、守信、善于沟通和合作的专业素养。

【知识目标】

通过任务四稳压补水设备的学习，应使学生：

1. 掌握膨胀水箱定压原理及选型方法；
2. 掌握气压罐定压原理及选型方法；
3. 掌握补水定压泵定压原理及选型方法。

【知识点导图】

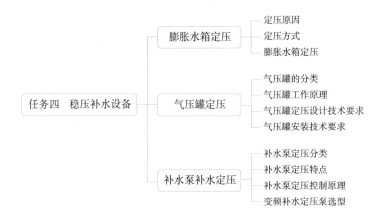

【引导问题】

1. 冷热源系统不设置定压系统会有哪些危害？

_____

2. 冷热源系统都有哪些定压方法？

_____

_____

任务 4.1　膨胀水箱定压

一、定压原因

为保证冷热源系统不超压、不倒空、不抽空，必须要定压，主要原因是：

（1）防止水系统的水倒空，必须保证水系统无论在运行中还是停止运行时，管路及设备内都要充满水，以防系统倒空，吸入空气。

（2）防止水系统中的水汽化，水系统中压力最小，水温最高处的压力，要高于该处水汽化的饱和压力。

定压点的选取：定压点宜设在循环水泵的吸入口处，定压点最低压力宜使管道系统任何一点表压均高于 5kPa。

微课 2.4-1
稳压补水设备（一）

二、定压方式

空调水系统常用定压方法包括膨胀水箱定压、气压罐定压、补水泵补水定压。

三、膨胀水箱定压

1. 膨胀水箱作用

膨胀水箱主要有 3 个作用。首先，它可以容纳水受热膨胀后多余的体积。其次，在系统设计时，可以解决系统定压问题。最后，当系统里缺少水时，膨胀水箱还可以向系统补水。

2. 膨胀水箱定压方式特点

这种方式的设备简单、控制方便，而且水利稳定性好，初投资低，运行时无须消耗电能，工作稳定可靠。在工程中，应优先采用高位开式膨胀水箱。当建筑物无法设置高位开式膨胀水箱时，可采用气压罐方式。

3. 膨胀水箱构造

膨胀水箱有圆形和矩形两种形式，一般是由薄钢板焊接而成。膨胀水箱上接有膨胀管、循环管、信号管（检查管）、溢流管和排水管等。图 2-29 是方

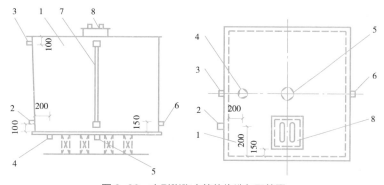

图 2-29　方形膨胀水箱的构造与配管图
1—箱体；2—循环管；3—溢流管；4—排水管；5—膨胀管；6—信号管；7—水位计；8—人孔

形膨胀水箱的构造与配管图。图中包含箱体、循环管、溢流管、排水管、膨胀管、信号管、水位计、人孔等几个组成部分。

膨胀水箱上接管功能及说明见表 2-8。

膨胀水箱上接管功能及说明　　　　　　表 2-8

序号	名称	功能	说明
1	膨胀管	膨胀水箱与水系统之间的连接管，通过它将系统中因膨胀而增加的水导入水箱；在水冷却时，通过它将水箱中的水导入系统	接管入口应略高于水箱底面，防止沉积物流入系统。膨胀管上不允许设置阀门。膨胀管另一端接至循环水泵吸入口前的回水管路上，通常接到"集水器"上
2	循环管	防止冬季水箱内的水冻结，使水箱内的存水在两接点压差的作用下缓慢循环流动。不可能冻结的系统可不设此管	循环管与膨胀管必须连接在同一条管道上，两条管道接口间的水平距离应保持在 1.5~3m，如图 2-30 所示
3	溢流管	供水出现故障时，让超出水箱容积的水，有组织地间接排入排水管道	必须通过漏斗间接连接，防止产生虹吸现象。溢流管上也不允许设置阀门
4	排水管	定期清除水箱的排出污水	在清洗水箱并将水箱放空时用，排水管上应安装阀门且与排水管道间接连接
5	补水管	自动保持水箱恒定水域	必须与此水系统相连
6	信号管	检查膨胀水箱水量，决定系统是否需要补水	信号管控制系统的最低水位应接至制冷机房内或人们容易观察的地方。信号管末端应设置阀门
7	通气管	使水箱与大气相通，防止产生真空	—

4. 膨胀水箱的补水方式

膨胀水箱的补水方式，一般有浮球阀自动补水和高低水位控制器补水两种方式可选。

1）浮球阀自动补水

当所在地区生活给水水质较软且制冷装置对冷媒水水质无特殊要求时，可利用屋顶生活给水水箱，通过浮球阀直接向膨胀水箱补水。这时，膨胀水箱要比生活给水水箱低一定的高度。

2）高低水位控制器补水

当所在地区生活给水水质较硬且制冷

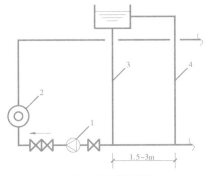

图 2-30　膨胀管连接位置
1—循环水泵；2—热水锅炉；3—膨胀管；
4—循环管

装置（例如，溴化锂吸收式冷温水机组）要求冷媒水必须是软化水时，应在膨胀水箱内设置高低水位传感器来控制软化水补水泵的启动或关停。一旦水位低于信号管，补水泵会自动向系统补水。这种方式要有一套软化水处理设备。来自补水泵的补水管可以接到集水器上，也可接到冷媒水循环泵的吸入口前。

5. 膨胀水箱选型

膨胀水箱的型号和规格尺寸，可根据膨胀水箱的有效容积，按《全国通用建筑标准图集》选择。膨胀水箱的有效容积是根据公式计算出来的。膨胀水箱的有效容积（即信号管至溢流管之间的容积）按下式计算：

$$V_p = \alpha \Delta t V_s \qquad (2-1)$$

式中： V_p——膨胀水箱有效容积（即由信号管到溢流管之间的水箱容积）（m^3）；

α——水的体积膨胀系数，$\alpha = 0.0006 L/℃$；

Δt——最大的水温变化值（℃）；

V_s——系统初始水容量（m^3），可按照表 2-9 确定。

空调水系统 $\Delta t = 12-7 = 5℃$，则 $V_p = \alpha \Delta t V_s = 0.0006 \times 5 \times V_s = 0.003 V_s$

系统初始水容量 V_s（L/m^2 建筑面积）　　　　　　　表 2-9

项目	全空气系统	空气—水空调系统
供冷时	0.40~0.55	0.70~1.30
供暖（热水锅炉）	1.25~2.00	1.20~1.90
供暖（热交换器）	0.40~0.55	0.70~1.30

计算出的有效容积应不超过公称容积，再根据表 2-10 选择方形膨胀水箱或圆形膨胀水箱。

膨胀水箱选型　　　　　　　表 2-10

型号	方形					圆形			
	公称容积（m^3）	有效容积（m^3）	外形尺寸（mm）			公称容积（m^3）	有效容积（m^3）	筒体（mm）	
			长	宽	高			内径	高度
1	0.5	0.61	900	900	900	0.3	0.35	900	700
2	0.5	0.63	1200	700	900	0.3	0.33	800	800
3	1	1.15	1100	1100	1100	0.5	0.54	900	1000
4	1	1.2	1400	900	1100	0.5	0.59	1000	900
5	2	2.27	1800	1200	1200	0.8	0.83	1000	1200
6	2	2.06	1400	1400	1200	0.8	0.81	1100	1000
7	3	3.05	2000	1400	1400	1	1.1	1100	1300
8	3	3.2	1600	1600	1400	1	1.2	1200	1200
9	4	4.32	2000	1600	1500	2	2.1	1400	1500
10	4	4.37	1800	1800	1500	2	2	1500	1300
11	5	5.18	2400	1600	1500	3	3.3	1600	1800

续表

型号	方形					圆形			
	公称容积（m³）	有效容积（m³）	外形尺寸（mm）			公称容积（m³）	有效容积（m³）	筒体（mm）	
			长	宽	高			内径	高度
12	5	5.35	2200	1800	1500	3	3.4	1800	1500
13	—	—	—	—	—	4	4.2	1800	1800
14	—	—	—	—	—	4	4.6	2000	1600
15	—	—	—	—	—	5	5.2	1800	2200
16	—	—	—	—	—	5	5.2	2000	1800

6.膨胀水箱安装要求

（1）膨胀水箱安装高度，应保持水箱的最低水位高于系统最高点1m以上。安装水箱时，下部应设置支座，支座长度应超出底板100~200mm，其高度应大于300mm，支座材料可用方木、钢筋混凝土或砖，水箱间外墙应考虑预留安装孔洞。

（2）膨胀水箱膨胀管应连接在循环水泵的吸入口前。

（3）水箱高度 H 大于或等于1.5m时，应设内、外人梯；当 H 大于或等于1.8m时，应设两组玻璃管液位计。

（4）水箱间的高度应为2.2~2.6m，应有良好的采光和通风条件。水箱与墙面的最小距离无配管侧为0.3m，有配管侧为0.7~1.0m，水箱外表面间净距为0.7m，水箱距建筑结构最低点的距离应不小于0.6m。

（5）膨胀水箱的基础或支架的位置、标高、几何尺寸和强度均应满足设计要求，水箱基础表面应平整，水箱安装后应与基础接触紧密，膨胀水箱顶部的人孔盖应用螺栓紧固。开式水箱应做满水试验，静置24h观察，不渗、不漏为合格；闭式水箱应进行水压试验，在试验压力下10min压力不降、不渗、不漏为合格。膨胀水箱安装在非供暖房间时，应进行保温，满水试验或水压试验合格后方可做保温，保温材料及方法应满足设计要求。

任务 4.2　气压罐定压

气压罐定压又称为密闭的膨胀水箱定压。气压罐定压的原理是利用气压罐内的压力来控制空调水系统的压力状况，它的应用可以避免安装高位膨胀水箱受到建筑物高度与结构限制的问题。

微课 2.4-2 稳压补水设备（二）

一、气压罐的分类

按罐内加压气体与水接触情况可分为：直接接触式和隔绝式气体加压装置；按加压气体可分为空气加压装置和氮气加压装置两种。

二、气压罐工作原理

采用气压罐装置定压时，通常把定压点放在空调水系统循环泵的吸入端。

气压罐工作时涉及的 4 种工况，分别是自动补水、自动排气、自动泄水和自动过压保护。

1）自动补水

按空调水系统的稳压要求，在压力控制器内设定气压罐的上限压力 P_2 和下限压力 P_1。当需要向系统补水时，气压罐内的气枕压力 P 随水位而下降。当 P 下降到下限压力 P_1 时接通电机，启动水泵，把储水箱内的水压入补气罐，使罐内的水位和压力上升，压力上升到上限压力 P_2 时，切断水泵电源，停止补水。此时，补气罐内的水位下降，吸开吸气阀，使外界空气进入补气罐。在如此循环工作中，不断地向系统补充所需的水量。

2）自动排气

由于水泵每工作一次，给气压罐补气一次，罐内的气枕容积逐步扩大，水位也逐步下降。当下降到自动排气阀的限定水位时，就排出多余的气体，恢复正常水位。

3）自动泄水

当水系统内水的体积膨胀，使水倒流到气压罐内，其水位上升时，罐内压力 P 亦上升。当压力超过系统静压 0.01~0.02MPa，即达到电接点压力表所设定的上限压力 P_4 时，接通并打开泄水电磁阀，把气压罐内的水泄回到储水箱。待泄水到电接点压力表所设定的下限压力 P_3 时停止。

4）自动过压保护

当气压罐内的压力超过电接点压力表所设定的上限压力 P_5 时，自动打开安全阀和电磁阀一起快速泄水，迅速降低气压罐的压力，达到保护系统的目的。安全阀的设定压力为 P_5，一般取 $P_5=P_4+$（0.01~0.02）MPa。正常情况下，补水量按循环水量的 1% 补水计算，考虑出现事故补水的情况时，补水泵的流量按循环水量的 3%~5% 选取；扬程为楼高加 5m 即可。补水泵通常选用变频补水泵，随着系统失水后压力的变化，调整水泵的频率，补水量是一个变量。

大家注意以上 4 种工况下的压力值，分别是气压罐的上限压力 P_2 和下限压力 P_1，电接点压力表所设定的上限压力 P_4，电接点压力表所设定的下限压力 P_3 以及安全阀的设定压力 P_5。

三、气压罐定压设计技术要求

在气压罐设计时，应该注意：气压罐定压的定压点通常放在循环水泵吸入端；气体定压罐的配电应采用热浸锌镀锌钢管或热浸锌无缝钢管；气压罐应设泄水装置，在管路系统上应设安全阀、电接点式压力表等附件；气压罐与补水泵可安装在钢支座上；补水泵扬程应保证补水压力比系统补水点高 30~50kPa；补水泵的小时流量宜占系统水容量的 5%，不应大于 10%；应设置闭式补水箱，并应回收因膨胀导致的泄水。

当气压罐连接至循环水泵入口时，气压罐压力下限值 P_1 为供水温度对应的饱和压力加上安全富裕值加上系统最高点到气压罐下限水位高差的 0.01 倍。

当气压罐连接在循环水泵入口时，气压罐压力下限值 P_1 按下式计算：

$$P_1=P_{sp}+P_{sa}+0.01H \tag{2-2}$$

式中： P_1——气压罐的下限压力（MPa）；

$\quad\quad P_{sp}$——供水温度对应的饱和压力（MPa）；当供水温度为 95℃以下时，P_{sp} 为 0；

$\quad\quad P_{sa}$——安全富裕值，P_{sa} 为 0.01~0.05MPa；

$\quad\quad H$——系统最高点到气压罐下限水位的高差（mH$_2$O）。

气压罐压力上限值，通常取 P_2 为 1.2~1.3MPa。

气压罐的调节容积是其压力上、下限之间所对应的容积，应保证水温在正常温度波动范围内能有效地调节系统热胀冷缩时水量的变化。

气压罐的最高工作压力不得超过空调水系统内设备所允许的工作压力。

四、气压罐安装技术要求

（1）安装气压罐的房间应有良好的通风，且室内温度不低于 5℃、不高于 40℃，安装在没有冻结危险的室外时，应考虑防风雨措施。

（2）气压罐与墙面或其他设备之间应留有不小于 0.7m 的距离。

（3）气压罐安装后应进行水压试验，按工程设计要求及有关规定执行。

（4）气压罐水压试验合格后应按工程设计要求进行调试。完成调试工作后，应确保充气嘴不漏气。

（5）设备调试合格、投入自动运行后，可不设专人值班，但须定期巡检。

任务 4.3　补水泵补水定压

补水泵补水定压是目前暖通空调系统中常采用的一种定压方式。

一、补水泵定压分类

根据补水泵的运行情况可分为补水泵连续补水定压和间歇补水定压两类。

图 2-31 为补水泵连续补水定压系统，定压点 O 设在循环水泵 5 的入口。（a）给出利用补水泵旁通管路上的补给水调节阀 3 保持定压点的压力。若 O 点压力升高，补给降低，阀 3 关小，减小旁通管的水量，以增加进入空调水系统的补水量，从而使定压点 O 点的压力波动控制在一个很小的范围内。当水系统的循环水泵停止运行时，关闭阀门 7，补水泵仍可补水来维持系统所必需的静水压，以防止系统中的水倒空和出现汽化现象。其静压值的大小一般为空调水系统中的最高点水高度与供水温度相应的汽化压力之和（若水温低

于 95℃，其汽化压力为零），并考虑 9.8~29.4kPa 的富裕量。（b）给出利用补给水供水管路上的调节阀保持定压点的压力。补水调节阀由装在循环水泵入口处的压力信号来控制。通过补给水阀 3 的开大、关小来使空调水系统的压力维持在规定值。

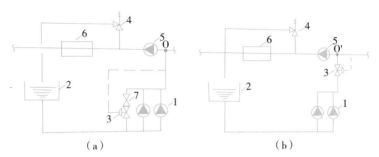

图 2-31　补水泵连续补水定压系统
1—补水泵；2—补给水箱；3—补给水调节阀；4—安全阀；5—空调水系统循环泵；
6—冷水机组或热水锅炉；7—阀门

图 2-32 为补水泵间歇补水定压系统。电接点压力表的两个指针要调到空调水系统所要求的下限压力及所允许的上限压力，上下限压力差不应小于 50kPa，以避免补水泵启动频繁。系统内压力下降到下限压力时，电接点压力表触点接通，补水泵启动，向系统补水，使系统内压力升高。当压力升高到上限压力值时，电接点压力表触点断开，补水泵停止补水。若停止补水后，由于热膨胀等原因，系统压力还继续升高时，（a）中的安全阀打开泄压；（b）中的电磁阀打开泄压，直至系统压力恢复至上限压力值时，电磁阀关闭。应注意，此时补给水箱上部应留有相当于空调水系统膨胀量的泄压排水容积。

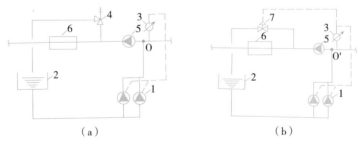

图 2-32　补水泵间歇补水定压系统
1—补水泵；2—补给水箱；3—电接点压力表；4—安全阀；5—空调水系统循环泵；
6—冷水机组或热水锅炉；7—电磁阀

二、补水泵定压特点

补水泵定压系统运行稳定，用于规模较大、耗水量不确定的供暖空调循环水系统。系统可带气压储能罐，也可不带气压储能罐。

带气压储能罐的系统运行平稳，气压储能罐有消除水锤的作用，系统可实现动态时恒压供水且节约能源，静态时停机保压提高效率。不带气压储能罐的系统结构简单、安装方便，由于没有储能罐这一大惯性环节，反应速度大大提高，系统在极短的时间就能达到设定恒压区，很快实现系统平衡。

三、补水泵定压控制原理

变频控制柜在线控制管网压力，当管网压力达到设定值且不再下降时，变频器经过延时监控后逐渐降低转速直至停泵，系统一般配备 2 台水泵（一用一备），当工作泵因故停机时，可以启动备用泵，当系统因膨胀等原因，压力超过设定值上限时，电接点压力表发出上限警信号，同时电磁阀开启，泄水降压。

四、变频补水定压泵选型

变频定压泵的选型主要从系统补水点压力来考虑。定压点的最低压力应使系统最高点的压力大于大气压力 5kPa。

变频补水泵扬程应保证补水压力比系统补水点压力高 30~50kPa。可按下式确定：

$$H_p=1.15（P_A+H_1+H_2-\rho gh）\tag{2-3}$$

式中： H_p——补水泵扬程（Pa）；

P_A——系统补水点压力（Pa）；

H_1——补水泵吸入管路的总阻力损失系统补水点压力（Pa）；

H_2——补水泵压出管路的总阻力损失系统补水点压力（Pa）；

h——补给水箱最低水位高出系统补水点的高度（m）；

ρ——水的密度（kg/m³）；

g——重力加速度（m/s²）。

变频补水泵总小时流量宜为系统水容量的 5%，不得超过 10%；系统较大时宜设置 2 台补水泵，一用一备，初期上水或事故补水时 2 台水泵同时运行。

在选软化水箱时，软化水箱容积按照系统水量的 8%~24% 选取，系统大时取低值，一般取 10%。软化水设备要根据其补水量进行选择。

习题精炼

1. 简述水泵分类及工作原理。
2. 水泵常用性能参数都有哪些？
3. 冷热源系统中，冷却水、冷冻水对水质标准有哪些要求？
4. 冷热源系统中，水处理主要设备有哪些？
5. 冷热源常用管材及阀门都有哪些？如何选型？
6. 冷热源管道连接方式有哪些？都具有哪些特点？
7. 冷热源管道防腐保温如何处理？
8. 冷热源系统的设备附件有哪些？都具有哪些特点？

冷冻站工程

任务一　冷冻站系统及组成

【教学目标】

通过演示、讲解与实际训练，使学生具备绘制冷冻站系统流程图的能力；具备阐述冷冻站系统组成的能力。同时培养学生实践绘图动手能力、耐心细致分析和处理问题的专业能力。

【知识目标】

通过任务一冷冻站系统及组成的学习，应使学生：

1.掌握冷冻站系统；

2.掌握冷冻站的组成。

【知识点导图】

【引导问题】

1.冷冻站由哪些系统组成？

_____

_____

_____

_____

2.冷冻站都设置哪些设备？

_____

_____

_____

_____

任务 1.1　冷冻站系统

冷冻站系统可划分为三部分，一部分是冷水机组构成的制冷系统，一部分是冷却水系统，一部分是冷冻水系统，如图 3-1 所示。

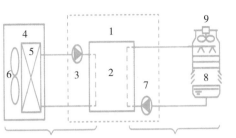

冷冻水系统　　制冷系统　　冷却水系统

图 3-1　冷冻站系统
1—制冷机房；2—制冷系统（冷水机组）；
3—冷冻水泵；4—空气处理装置；5—空气设备换热器；6—风机；7—冷却水泵；8—冷却塔；
9—冷却塔风机

微课　3.1-1
冷冻站系统
工艺流程

一、制冷系统

制冷系统在冷水机组内完成。冷水机组是由压缩机、冷凝器、干燥器、膨胀阀、蒸发器等设备组合。

1）制冷剂流程

压缩机→冷凝器→干燥器→膨胀阀→蒸发器→压缩机。

2）制冷循环

压缩机排出高温高压的气体在冷凝器内，将热量放给冷却水变成高温高压的制冷剂液体，经干燥器去除混入制冷剂中的水分后，由膨胀阀节流降压降温变成低温低压的制冷剂液体进入蒸发器，吸收冷冻水的热量蒸发成低温低压的制冷剂蒸气，被压缩机吸入并压缩又变成高温高压的制冷剂蒸汽，然后进入下一次制冷剂循环过程。

3）制冷系统吸热、放热关系

蒸发器内制冷剂吸收冷冻水热量，冷凝器内制冷剂将热量放给冷却水。

二、冷冻水系统

1）冷冻水系统流程

蒸发器（冷水机组内）→空气处理装置→冷冻水泵→蒸发器。

2）冷冻水循环

从蒸发器出来的低温冷冻水（通常为 7℃，大温差为 6℃）进入空调机组（落地式空调机组和吊顶式空调机组），吸收机组内被处理空气的热量，温度升高（通常为 12℃，大温差为 13℃），经冷冻水泵加压打回蒸发器，将吸收的热量放给冷冻水，然后进入下一次冷冻水循环过程。

3）冷冻水吸热、放热关系

冷冻水在空气处理装置内吸收被处理空气的热量，冷冻水在蒸发器将热量放给制冷剂。

三、冷却水系统

1）冷却水系统流程

冷凝器（冷水机组内）→冷却塔→冷却水泵→冷凝器。

2）冷却水循环

从冷凝器出来的冷却水（通常为37℃）进入室外冷却塔将热量放给环境，温度降低（一般为32℃），经冷却水泵加压打回冷凝器，吸收制冷剂的热量，然后进入下一次冷却水循环过程。

3）冷却水吸热、放热关系

冷却水在冷凝器内吸收制冷剂的热量，冷却水在冷却塔将热量放给环境。

任务 1.2　冷冻站的组成

微课　3.1-2
冷水机组

冷冻站是向空调系统供冷、供热的源泉。冷冻站向空调系统提供冷媒和热媒，空调系统可以直接或间接地通过冷媒从室内除去热量，也可以直接或间接地通过热媒向室内加入热量，以维持被调房间内的热湿环境。因此，冷冻站是空调系统的核心部分。

冷冻站总体由三部分组成：制冷系统（冷/热水机组）、冷冻水系统、冷却水系统。

一、冷水机组

冷冻站制冷是通过冷水机组完成。冷水机组是制冷设备组合体。

冷水机组按工作原理分为蒸汽压缩式冷水机组及溴化锂吸收式制冷机组两大类。蒸汽压缩式冷水机组按制冷压缩机的类型不同，又分为活塞式、螺杆式、离心式、涡旋式等冷水机组。溴化锂吸收式制冷机组采用吸收式制冷循环的制冷机组，根据能源的利用次数分为单效式和双效式，根据功能分为冷水机组和冷热水机组，根据热源的种类分为蒸汽型、热水型、直燃型。

蒸汽压缩式冷水机组按冷凝器中的冷却介质不同，还将压缩式冷水机组分为风冷式和水冷式冷水机组。下面我们分别来阐述一下各种冷水机组的组成及特点。

1. 电动冷水机组

电动冷水机组，是指以电能为动力，由电动机驱动的冷水机组。目前普遍选用的电动冷水机组有活塞式冷水机组、螺杆式冷水机组和离心式冷水机组。常用电动冷水机组单机容量的大致范围如表3-1所示。

常用电动冷水机组单机容量　　　　　　　　　　　　表 3-1

机组类型	机组规模	单机容量（kW）
活塞式冷水机组	中小型	<1217
	模块式机组	<1040
螺杆式冷水机组	小型	<1460
	中型	<2280

续表

机组类型	机组规模	单机容量（kW）
螺杆式冷水机组	大型	<3516
离心式冷水机组	单级	527~3516
	双级	879~3164
	三级	1055~4747

1）活塞式冷水机组

（1）活塞式冷水机组的组成

活塞式冷水机组如图 3-2 所示，它是由活塞式压缩机、水冷卧式冷凝器（或风冷冷凝器）、热力膨胀阀、干式壳管式蒸发器和辅助设备，如油分离器、干燥过滤器等设备组成。并配有自动（或手动）能量调节和自动安全保护装置，目前常用的制冷剂为 R22、R134a。

（2）活塞式冷水机组的类型及特点

根据一台冷水机组中压缩机台数的不同，活塞式冷水机组可分为单机头（一台压缩机）和多机头（两台以上压缩机）两种。采用多机头冷水机组时，可逐台启动，在部分负荷运行时，其调节性能和节能效果好。而采用单机头冷水机组时，当转速不变，只能通过改变汽缸数来实现分级调节。

活塞式冷水机组还分为整机型和模块化冷水机组。模块化冷水机组是由多个模块单元组合而成，每一模块单元又包含两个完全独立的制冷系统，其单元制冷量为 130kW，最大单机容量可达 1040kW（由 8 个模块单元组成）。模块化冷水机组的容量可根据负荷进行组合，调节灵活，在部分负荷时运行性能好，占地面积小，比整体型冷水机组节约占地面积 50%；而且运输、安装灵活方便，特别适用于改造工程。

2）螺杆式冷水机组

（1）螺杆式冷水机组的组成

螺杆式冷水机组如图 3-3 所示，它是由螺杆式制冷压缩机、卧壳式蒸发器、卧壳式冷凝器、热力膨胀阀、油分离器、自控元件等组成的一个完整的

图 3-2　活塞式冷水机组

图 3-3　螺杆式冷水机组

制冷系统。

（2）螺杆式冷水机组的类型及特点

根据冷凝器结构不同，冷水机组可分为风冷式冷水机组与水冷式冷水机组；根据一台机组内采用的压缩机数量不同，冷水机组也可分为单机头冷水机组与多机头冷水机组。常用的制冷剂为 R22 和 R134a，它的主要特点有以下几点：

（3）螺杆式冷水机组的优点

①与活塞式冷水机组相比，结构简单，运动部件少，无往复运动的惯性力，转速高，运转平稳，振动小，易损件少，运行可靠。

②容积效率较高，压缩比大，*EER* 值高。

③对湿冲程不敏感，允许少量液滴入缸，液击危险性小。

④润滑油系统比较庞大而复杂，耗油量较大。

⑤噪声比离心式冷水机组高，但低负荷运转时无"喘振"现象。

⑥螺杆式冷水机组适用于大、中型空调制冷系统。

⑦调节方便，可在 10%~100% 范围内无级调节，在部分负荷时效率高，节电显著。

⑧体积小，重量轻，可做成立式全封闭大容量机组。

⑨属正压运行，不存在外气侵入腐蚀问题。

（4）螺杆式冷水机组的缺点

①单机容量比离心式小，转速比离心式低。

②润滑油系统较复杂，耗油量大。

③大容量机组噪声比离心式高。

④要求加工精度和装配精度高。

3）离心式冷水机组

（1）离心式冷水机组的组成

离心式冷水机组如图 3-4 所示，它由离心式制冷压缩机、卧壳式冷凝器、浮球式膨胀阀、满液式卧壳式蒸发器、润滑油系统和抽气回收装置等设备组成。

（2）离心式冷水机组特点

离心式冷水机组常用的制冷剂为 R22 和 R134a。离心式冷水机组有单级压缩与多级压缩之分。离心式冷水机组适用于大型空调制冷系统。

图 3-4　离心式冷水机组

（3）离心式冷水机组的优点

①叶轮转速高，输气量大，制冷量较大。

②易损件少，工作可靠，结构紧凑，运转平稳，振动小，噪声低。

③制冷剂中不会混入润滑油，蒸发器和冷凝器的传热性能好。

④调节方便。

（4）离心式冷水机组的缺点

①单级压缩机在低负荷时会出现"喘振"现象，在满负荷运转平稳。

②对材料强度，加工精度和制造质量要求严格。

③当运行工况偏离设计工况时效率下降较快，制冷量随蒸发温度降低而减少幅度比活塞式快。

④离心负压系统，外气易侵入，有产生化学变化腐蚀管路的危险。

4）涡旋式冷水机组

涡旋式冷水机组如图3-5所示，它是一种小型电动冷水机组，制冷量通常较小。根据冷水机组冷凝器冷却方式的不同，涡旋式冷水机组分为水冷式和风冷式两类。

（1）涡旋式冷水机组组成

涡旋式冷水机组由涡旋式制冷压缩机、卧壳式冷凝器、热力膨胀阀、卧壳式蒸发器等设备组成。

（2）涡旋式冷水机组的特点

①能效比高、部分负荷时节能更显著。

②启动电流小，涡旋压缩机并联技术，压缩机逐台启动，启动电流小。

③性能优异、稳定可靠，机组采用涡旋压缩机，高效低噪、可靠性好。

④配置齐全、操作方便，电控系统完善，保护功能齐全。

5）风冷式冷水机组

风冷式冷水机组如图3-6所示，它是采用强迫对流的风冷冷凝器，以空气作为冷却介质，通过空气的温升带走冷凝热量的机组。其他组成与水冷式冷水机组一样，都是由制冷压缩机、蒸发器、冷凝器、节流机构、控制柜、自动（或手动）能量调节和自动安全保护装置等组成。

风冷式冷水机组根据压缩机种类不同，可分为全封闭涡旋式、全封闭螺杆式、半封闭螺杆式等，其制冷量范围也相差很大。小冷量机组可作为户式空调冷源，大冷量机组可作为中央空调冷源。由于这种冷水机组既不用设置冷却水系统，又可不占机房，故一般用于缺水地区或无机房面积的中央空调系统中

图3-5 涡旋式冷水机组

图3-6 风冷式冷水机组

（如城市繁华地区无法安置冷却塔的场合）。

它主要有以下几个特点：

①冷凝温度受环境温度影响很大。当夏季环境温度较高（30~35℃）时，冷凝温度就随之升高，一般可达50℃左右。冬季温度较低时，冷凝温度也随之降低。因此，应注意防止风冷式冷水机组冬季运行时冷凝压力过低；否则，将会影响节流机构的液体通过量，使蒸发器缺液，导致制冷能力下降。

②机组结构紧凑，可安装于室外，无须专设机房。小型机组可安放在室外阳台上，大型机组一般安装在建筑物的屋顶上。这样，一方面可以节省有效的建筑面积，另一方面又有利于机组的排热。

③省却了冷却水系统，机组安装简便，节省了设备的初投资及安装费用，便于维护管理。

④与相同制冷量的水冷冷水机组相比，价格较贵。

⑤机组安装时，其位置应考虑到机组的噪声及散热对周围环境的影响。

⑥机组采用自动连锁控制，操作简便，机组内部结构采用特殊设计，方便维护、保养，机组便于现场安装，接上电源及配上水管即可。

⑦自动控制与自动保护装置完善。

2. 溴化锂吸收式冷水机组

溴化锂吸收式冷水机组如图3-7所示，它是空调中常用的一种吸收式制冷设备。其工作原理是利用热能作为动力的一种制冷方法，它是靠水在低压下不断汽化产生的制冷效应来制备冷冻水作为空调冷源。

1）机组分类

根据驱动热源形式溴化锂吸收式冷水机组分为热水型、蒸汽型和直燃型三类。

热水和蒸汽型溴化锂吸收式冷水机组是以热水或者蒸汽作为驱动热源，完成制冷、制热的过程。

热水和蒸汽型溴化锂吸收式冷水机组

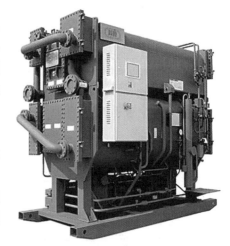

图3-7 溴化锂吸收式冷水机组

通常用在常年使用热源充足的地区，例如电厂附近，电厂全年可以提供蒸汽或热水；或者是在集中燃煤锅炉房附近，单台锅炉吨位较大，夏季生产、工艺用热负荷较小，锅炉夏季满足生产、工艺用热运行热效率低等情况下。

直燃型溴化锂吸收式冷热水机组以燃料的燃烧热为驱动热源，一般按双效制冷循环制取冷水，直接利用冷剂蒸汽的冷凝热制取热水。

根据其功能可分成多种形式：制冷供热专用型、同时制冷和供热型、单制冷型、供热增大型、制冷或供热同时提供卫生热水型（三用机）和直燃型溴化锂吸收式冷热水机组。

2）溴化锂吸收式冷水机组特点

①利用热能（或余热、废热、排热等）为动力，与电动冷水机组相比可以明显节约电耗。因此，在电力比较紧缺的地区，或有余热可利用的场合，使用溴化锂吸收式冷水机组更有意义。

②制冷机组在真空状态下运行，无高压爆炸危险，安全可靠；除屏蔽泵外，无其他振动部件，运行安静，噪声值仅为 75~80dB（A）。

③以溴化锂水溶液作为工质，其中水为制冷剂，溴化锂为吸收剂。

④制冷量调节范围广，在 20%~100% 的负荷内可进行冷量的无级调节，并且随着负荷的变化调节溶液循环量，有着优良的调节特性。

⑤对外界条件变化的适应性强，可在蒸汽压力 0.2~0.8MPa（表）、冷却水温度 20~35℃、冷冻水出水温度 5~15℃的范围内稳定运行。

⑥气密性要求高，运行中即使漏入微量的空气也会影响冷水机组的性能。

⑦溴化锂水溶液对普通碳钢有较强的腐蚀性，不仅影响机组的性能和正常运行，而且还影响机组的寿命。

近年来我国的直燃型溴化锂吸收式冷水机组（简称直燃机）发展很快，目前国内生产直燃机的厂家已有 10 多家。所谓的直燃机是指以燃气、燃油为能源，通过燃气（油）直接在溴化锂吸收式机组的高压发生器中燃烧产生高温火焰作为热源，利用吸收式制冷循环的原理，制取冷、热水，供夏季制冷和冬季供暖使用或同时供应冷水和热水。

当建筑所在地无城市集中供热管网，而建筑不但有冬季供暖要求，还有夏季空调要求时，通常优先考虑直燃型溴化锂吸收式冷热水机组作为建筑的冷热源。如果建筑所在地燃气管线已经敷设到位，通常采用燃气作为燃料，在建筑所在地没有燃气管线的情况下可以考虑采用燃油作为燃料。

3）直燃机特点

这种机组除具有溴化锂吸收式冷水机组的特点外，还具有以下特点：

①选用先进的燃烧设备，燃烧效率高，燃烧完全；燃烧产物中所含的 SOx 和 NOx 低，对大气的污染相对要小。

②制冷、供暖和热水供应兼用，一机多功能。机组从功能上分有单冷型（只制冷）、空调型（制冷、供暖）和标准型（制冷、供暖和热水供应）三种形式供用户选择。

③直燃机与蒸汽型溴化锂吸收式冷水机组相比，用户无须另备锅炉或蒸汽外网，只需少量电能和冷却水系统，即可投入运行。

④采用直燃机，对城市能源季节性的平衡起到一定的积极作用。一般来说，城市中夏季用电量大，而燃气用量少。因此，采用燃气型直燃机组可减少夏季电耗，增加燃气耗量，有利于解决城市燃气系统的季节调峰问题。

⑤直燃机结构紧凑，体积小，机房占用面积小；安装无特殊要求，使用、操作方便。

微课 3.1-3
冷冻水系统

二、冷冻水系统

冷冻水系统是将冷水机组制备的冷冻水输送到末端装置或空调机组，以满足空调用户冷负荷要求的一套系统。

1. 冷冻水系统形式

冷冻水系统形式繁多，详见表3-2。

冷冻水系统形式 表3-2

划分原则	系统形式	图示	特征	特点
按介质（如水）是否与空气接触划分	闭式系统		系统中的介质基本上不与空气接触	1. 对管路、设备的腐蚀性小； 2. 水容量比开式系统小； 3. 系统中水泵只需克服系统的流动阻力； 4. 系统简单； 5. 系统的储冷能力差
	开式系统		系统中的介质与空气相接触，系统中有水箱	1. 有较大的水容量，因此温度较稳定，蓄冷能力强； 2. 系统的腐蚀性强； 3. 循环水泵的扬程大，要克服系统的流动阻力，还要消耗较多的提升介质高度所需的能量
按系统中的各并联环路中水的流程划分	同程系统		各并联环路中水的流程基本相同，即各环路的管路总长基本相等	1. 系统各环路间的流动阻力容易平衡，因此系统的水力稳定性好，流量分配均匀； 2. 管路布置复杂，管路长； 3. 比异程系统初投资大
	异程系统		各并联环路中水的流程各不相同，即各环路的管路总长不一样	1. 管路布置简单，节约管路及其占用空间； 2. 初投资比同程系统低； 3. 由于流动阻力不易平衡，常导致水流量分配不均
按系统循环水量的特征划分	定流量系统		系统中的循环水量保持定值；常采用三通阀定流调节，即当负荷降低时，一部分水流量与负荷成比例地流经风机盘管或空调器，另一部分从三通阀旁通，保持环路中水流量不变	1. 系统简单，操作方便； 2. 低负荷时，水泵仍按设计流量运行；因此，输送能耗始终为设计最大值； 3. 配管设计时，不用考虑同时使用系数
	变流量系统		系统中供回水温度保持不变，负荷变化时，可通过改变供水量来调节	1. 输送能耗随着负荷的减少而降低； 2. 水泵容量及电耗也相应减少，系统相对复杂，要配备一定自动控制设备； 3. 配管设计时，可以考虑同时使用系数
按系统中的循环水泵设置情况划分	单极泵系统		系统中只用一组循环水泵，即冷热源侧和负荷侧合用一组循环水泵	1. 系统简单，初投资较低； 2. 不能调节水泵流量，不能节省水泵输送能量

续表

划分原则	系统形式	图示	特征	特点
按系统中的循环水泵设置情况划分	双级泵系统		冷、热源侧与负荷侧分别设置循环水泵	1. 可以降低冷冻水的输送电耗； 2. 系统比单级泵系统复杂； 3. 初投资较高
按冷热水管道的设置方式划分	双管制	定压水箱 阀门空调用户　水泵 水加热器　制冷机组	冬季供应热水，夏季供应冷水都是用相同的管路	1. 系统简单，布置方便； 2. 系统投资较低； 3. 系统不能同时既供冷又供热，只能按不同时间分别运行
	三管制	定压水箱 热水 阀门空调用户 冷水　水加热器 制冷机组　水泵	系统中有冷、热两条供水管，但共用一根回水管	1. 能同时满足供热、供冷的要求； 2. 有冷热混合损失； 3. 投资高于双管制系统
	四管制	定压水箱 热水 阀门空调用户 冷水　水加热器 制冷机组　水泵	供冷、供热分别由供、回水管承担，构成供冷与供热彼此独立的水系统	1. 能同时满足供冷、供热的要求，且没有冷、热混合损失； 2. 管道占用空间大； 3. 系统初投资较高

2. 冷冻水系统典型形式

空调冷冻水系统的形式虽然繁多，但在实际空调工程中，常见的主要典型形式有以下两种：

1）单级泵冷冻水系统

（1）单级泵定流量双管闭式水系统

图 3-8 给出末端装置水管上设置三通阀的定流量系统。当部分负荷运行时，一部分水流量与负荷成比例地流经末端装置；另一部分从三通阀旁通，以保证供冷量与负荷相适应。水泵仍按设计流量运行，而空调系统又长期处于低负荷状态运行。因此，这种水系统形式要消耗大量的水泵功率。如此，目前在大型空调系统中已很少采用这种系统。

（2）单级泵变流量双管闭式水系统

图 3-9 给出末端装置水管上设置二通阀的变流量系统。当负荷降低时，二通阀调小，使末端装置中冷冻水的流量按比例减小，从而使被调参数保持在设计值范围内。

在二通阀的调节过程中，管路的特性曲线将发生变化，因而系统负荷侧水流量也将发生变化。但是如果通过冷水机组的冷冻水量减少，将会导致冷水机

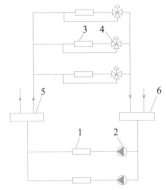

图 3-8　单级泵定流量双管闭式水系统
1—冷水机组；2—循环水泵；3—空调机组或风
机盘管；4—三通阀；5—分水器；6—集水器

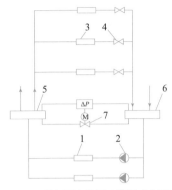

图 3-9　单级泵变流量双管闭式水系统
1—冷水机组；2—循环水泵；3—空调机组或风
机盘管；4—二通阀；5—分水器；6—集水器；
7—旁通调节阀

组的运行稳定性变差，甚至会出现运行问题。因此，在系统的供、回水管之间安装一条旁通管，管上安装压差控制的旁通调节阀。当用户流量减少时，供、回水总管之间压差增大，通过压差控制器使旁通阀开大，让部分水旁通，以保证流经冷水机组的水流量基本不变。

　　单级泵变流量双管闭式水系统是目前我国民用建筑空调工程中应用最广泛的空调水系统。

　　2）双级泵冷冻水系统

　　图 3-10 所示是一种常见的双级泵冷冻水系统。冷冻水输送环路可以根据各区不同的压力损失设计成独立环路，进行分区供水。因此，这种系统形式适用于大型建筑物（或建筑群）、各空调分区供水管作用半径相差悬殊的场合。

　　图 3-11 所示是一种双级泵并联运行，向各区集中供应冷冻水的系统。这种系统适用于大型建筑物中各空调分区负荷变化规律不一，但阻力损失相近的场合。

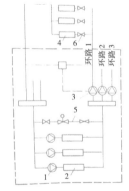

图 3-10　双级泵冷冻水系统
1——次泵；2—冷水机组；3—二次泵；
4—风机盘管；5—旁通管；6—二通调节阀

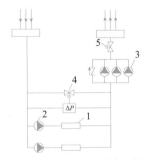

图 3-11　双级泵冷冻水系统
1—冷水机组；2——次泵；3—二次泵；
4—压差调节阀；5—总调节阀

三、冷却水系统

空调冷却水用于电动冷水机组中水冷冷凝器、吸收式冷水机组中冷凝器和吸收器等设备中，通过冷却水系统将空调系统从被调节房间吸取的热量和压缩机消耗功转化的两部分热量释放到环境中去。常用的冷却系统的水源有：地表水（河水、湖水等）、地下水（深井水或浅井水）、海水、自来水等。

微课　3.1-4
冷却水系统

1. 冷却水系统的形式

冷却水系统的形式见表 3-3。

冷却系统的形式　　　　　　　　　　表 3-3

系统形式	图示	特征与特点	使用场合
直接式冷却水系统		1. 冷却水经设备使用后直接排掉，不再重复使用； 2. 是最简单的冷却系统	一般适用于水源水量充足的地方，如江、河、湖泊等地面水源或附近有丰富的地下水源
混合式冷却系统	供水　排水	1. 经冷凝器使用后的冷却水部分排掉、部分与供水混合后循环使用； 2. 增大冷却水温升，从而减少冷却水的耗量	用于冷却水温较低且系统较小的场合
利用喷水池的冷却水系统		1. 在水池上部将水喷入大气中，增加水与空气的接触面积，利用水蒸发吸热的原理，使少量的水蒸发而把自身冷却下来； 2. 结构简单，但占地面积大：一般 $1m^2$ 水池面积可冷却水量约 $0.3\sim1.2m^2/h$	宜用在气候比较干燥地区的小型空调系统中
机械通风冷却塔循环系统		1. 冷却塔出来的冷却水经水泵压送到冷水机组中的冷凝器，再送到冷却塔中蒸发冷却； 2. 冷却塔中极限出水温度比当地空气的湿球温度高 3.5~5℃	1. 适用于气温高、湿度大，自然通风冷却方式不能达到冷却效果时； 2. 目前空调系统应用最广泛的冷却水系统

除使用地表水之外，空调系统的冷却水应循环使用。技术经济比较合理且条件具备时，冷却塔可作为冷源设备使用。因此，机械通风冷却塔循环系统是目前空调系统应用最广泛的冷却水系统。

2. 空调冷却水系统的典型图示

1）单机配套互相独立的冷却水循环系统

图 3-12 为单机配套冷却水循环系统。冷却塔和冷水机组一对一配套，彼此构成独立的冷却水系统，该流程运行方便，便于管理，但管路复杂，难以布置。目前在空调工程中很少采用。

2）共用供、回水管的冷却水循环系统

冷却塔和冷水机组通常设置相同的台数，共用供、回水干管的冷却水循环系统，如图 3-13

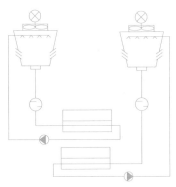

图 3-12　单机配套冷却水循环系统

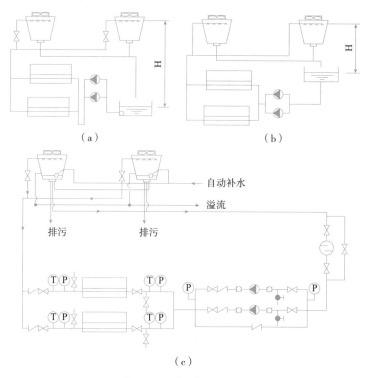

图 3-13　冷却水循环系统
（a）下水箱式冷却水系统；（b）上水箱式冷却水系统；（c）无水箱式冷却水系统

所示。为了使冷却水循环泵能稳定地运行，启动时水泵吸入口不出现空蚀现象，传统的做法是在冷却水系统中设置水箱，增加系统的水容量，如图 3-13（a）、（b）所示。冷却水箱可根据情况设置在机房内，如图 3-13（a）所示；也可设在屋面冷却塔旁边，如图 3-13（b）所示。

　　系统中冷却水泵的扬程应为冷却塔与水箱水位的高度差、管路的阻力、冷却器水侧流动阻力和冷却塔进水口预留压力（可从设备样本上查得，一般为 $3 \sim 6 m H_2 O$）之和。显然图 3-13（b）的水泵扬程比图 3-13（a）的要小，从而图 3-13（b）系统的水泵功率比图 3-13（a）系统的水泵功率小，运行费用变低。同时，图 3-13（b）系统有利于水泵的迅速启动，不必向水泵注水开泵或真空引水后开泵，启动时不会出现断水问题。因此，目前空调设计中，传统的下水箱式冷却水系统的使用在逐渐减少。

　　目前空调工程中通常选用图 3-13（c）所示的系统。冷却塔设在建筑物的屋顶上，冷冻站设在建筑物的底层或地下室。水从冷却塔的集水槽出来后，直接进入冷水机组而不设水箱。当空调冷却水系统仅在夏季使用时，该系统是合理的，方便运行管理，可以减小循环水泵的扬程，节省运行费用。

　　3）冷却塔供冷系统

　　冷却塔供冷（又称免费供冷）是一种节能降耗的系统形式。目前，国内新建和已建成的开敞式现代办公楼中的空调方式多采用风机盘管加新风系统。这些建筑物的内区往往要求空调系统全年供冷，而在过渡季节或冬季，当室外空气焓值低于室内空气设计焓值时，又无法利用加大新风量进行免费供冷。为此，可利用冷却塔供冷技术，通过水系统来利用自然冷源给室内降温。当室外空气湿球温度低到某个值以下时，关闭冷水机组，以流经冷却塔的循环冷却水直接或间接向空调系统供冷，提供建筑空调所需的冷负荷。

目前，常见的冷却塔供冷系统形式有冷却塔直接供冷系统和冷却塔间接供冷系统，如图 3-14 所示。

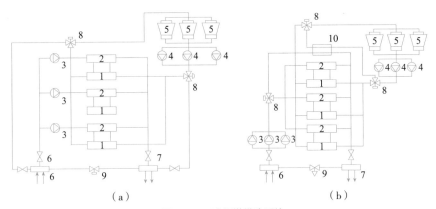

图 3-14　冷却塔供冷系统
（a）冷却塔直接供冷系统；（b）冷却塔间接供冷系统
1—冷凝器；2—蒸发器；3—冷冻水泵；4—冷却水泵；5—冷却塔；6—集水器；7—分水器；
8—电动三通阀；9—压差调节阀；10—板式换热器

任务二 冷冻站设备选型及安装

【教学目标】

通过实际训练，使学生具备冷水机组、冷冻水泵、冷却水泵、冷却塔选型能力；具备冷冻站设备安装能力。根据实际训练，培养学生自主学习、实践动手能力以及细致分析和处理问题的能力。

【知识目标】

通过任务二冷冻站设备选型及安装的学习，应使学生：

1. 掌握电动冷水机组选择原则及方法；
2. 掌握吸收式冷水机组选择原则及方法；
3. 掌握冷却水泵、冷冻水泵选择原则及方法；
4. 掌握冷却塔选择原则及方法；
5. 掌握冷水机组、水泵、冷却塔安装方法及要求。

【知识点导图】

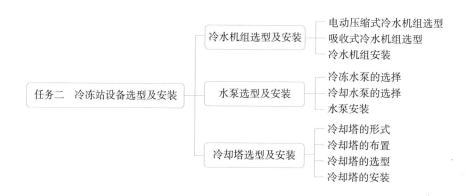

【引导问题】

1. 如何选择冷水机组？

_____

_____

2. 如何选择冷却塔？

_____

_____

任务 2.1　冷水机组选型及安装

一、电动压缩式冷水机组选型

电动冷水机组具有能效高、技术成熟、系统简单和灵活、占地面积小等特点，因此在城市电网夏季供电充足的区域，冷源宜采用电动压缩式冷水机组。

微课　3.2-1
电动冷水机
组选型

1. 电动压缩式冷水机组容量

（1）目前几乎所有的舒适性空调建筑中，都不存在冷源的总供冷量不够的问题，大部分情况下，所有安装的冷水机组一年中没有出现同时满负荷运行的情况，甚至一些工程中所有机组同时运行的时间也很短或者没有出现过。所以，电动压缩式冷水机组的总装机容量，应根据计算的空调系统冷负荷值直接选定，不另作附加，避免单台机组装机容量增加，运行在低负荷工况下，能效降低。

对于某些特定的建筑必须设置备用冷水机组时（例如某些工艺要求必须24h保证供冷的建筑等），其备用冷水机组的容量不统计在机组装机容量之中。

（2）在设计条件下，当机组的规格不能符合计算冷负荷的要求时，所选择机组的总装机容量与计算冷负荷的比值不得超过 1.1。

注意比值不超过 1.1，是一个限制值。设计人员不应理解为选择设备时的"安全系数"。

2. 电动冷水机组类型选择

《民用建筑供暖通风与空气调节设计规范》GB 50736—2012 对目前生产的水冷式电动冷水机组的单机制冷量作了大致的划分，为选型提供参考。选择电动压缩式冷水机组类型时，宜按表 3-4 的制冷量范围进行选型，经性能价格综合比较后确定。

水冷式冷水机组选型范围　　　　　　　表 3-4

单机名义工况制冷量（kW）	冷水机组类型
≤ 116	涡旋式
116~1054	螺杆式
1054~1758	螺杆式
	离心式
≥ 1758	离心式

注：1. 表中对几种机形制冷范围的划分，主要是推荐采用较高性能参数的机组，以实现节能。
　　2. 螺杆式和离心式之间有制冷量相近的型号，可通过性能价格比，选择合适的机型。
　　3. 往复式冷水机组因能效低已很少使用，故未列入本表。

3. 电动冷水机组台数确定

集中空调系统的冷水（热泵）机组台数及单机制冷量（制热量）的选择，应能适应空调负荷全年变化规律，满足季节及部分负荷要求。

《民用建筑供暖通风与空气调节设计规范》GB 50736—2012 规机组不宜少于 2 台，既可提高安全可靠性外，又能达到经济运行的目的。

当小型工程仅设 1 台时，应选调节性能优良、部分负荷能效高的机型，并能满足建筑最低负荷的要求。

4. 电动冷水机组的性能参数

冷源所选的电动冷水机组的性能必须符合现行国家标准《公共建筑节能设计标准》GB 50189—2015 的有关规定。

主要性能系数有：名义制冷（制热）量、名义总消耗电功率、制冷性能系数（COP）、综合部分性能系数（IPLV）、空调系统的电冷源综合制冷性能系数（SCOP）。

1）名义制冷（制热）量

机组在名义制冷（制热）工况下运行时，测试得到的制冷量（制热量），单位为 kW。现行国家标准《蒸气压缩循环冷水（热泵）机组　第 1 部分：工业或商业用及类似用途的冷水（热泵）机组》GB/T 18430.1 规定的名义制冷（制热）工况是指：

使用侧：冷水出口水温 7℃，水流量为 0.172m³/（h·kW）；

热源侧（或放热侧）：水冷式冷却水进口水温 30℃，水流量为 0.215m³/（h·kW）；蒸发器水侧污垢系数为 0.018m²·℃/kW。冷凝器水侧污垢系数为 0.044m²·℃/kW。设计工况大多为冷凝侧温度为 32℃/37℃，而国家标准中的名义工况为 30℃/35℃。

制冷量单位之间的换算见表 3-5。

制冷量单位之间的换算　　　　　　　　　　表 3-5

千瓦（kW）	马力（HP）	大卡/小时（kcal/h）	英热单位/小时（Btu/h）	冷冻吨		
				日本冷冻	美国冷冻	英国冷冻
1	1.36	860	3412.1	0.259	0.2844	0.2549
0.735	1	632	2510	0.1931	0.2121	0.1901
1.16×10^{-3}	1.583×10^{-3}	1	3.968	3.012×10^{-4}	3.307×10^{-4}	2.964×10^{-4}
2.93×10^{-4}	3.986×10^{-4}	0.252	1	7.591×10^{-5}	8.335×10^{-5}	7.47×10^{-5}
3.861	5.251	3320	13174	1	1.098	0.9841
3.517	4.783	3024	12000	0.9108	1	0.9864
0.3923	5.335	3373	13384	1.1016	1.112	1

2）名义总消耗电功率

机组在名义制冷（制热）工况下运行时，测试得到的机组总消耗电功率，单位为 kW。但对热泵制热工况总消耗电功率，不包括辅助电加热器消耗的功率。

3）制冷性能系数（COP）

冷水机组名义工况制冷性能系数（COP）是指机组以同一单位表示的制冷量与总输入电功率的比值。

采用电机驱动的蒸汽压缩循环冷水（热泵）机组时，其在名义制冷工况和规定条件下冷水（热泵）机组的性能系数（COP）应符合表 3-6 的规定。

名义制冷工况和规定条件下冷水（热泵）机组的制冷性能系数（COP）　表 3-6

类型		名义制冷量 CC（kW）	性能系数 COP（W/W）					
			严寒 A、B 区	严寒 C 区	温和地区	寒冷地区	夏热冬冷地区	夏热冬暖地区
水冷	活塞式 / 涡旋式	$CC \leqslant 528$	4.10	4.10	4.10	4.10	4.20	4.40
	螺杆式	$CC \leqslant 528$	4.60	4.70	4.70	4.70	4.80	4.90
		$528 \leqslant CC \leqslant 1163$	5.00	5.00	5.00	5.10	5.20	5.30
		$CC \geqslant 1163$	5.20	5.30	5.40	5.50	5.60	5.60
	离心式	$CC \leqslant 1163$	5.00	5.00	5.10	5.20	5.30	5.40
		$1163 \leqslant CC \leqslant 2110$	5.30	5.40	5.40	5.50	5.60	5.70
		$CC \geqslant 2110$	5.70	5.70	5.70	5.80	5.90	5.90
风冷或蒸发冷却	活塞式 / 涡旋式	$CC \leqslant 50$	2.60	2.60	2.60	2.60	2.70	2.80
		$CC \geqslant 50$	2.80	2.80	2.80	2.80	2.90	2.90
	螺杆式	$CC \leqslant 50$	2.70	2.70	2.70	2.80	2.90	2.90
		$CC \geqslant 50$	2.90	2.90	2.90	3.00	3.00	3.00

注：1. 水冷定频机组及风冷或蒸发冷却机组的性能系数（COP）不应低于表 3-6 的数值。

2. 水冷变频离心式机组的性能系数（COP）不应低于表 3-6 中数值的 0.93 倍。

3. 水冷变频螺杆式机组的性能系数（COP）不应低于表 3-6 中数值的 0.95 倍。

4）综合部分性能系数（IPLV）

实际运行中，冷水机组绝大部分时间处于部分负荷工况下运行，只选用唯一的满负荷性能指标来评价冷水机组的性能不能全面地体现冷水机组的真实能效，还需考虑冷水机组在部分负荷运行时的能效。

综合部分性能系数（IPLV）用一个单一数值表示的空气调节用冷水机组的部分负荷效率指标，它基于机组部分负荷时的性能系数值，按照机组在各种负荷下运行时间的加权因素，通过计算获得的。

电机驱动的蒸汽压缩循环冷水（热泵）机组的综合部分负荷性能系数（IPLV）应按下式计算：

$$IPLV = 1.2\% \times A + 32.8\% \times B + 39.7\% \times C + 26.3\% \times D \qquad (3-1)$$

式中：　*A*——100% 负荷时的性能系数 *COP*（W/W），冷却水进水温度为 30℃ / 冷凝器进气干球温度为 35℃；

　　　　B——75% 负荷时的性能系数 *COP*（W/W），冷却水进水温度为 26℃ / 冷凝器进气干球温度为 31.5℃；

　　　　C——50% 负荷时的性能系数 *COP*（W/W），冷却水进水温度为 23℃ / 冷凝器进气干球温度为 28℃；

　　　　D——25% 负荷时的性能系数 *COP*（W/W），冷却水进水温度为 19℃ / 冷凝器进气干球温度为 24.5℃。

电机驱动的蒸汽压缩循环冷水（热泵）机组的综合部分负荷性能系数（*IPLV*）应符合表 3-7 的规定。

冷水（热泵）机组的综合部分负荷性能系数（*IPLV*）　　表 3-7

类型		名义制冷量 *CC*（kW）	性能系数 *IPLV*（W/W）					
			严寒 A、B 区	严寒 C 区	温和地区	寒冷地区	夏热冬冷地区	夏热冬暖地区
水冷	活塞式 / 涡旋式	*CC* ≤ 528	4.90	4.90	4.90	4.90	5.05	5.25
	螺杆式	*CC* ≤ 528	5.35	5.45	5.45	5.45	5.55	5.65
		528 < *CC* ≤ 1163	5.75	5.75	5.75	5.85	5.90	6.00
		CC > 1163	5.85	5.95	6.10	6.10	6.20	6.30
	离心式	*CC* ≤ 1163	5.15	5.15	5.25	5.35	5.45	5.55
		1163 < *CC* ≤ 2110	5.40	5.50	5.55	5.60	5.75	5.85
		CC > 2110	5.95	5.95	5.95	6.10	6.20	6.20
风冷或蒸发冷却	活塞式 / 涡旋式	*CC* ≤ 50	3.10	3.10	3.10	3.10	3.20	3.20
		CC > 50	3.35	3.35	3.35	3.35	3.40	3.45
	螺杆式	*CC* ≤ 50	2.90	2.90	2.90	3.00	3.10	3.10
		CC > 50	3.10	3.10	3.10	3.20	3.20	3.20

注：1. 水冷定频机组的综合部分负荷性能系数（*IPLV*）不应低于表 3-7 的数值。
　　2. 水冷变频离心式冷水机组的综合部分负荷性能系数（*IPLV*）不应低于表 3-7 中水冷离心式冷水机组限值的 1.30 倍。
　　3. 水冷变频螺杆式冷水机组的综合部分负荷性能系数（*IPLV*）不应低于表 3-7 中水冷螺杆式冷水机组限值的 1.15 倍。

5）空调系统的电冷源综合制冷性能系数（*SCOP*）

在现有的建筑节能标准中，只对单一空调设备的能效相关参数限值作了规定，例如规定冷水（热泵）机组制冷性能系数（*COP*）、单元式机组能效比等，却没有对整个冷源系统的能效水平进行规定。实际上，最终决定系统耗电量的是包含冷热源、输送系统和空调末端设备在内的整个系统，整体更优才能达到节能的最终目的。这里，提出引入电冷源综合制冷性能系数（*SCOP*）这个参数，保证冷源部分的节能设计整体更优。

电冷源综合制冷性能系数（$SCOP$）为名义制冷量（kW）与冷源系统的总耗电量（kW）之比。冷源系统的总耗电量按主机耗电量、冷却水泵耗电量及冷却塔耗电量之和计算。

空调系统的电冷源综合制冷性能系数（$SCOP$）不应低于表 3-8 的数值。对多台冷水机组、冷却水泵和冷却塔组成的冷水系统，应将实际参与运行的所有设备的名义制冷量和耗电功率综合统计计算，当机组类型不同时，其限值应按冷量加权的方式确定。

空调系统的电冷源综合制冷性能系数（$SCOP$）　　　　表 3-8

类型		名义制冷量 CC（kW）	性能系数 $SCOP$（W/W）					
			严寒 A、B 区	严寒 C 区	温和地区	寒冷地区	夏热冬冷地区	夏热冬暖地区
水冷	活塞式/涡旋式	$CC \leqslant 528$	3.3	3.3	3.3	3.3	3.4	3.6
	螺杆式	$CC \leqslant 528$	3.6	3.6	3.6	3.6	3.6	3.7
		$528 \leqslant CC \leqslant 1163$	4	4	4	4	4.1	4.1
		$CC \geqslant 1163$	4	4.1	4.2	4.4	4.4	4.4
	离心式	$CC \leqslant 1163$	4	4	4	4.1	4.1	4.2
		$1163 \leqslant CC \leqslant 2110$	4.1	4.2	4.2	4.4	4.4	4.5
		$CC \geqslant 2110$	4.5	4.5	4.5	4.5	4.6	4.6

二、吸收式冷水机组选型

1. 吸收式冷水机组热能选型

吸收式冷水机组采用热能作为制冷的能源时，热能的选用宜按照以下顺序确定：

（1）废热或工业余热；

（2）利用可再生能源产生的热源；

（3）矿物质能源优先顺序为天然气、人工煤气、液化石油气、燃油等。

注意：直接采用矿物质能源时，则应综合考虑当地的能源供应、能耗价格、使用的灵活性和方便性等情况。

2. 吸收式机组的机型选择要求

溴化锂吸收式机组的机型应根据热源参数确定。通常当热源温度比较高时，宜采用双效机组。由于废热、可再生能源及生物质能的能源品位相对较低，利用城市热网作为热源，在夏季制冷工况下，热网温度通常较低，利用这些热源是无法采用双效机组的。当采用锅炉燃烧供热时，为了提高冷水机组的性能，应提高供热热源的温度，因此不应采用单效式机组。各类机组所对应的热源种类和参数见表 3-9。

微课 3.2-2 吸收式冷水机组选型

各类机组的加热热源种类和参数　　　　　　表 3-9

机型	加热热源种类和参数
直燃机组	天然气、人工煤气、液化石油气、燃油
蒸汽双效机组	蒸汽额定压力（表压）0.25MPa、0.4MPa、0.6MPa、0.8MPa
热水双效机组	>140℃热水
蒸汽单效机组	废汽（0.1MPa）
热水单效机组	废热等（85~140℃的热水）

3. 直燃式机组选用规定

选用直燃式机组时，应符合下列规定：

机组应考虑冷、热负荷与机组供冷、供热量的匹配，宜选择满足夏季冷负荷和冬季热负荷需求中的机型较小者。

直燃式机组的额定供热量一般为额定供冷量的 70%~80%。当用户的热负荷大于机组的供热量，不宜用加大机组型号的方法来满足冬季供暖需要，最好再选用一台同燃料的辅助热源。当机组供热能力不足时，还可加大高压发生器和燃烧器以增加供热量，但高压发生器和燃烧器的最大供热能力不宜大于所选直燃式机组型号额定热量的 50%；当机组供冷能力不足时，宜采用辅助电制冷等措施。

采用直燃型溴化锂吸收式冷（温）水机组时，其在名义工况和规定条件下的性能参数应符合表 3-10 的规定。

名义工况和规定条件下直燃型溴化锂吸收式冷（温）水机组的性能参数　表 3-10

名义工况		性能参数	
冷（温）水进/出口温度（℃）	冷却水进/出口温度（℃）	性能系数（W/W）	
		制冷	制热
12/7（供冷）	30/35	≥ 1.20	—
—/60（供热）	—	—	≥ 0.90

三、冷水机组安装

冷水机组安装必须在机房土建施工完工后进行，包括墙面粉饰工作、地面工程全部完工。但不得破坏或污染墙面、地面。

冷水机组安装的一般程序是：

设备开箱检查→基础检查验收及处理→设备搬运与就位→设备找正、找平和对中→一次灌浆→精确找平和对中→二次灌浆→试运转验收。

1）设备开箱检查

设备充灌的保护气体，开箱检查后应无泄漏，并采取保护措施，不宜过早或任意拆除，以免设备受损。检查机器设备的完好情况和随机文件的齐全与否。

2）基础检查验收及处理

基础检查验收的主要内容是：基础的外形尺寸、基础面的水平度、中心线、标高、地脚孔的坐标位置，预埋件等是否符合要求。

3）基础放线

4）设备搬运与就位

（1）利用吊车等机械搬运

用吊车、铲车等将机组送上基础。

（2）利用人字架与捯链吊运

先将设备运到基础上，采用人字架（俗称拔杆）和捯链将设备吊起来，抽去底排，再把设备落到基础上。

（3）采用滑移方法就位

滑移方法就位安装是将设备连同底排运到基础旁放正，对好基础。然后卸下底排上螺栓，用撬杠撬起设备一端，在设备与底排间放上滚杠（DN50mm 钢管），使设备落在滚杠上，再以几根滚杠横跨在已经放好线的基础和底排的一端，用撬杠撬动设备，通过滚杠滑移，把设备从底排上水平移到基础上，然后再撬起设备取出滚杠，垫好垫铁。

5）设备找正、找平等

（1）设备找正

（2）设备找平

垫铁应成组使用，每组垫铁一般不超过 3 块，厚垫铁应放在下面，薄垫铁应放在上边，最薄的放在中间，尽量少用或不用薄垫铁。

（3）地脚螺栓孔灌浆时保证螺栓的垂直度（垂直度保证在 1% 之内，距侧壁应大于 15mm），混凝土强度达到 70% 以上时，拧紧地脚螺栓。

（4）设备水平度复查和调整（精平）

（5）设备二次灌浆

6）成品保护措施

安装完毕后对机组采取有效的保护措施。

任务 2.2　水泵选型及安装

一、冷冻水泵的选择

1. 冷冻水泵的选择原则

选择循环水泵时，应对计算流量和计算扬程附加 5%~10% 的富裕量。

2. 冷冻水泵的台数规定

（1）水泵定流量运行的一级泵，其设置台数和流量应与冷水机组台数和流

微课　3.2-3
水泵选型

量相对应，并宜与冷水机组的管道一对一连接；

（2）变流量运行的每个分区的各级水泵不宜少于2台。当所有的同级水泵均采用变速调节方式时，台数不宜过多；

（3）热水泵台数不宜少于2台；严寒及寒冷地区，当热水泵不超过3台时，其中一台应设置为备用泵。

3. 冷冻水泵流量的确定

冷冻水泵的流量应按下式计算：

$$G=K\frac{Q}{1.163\Delta t} \tag{3-2}$$

式中： G——循环水泵流量（m^3/h）；

K——水泵流量附加系数，取 K=1.05~1.10；

Q——水泵所承担的冷热负荷（kW）；

Δt——供回水温差（℃）。

冷冻水泵的流量也可根据选用的冷水机组给定的冷水流量附加5%的富裕量确定。

4. 冷冻水泵扬程的确定

闭式循环系统应按冷水机组的蒸发器阻力、管路和附件阻力、空调末端装置阻力之和计算；开式系统除上述阻力之外，还应包括从蓄水池或蓄冷水池最低水位到末端设备之间的高差，如设喷淋式，末端设备的换热器阻力应以喷嘴前的必要压头代替。具体计算见下式：

$$H_c=H_s+H_d+H_n+H_p+H_y+H_j \tag{3-3}$$

式中： H_c——水泵实际扬程 [kPa（mH_2O）]；

H_s——允许吸上真空高度 [kPa（mH_2O）]；当水泵高于吸水池水面时，H_s 为正数；当水池高于水泵时，水泵吸口处于正压状态，此时 H_s 为负数；

H_d——压水高度 [kPa（mH_2O）]；对于开式系统，H_d 是指从水泵轴线至供水最高点的高度差；对于闭式系统，由于供水和回水高度相同，故其数值为零；

H_n——冷水机组内阻力损失 [kPa（mH_2O）]；对冷却水系统的 H_n 为冷水机组冷凝器的水侧阻力损失，如离心式冷水机组冷凝器阻力为 50~80kPa；对冷冻水系统的 H_n 为冷水机组蒸发器的水侧阻力损失，如离心式冷水机组蒸发器阻力为 30~80kPa。按照选用冷水机组样本提供的阻力数确定；

H_p——供水余压 [kPa（mH_2O）]；对冷却水系统，H_p 为冷却塔布水喷嘴的喷射压力，为 20~80kPa。选用喷嘴不同，余压也不同。Py 型大喷嘴为 98kPa；Luwa 型喷嘴为 147kPa；Y-1 型喷嘴为 196kPa；对冷冻水系统，H_p 数值大约如下：

风机盘管阻力损失：10~20kPa；

自动控制阀阻力损失：30~50kPa；

冷热水盘管阻力损失：20~50kPa（水流速为 0.8~1.5m/s）；

热交换设备阻力损失：20~50kPa；

淋水室阻力损失：100~200kPa；

H_y——沿程阻力损失 [kPa（mH$_2$O）]；沿程阻力实际工程中可按照 200Pa/m 乘以管路长度；

H_j——局部阻力损失 [kPa（mH$_2$O）]；局部阻力可按照管路沿程阻力的 50% 考虑；通常可取冷水机房内的除污器、集水器、分水器的 阻力为 50kPa；两通调节阀的阻力可取 40kPa。

二、冷却水泵的选择

1. 冷却水水温规定

（1）冷水机组的冷却水进口温度不宜高于 33℃；

（2）冷却水进口最低温度应按冷水机组的要求确定，电动压缩式冷水机组不宜低于 15.5℃，溴化锂吸收式冷水机组不宜低于 24℃；冷却水系统，尤其是全年运行的冷却水系统，宜采取保证冷却水供水温度的措施；

（3）冷却水进出口温差应按冷水机组的要求确定，电动压缩式冷水机组宜取 5℃，溴化锂吸收式冷水机组宜为 5~7℃。

2. 冷却水泵的流量

冷却水泵的流量计算公式与冷冻水流量计算公式相同，计算流量、扬程也附加 5%~10% 的富裕量。

3. 冷却水泵的扬程

冷却水泵的扬程应为以下各项的总和：

（1）冷却塔集水盘水位至布水器的高差（设置冷却水箱时为水箱水位至冷却塔布水器的高差）；

（2）冷却塔布水管处所需自由水头，由生产厂技术资料提供，缺乏资料时可参考表 3-11；

冷却塔布水管所需自由水头　　表 3-11

冷却塔类型	配置旋转布水器的逆流式冷却塔	喷射式冷却塔	横流式冷却塔
布水管处所需自由水头（MPa）	0.1	0.1~0.2	≤ 0.05

（3）冷凝器等换热设备阻力，由生产厂技术资料提供；

（4）吸入管道和压出管道阻力（包括控制阀、除污器等局部阻力）确定方法与冷冻水泵相同；

（5）附加以上各项总和的 5% ~10%。

微课 3.2-4
水泵选型标
准——水泵耗
电输冷热比

4. 水泵选择需注意的问题

1）确定水泵的耗电输冷（热）比

在选配冷（热）水系统的冷冻水泵、冷却水泵时，应计算水泵的耗电输冷（热）比 $E（C）HR$，并应标注在施工图的设计说明中。耗电输冷（热）比反映了空调水系统中水泵的耗电与建筑冷热负荷的关系，对此值进行限制是为了保证水泵的选择在合理的范围内，降低水泵能耗。

耗电输冷（热）比应符合下式要求：

$$E（C）HR=\frac{0.003096\sum\left(\dfrac{GH}{\eta_b}\right)}{\sum Q}\leq A（B+\alpha\sum L）\Delta T \tag{3-4}$$

式中：$E（C）HR$——循环水泵的耗电输冷（热）比；

$\quad\quad G$——每台运行水泵的设计流量（m^3/h）；

$\quad\quad H$——每台运行水泵对应的设计扬程（m）；

$\quad\quad \eta_b$——每台运行水泵对应设计工作点的效率；

$\quad\quad Q$——设计冷（热）负荷（kW）；

$\quad\quad \Delta T$——规定的计算供回水温差，按表 3-12 选取（℃）；

$\quad\quad A$——与水泵流量有关的计算系数，按表 3-13 选取；

$\quad\quad B$——与机房及用户的水阻力有关的计算系数，按表 3-14 选取；

$\quad\quad \alpha$——与 $\sum L$ 有关的计算系数，按表 3-15 或表 3-16 选取；

$\quad\quad \sum L$——从冷热机房至该系统最远用户的供回水管道的总输送长度（m）；当管道设于大面积单层或多层建筑时，可按机房出口至最远端空调末端的管道长度减去 100m 确定。

ΔT（℃）　　　　　　　　　　　　　　　　　　表 3-12

冷水系统	热水系统			
	严寒	寒冷	夏热冬冷	夏热冬暖
5	15	15	10	5

注：1. 对空气源热泵、溴化锂机组、水源热泵等机组的热水供回水温差按机组实际参数确定。
　　2. 对直接提供高温冷水的机组，冷水供回水温差按机组实际参数确定。

A 值　　　　　　　　　　　　　　　　　　表 3-13

设计水泵流量 G	$G\leq 60m^3/h$	$200m^3/h\geq G>60m^3/h$	$G>200m^3/h$
A 值	0.004225	0.003858	0.003749

注：多台水泵并联运行时，流量按较大流量选取。

B 值　　　　　　　　　　　　　　　　表 3-14

系统组成		四管制单冷、单热管道冷水系统 B 值	二管制热水管道 B 值
一级泵系统	冷水系统	28	—
	热水系统	22	21
二级泵系统	冷水系统	33	—
	热水系统	27	25

注：1. 多级泵冷水系统，每增加一级泵 B 值可增加 5。
　　2. 多级泵热水系统，每增加一级泵 B 值可增加 4。

四管制冷、热水管道系统 α 值　　　　　　表 3-15

系统	管道长度 $\sum L$ 范围（m）		
	$\sum L \leq 400$	$400 < \sum L < 1000$	$\sum L \geq 1000$
冷水	$\alpha = 0.02$	$\alpha = 0.016 + 1.6/\sum L$	$\alpha = 0.013 + 4.6/\sum L$
热水	$\alpha = 0.014$	$\alpha = 0.0125 + 0.6/\sum L$	$\alpha = 0.009 + 4.1/\sum L$

二管制热水管道系统 α 值　　　　　　　表 3-16

系统		管道长度范围（m）		
		$\sum L \leq 400$	$400 < \sum L < 1000$	$\sum L \geq 1000$
热水	严寒	$\alpha = 0.009$	$\alpha = 0.0072 + 0.72/\sum L$	$\alpha = 0.0059 + 2.02/\sum L$
	寒冷	$\alpha = 0.0024$	$\alpha = 0.002 + 0.16/\sum L$	$\alpha = 0.0016 + 0.56/\sum L$
	夏热冬冷			
	夏热冬暖	$\alpha = 0.0032$	$\alpha = 0.026 + 0.24/\sum L$	$\alpha = 0.0021 + 0.74/\sum L$

注：二管制冷水系统 α 计算式与表 3-15 四管制冷水系统相同。

　　2）多台水泵并联时出现流量不足的问题

　　并联后流量不是两水泵之和，这是因为流量增大后管道的压损会加大所以就会出现并联后的水泵流量并不是两水泵流量之和而是小于其流量之和。根据《实用供热空调设计手册》的有关内容，2 台水泵并联运行时总流量为单台流量的 1.9 倍，3 台水泵并联运行时总流量为单台流量的 2.51 倍，4 台水泵并联运行时总流量为单台流量的 2.84 倍。例如，某水泵单台流量为 420m³/h，当 3 台水泵并联运行时，流量为 420 × 2.51 = 1054.2m³/h。

三、水泵安装

　　水泵进场后，验收、核对水泵的名称、型号规格等有关技术参数是否符合设计要求和国家标准。水泵外观完好、无损伤、损坏和锈蚀情况；管口封闭完好；说明书、合格证等随机文件应齐全；按装箱清单检查，随箱附零配件、工具等应齐全。水泵的主要安装尺寸应符合水泵房现场实际尺寸要求。对输送特殊介质的水泵应核对主要零件、密封件以及垫片的品种和规格是否符合要求。

水泵安装施工工艺流程：基础检验→水泵就位安装→检测与调整→润滑与加油→试运转

1）基础检验

基础坐标、标高、尺寸、预留孔洞应符合设计要求。基础表面平整、混凝土强度达到设备安装要求。

（1）水泵基础的平面尺寸，无隔振安装时应较水泵机组底座四周各宽出100~150mm；有隔振安装时应较水泵隔振基座四周各宽出150mm。基础顶部标高，无隔振安装时应高出泵房地面完成面100mm以上，有隔振安装时高出泵房地面完成面50mm以上，且不得形成积水。基础外围周边设有排水设施，便于维修时泄水或排除事故漏水。

（2）水泵基础表面和地脚螺栓预留孔中的油污、碎石、泥土、积水等应清除干净；预埋地脚螺栓的螺纹和螺母应保护完好；放置垫铁部位表面应凿平。

2）水泵就位安装

将水泵放置在基础上，用垫铁将水泵找正、找平。水泵安装后同一组垫铁应点焊在一起，以免受力时松动。

（1）水泵无隔振安装

水泵找正、找平后，装上地脚螺栓，螺杆应垂直，螺杆外露长度宜为螺杆直径的1/2。地脚螺栓二次灌浆时，混凝土的强度应比基础高1~2级，且不低于C25；灌浆时应捣实，并不应使地脚螺栓倾斜和影响水泵机组的安装精度。

（2）水泵隔振安装

①卧式水泵隔振安装

卧式水泵机组的隔振措施是在钢筋混凝土基座或型钢基座下安装橡胶减振器（垫）或弹簧减振器。

②立式水泵隔振安装

立式水泵机组的隔振措施是在水泵机组底座或钢垫板下安装橡胶减振器（垫）。

③水泵机组底座和减振基座或钢垫板之间采用刚性连接。

④减振垫或减振器的型号规格、安装位置应符合设计要求。同一个基座下的减振器（垫）应采用同一生产厂的同一型号产品。

⑤水泵机组在安装减振器（垫）过程中必须采取防止水泵机组倾斜的措施。当水泵机组减振器（垫）安装后，在安装水泵机组进出水管道、配件及附件时，亦必须采取防止水泵机组倾斜的措施，以确保安全施工。

（3）大型水泵现场组装

大型水泵分离的水泵与电机需在现场组装时，注意以下事项：

①在混凝土基础上按照设计图纸制作型钢支架，并用地脚螺栓固定在基础上，进行粗水平。

②水泵与电机就位

就位前电机如需做抽芯检查，应保证不磕碰电机转子和定子绕组的漆包线皮。检查定子槽内有无异物；测试转子与定子间隙是否均匀，有无扫腰现象；电机轴承是否完好。更换润滑油。

水泵如需清洗，需解体进行。当采用轴瓦形式时，需检测轴瓦间隙，避免出现过松或抱轴现象。水泵和电机的联轴器用键与轴固定，要求安装平正。可采用角尺或水平尺测量。一切就绪即可就位。

3）检测与调整

用水平仪和线坠在水泵进出口法兰和底座加工面上进行测量与调整，对水泵进行精安装，整体安装的水泵，卧式泵体水平度不应大于 0.1‰，立式泵体垂直度不应大于 0.1‰。

水泵与电机采用联轴器连接时，用百分表、塞尺等对联轴器的轴向和径向进行测量和调整，联轴器轴向倾斜不应大于 0.8‰，径向位移不应大于 0.1mm。

调整水泵与电机同心度时，应松开联轴器上的螺栓、水泵与电机和底座连接的螺栓，采用不同厚度的薄钢板或薄铜皮来调整角位移和径向位移。微微撬起电机或水泵的某一需调整的角，剪成薄钢板或薄铜皮垫在螺栓处。

当检测合格后，拧紧原松开的螺栓即可。

4）润滑与加油

检查水泵的油杯并加油，盘动联轴器，水泵盘车应灵活，无异常现象。

5）试运转

打开进水阀门、水泵排气阀，使水泵灌满水，将水泵出水管上阀门关闭。先点动水泵，检查有无异常、电动机的转向是否符合泵的转向要求。然后启动水泵，慢慢打开出水管上阀门，检查水泵运转情况、电机及轴承温升、压力表和真空表的指针数值、管道连接情况，应正常并符合设计要求。

6）水泵安装成品保护

（1）水泵运输、吊装时，绳索不能捆绑在机壳和联轴器上。与机壳接触的绳索，在棱角处应垫好柔软的材料，防止损伤或刮花外壳。

（2）安装好的设备，在抹灰、油漆前做好防护措施，以免设备受到污染。

（3）水泵吸入口、出水口接管前做好封闭措施，防止杂物进入水泵造成水泵损坏。

（4）管道与水泵应采用无应力连接，水泵的吸入管道和输出管道应有各自的支架，水泵安装后，不得直接承受管道及其附件的重量。

任务 2.3　冷却塔选型及安装

冷却塔是冷却水系统中重要设备，它的作用是将机组放出的热量通过冷却塔散发给环境。

一、冷却塔的形式

（1）冷却塔根据通风方式分为自然通风冷却塔、机械通风冷却塔和混合通风冷却塔。

（2）按热水和空气接触的方式分为湿式冷却塔、干式冷却塔和干—湿式冷却塔。

①湿式冷却塔空气和水直接接触进行热、质交换，其热、质交换效率高，冷却水的极限温度为空气湿球温度，缺点在于冷却水存在蒸发损失和飘散损失，并且水蒸发后盐度增加，需要补水。

②干式冷却塔热水在散热翅管内流动，通过与管外空气的温差形成接触传热而冷却。其特点是：没有水的蒸发损失，也无风吹和排污损失，所以干式冷却塔（密闭式冷却塔）适合于缺水地区。另外，水的冷却通过接触传热，冷却极限为空气的干球温度，效率低，冷却水温高。设备换热需要大量的金属管（钢管、铜管或铝管），因此造价比同容量湿式塔高。

③干—湿式冷却塔中冷却水在密闭盘管中进行冷却，管外循环水蒸发冷却对盘管间接换热。另有一种是干部在上，湿部在下，采用这种塔是为了避免从塔出口排出的饱和空气凝结。设备换热同样需要大量的金属管（钢管、铜管或铝管），因此造价比同容量湿式塔高 4~6 倍。

（3）按热水和空气的流动方向分为逆流式冷却塔、横流式冷却塔、混流式冷却塔。

①逆流式冷却塔

逆流引风式冷却塔的风机在冷却塔上部，空气从塔下部进入，塔内是负压状态。其特点是气流分布均匀、占地面积小；风筒对空气又有一定的抽吸作用，可减小风机的动力消耗。

逆流鼓风式的风机在下部，塔内空气为正压状态。其特点是结构简单，易维护；气流分布不均匀，压力损失大；有热风再循环的可能，冷却效果较差。

②横流式冷却塔

横流式冷却塔风机在塔上部，空气从塔的侧壁进入，横向流过塔内的填料。其特点是配水系统简单，易维护；由于两侧进风，填料从水池底部直接放到配水槽，无逆流塔滴水声，有利于降低噪声；冷却效果较逆流式冷却塔低。

（4）机械通风式玻璃钢冷却塔按冷却的水温差分为低温降（5℃）、中温降（10℃）。

二、冷却塔的布置

（1）为节约占地面积和减少冷却塔对周围环境的影响，通常宜将冷却塔布置在裙房或主楼的屋顶上，冷水机组与冷却水泵布置在地下室或室内机房。

（2）冷却塔应设置在空气流通、进出口无障碍物的场所。有时为了建筑外观而需设围挡时，必须保持有足够的进风面积（开口净风速应小于 2m/s）。

（3）冷却塔的布置应与建筑协调，并选择较合适的场所。充分考虑噪声与飘水对周围环境的影响；如紧挨住宅和对噪声要求较高的场所，应考虑消声和隔声措施。

（4）布置冷却塔时，应注意防止冷却塔排风与进风之间形成短路的可能性；同时还应防止多个塔之间互相干扰。

（5）冷却塔宜单排布置，当必须多排布置时，长轴位于同一直线上的相邻塔排净距不小于 4m，长轴不在同一直线上的、相互平行布置的塔排之间的净距离不小于塔进风口高度的 4 倍。每排的长度与宽度之比不宜大于 5∶1。

（6）冷却塔进风口侧与相邻建筑物的净距不应小于塔进风口高度的 2 倍，周围进风的塔间净距不应小于塔进风口高度的 4 倍，才能使进风口区沿高度方向风速分布均匀，并确保必需的进风量。

（7）冷却塔周边与塔顶应留有检修通道和管道安装位置，通道净宽不宜小于 1m。

（8）冷却塔不应布置在热源、废气和油烟气排放口附近。

（9）冷却塔设置在屋顶或裙房顶上时，应校核结构承压强度，并应设置在专用基础上，不得直接设置在屋面上。

三、冷却塔的选型

1. 冷却水量

冷却水量按下式计算

$$W = \frac{3.6Q}{c \cdot \Delta t} \tag{3-5}$$

式中：　W——冷却水量（m³/h）；

　　　　Q——冷凝器散热量（kW）；

　　　　Δt——冷却水供、回水温差（℃）；

　　　　c——水的比热容 [kJ/（kg·℃）]。

2. 冷却塔选型

选择冷却塔时，要根据当地的气象条件、进出口水温度差、冷幅高（或进水温度）及处理水量，按照冷却塔选用曲线（图 3-15）或冷却塔选用水量表来选用。一定注意不能按照冷却塔给出的冷却水量选取。选用步骤见【例 3-1】。

【例 3-1】选用一台冷却塔，其条件如下：需出水量为 300m³/h，进水温度为 37℃，出水温度为 32℃，室外空气湿球温度为 28℃。

选用步骤：

由已知可得，冷幅高等于冷却塔出水温度与入口空气湿球温度的差值，即 32℃ −28℃ =4℃。

在图 3-15 中，从 4℃冷幅高点上画一条平行线，找出水温差 5℃斜线之交点①；

从①点上画一条垂直线，找出与 28℃湿球温度斜线之交点②；

在②点画一条平行线，同时在 300m³/h 水量点上画一条垂直线，找出其交点③点，③点在 300 斜线上，故本例所选的型号应该是 300。

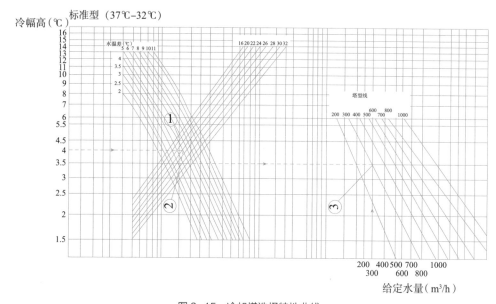

图 3-15　冷却塔选择特性曲线

3. 冷却塔在选用时的注意事项

（1）冷却塔的出口水温度、进出口水温差和循环水量，在夏季空调室外计算湿球温度条件下，应满足冷水机组的要求。电动冷水机组的冷凝器冷却水进、出水温差一般为 5℃，蒸汽单效溴化锂吸收式冷水机组冷却水进、出水温差一般为 5~8℃，因此，在选用冷却塔时，电动冷水机组宜选用普通型冷却塔（Δt=5℃）；而双效溴化锂吸收式冷水机组宜选用中温冷却塔（Δt=8℃）。

（2）对进口水压有要求的冷却塔，其台数应与冷却水泵台数相对应。如有旋转式布水器或喷射式布水器等对进口水压有要求的冷却塔需保证其进水量，所以应和循环水泵相对应设置。当冷却塔本身不需保证水量和水压时，可以合用冷却塔，但其接管和控制也宜与水泵对应。

（3）供暖室外计算温度在 0℃以下地区，冬季运行的冷却塔应采取防冻措施，冬季不运行的冷却塔及其室外管道应能泄空。

主要防冻措施如下：

①室内设置辅助水箱，如图 3-16，停机时，室外冷却塔及管路中的水完全流回室内辅助水箱。

②将电加热器或蒸汽加热器置入冷却塔水槽中。

③冷却水侧用乙二醇水溶液。

（4）为了避免影响冷却塔散热，或因为自身散热对周围环境产生影响，或因冷却塔产生火灾事故，因此规定冷却塔设置位置应保证通风良好、远离高温或有害气体，并避免飘水对周围环境的影响。

（5）冷却塔的噪声控制

应符合《工业企业噪声控制设计规范》GB/T 50087—2013 的要求，见表 3-17。

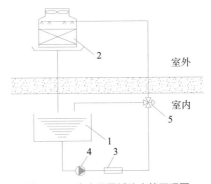

图 3-16　室内设置辅助水箱原理图
1—室内辅助水箱；2—冷却塔；3—冷水机组；4—水泵；5—自动三通阀

厂界噪声限制值（dB）　　　　　　　　　　　表 3-17

厂界毗邻区域的环境类别	昼夜	夜间	备注
特殊住宅区	45	35	高级宾馆和疗养区
居民、文教区	50	40	学校与居民区
一类混合区	55	45	工商业与居民混合区
商业中心区、二类混合区	60	50	商业繁华区与居民混合区
工业集中区	65	55	工厂林立区域
交通干线道路两侧	70	55	每小时车流 100 辆以上

注：1. 本表所列的厂界噪声级，均应按现行国家标准测量确定。
　　2. 当工业企业厂外受该厂辐射噪声危害的区域同厂界间存在缓冲地域时（如街道、农田、水面、林带等），表中所列厂界噪声限制值可作为缓冲地域外缘的噪声限制值处理。凡拟作为缓冲地域处理时，应充分考虑该地域未来的变化。

（6）应采用阻燃型材料制作的冷却塔，并符合防火要求。

（7）对于双工况制冷机组，若机组在两种工况下对于冷却水温的参数要求有所不同时，应分别进行两种工况下冷却塔热工性能的复核计算。

（8）空调冷却水系统中宜选用逆流式冷却塔，当处理水量在 300m³/h 以上时，宜选用多风机方形冷却塔，以便实现多风机控制。

（9）对于溴化锂吸收式冷水机组，如果冷却水进水温度过低，将会导致冷水机组结晶故障，因此，设计溴化锂吸收式冷水机组的冷却水系统时，应在冷却塔供、回水管间设置一个旁通管，可以使部分冷却水不经冷却塔，以保证冷却水进水温度不会过低。

四、冷却塔安装

（1）基础标高应符合设计的规定。冷却塔地脚螺栓与预埋件的连接或固定应牢固，各连接热镀锌或不锈钢螺栓，其紧固力应一致、均匀。

（2）冷却塔应水平，单台冷却塔安装水平度和垂直度允许偏差均为 2‰。同一冷却水系统的多台冷却塔安装时，各台冷却塔的水面高度应一致，高差不应不大于 30mm。

（3）冷却塔的出水口及喷嘴的方向和位置应正确，积水盘应严密、无渗漏；分水器布水均匀。带动布水器的冷却塔，其转动部分应灵活，喷水出口按设计或产品要求，方向应一致。

（4）冷却塔风机叶片端部与塔体四周的径向间隙应均匀。对于可调整角度的叶片，角度应一致。

任务三　冷冻站机房布置

【教学目标】

通过实际训练，使学生具备冷冻站机房布置能力；具备冷冻站机房管道布置及安装能力。培养学生自主学习能力、实践动手能力以及耐心细致分析和处理问题的能力。

【知识目标】

通过任务三冷冻站机房布置的学习，应使学生：

1. 掌握冷冻站机房布置原则；

2. 掌握冷冻站机房管道布置及安装。

【知识点导图】

任务三　冷冻站机房布置
- 机房布置原则
  - 机房建筑设计要求
  - 机房设备布置的要求
- 机房管道布置及安装
  - 管道系统的设计原则
  - 管道系统设计
  - 管道系统安装

【引导问题】

1. 如何布置冷冻站机房设备？

_____

_____

_____

2. 如何布置冷冻站管道系统？

_____

_____

_____

_____

任务 3.1　机房布置原则

一、机房建筑设计要求

微课 3.3-1
冷冻站建筑
要求及设备
布置原则

（1）机房位置宜设在空调负荷的中心，目的一是避免输送管路长短不一，难以平衡而造成的供冷（热）质量不佳；二是避免过长的输送管路造成输送能耗过大。这样不但可以缩短管路、节约管材，减少压力损失，而且也简化管路系统的设计、施工与维修。

（2）为了保护操作人员的健康和保证控制设备运行环境，宜设置值班室或控制室，根据使用需求也可设置维修及工具间。

（3）机房一般应充分利用建筑物地下室和高层建筑的设备层或屋顶。若条件所限不宜设在地下室时，也可设在裙楼中或独立设置。对于超高层建筑，除应充分利用本建筑地下层以外，还应利用屋顶层或设置专用设备层作为机房。

（4）电动冷水机组用电量大，其机房要尽量靠近变电所；燃气锅炉、直燃机机房要尽量靠近供气管网和调压站；设计燃油锅炉、燃油直燃机机房时，应考虑燃油库的位置。

（5）新建的空调冷热源机房的布置应考虑远景规划，在设计中常常将机房的一端作为其发展端。

（6）在制冷机房内均需设置与安装和所使用制冷剂相对应的泄漏检测传感器和报警装置。尤其是地下机房，危险性更大。所以制冷剂安全阀泄压管一定要求接至室外安全处。

（7）由于机房内设备的尺寸都比较大，考虑到机组的搬运、安装，在机房的侧墙或顶板上应预留搬运孔，孔洞尺寸如下：

①侧墙搬运孔：$(B+1) \times (H+0.5)$ m。

②顶板吊装孔：$(A+0.8) \times (B+0.8)$ m。

其中 $A \times B \times H$ 为机组或其他设备最大运输外形尺寸（长 × 宽 × 高）。

机房的位置应有较好的朝向，特别是炎热地区，机房应避免西晒，应考虑有较好的自然通风或机械通风。地下机房应设置机械通风，必要时设置事故通风，对于设置了事故通风的冷冻机房，在冷冻机房两个出口门外侧，宜设置紧急手动启动事故通风的按钮。

（8）机房一般应由设备间、仪表控制室、维修间、值班室、卫生间等组成。

（9）机房应设电话及事故照明装置，照度不宜小于100lx，测量仪表集中处应设局部照明，其照明要求见表 3-18。

（10）机房内必须设置排水，其原因是：机房内设备正常检修时，要从放水阀排出大量的冷（温）水或冷却水；机房设备发生故障时，可能排出大量的水以及水泵、阀填料漏水等。因此，机房内必须设置排水，常用的排水措施如下：

机房照明要求　　　　　　　　　　　表 3-18

房间名称	照度（lx）
机器间	30~50
控制间	30~50
水泵间	10~20
维修间	20~30
值班室	20~30
配电室	10~20
走廊	5~10

①使机组基础高出机房地坪 50~100mm。

②机组四周、水泵前、水处理设备四周等地方设置 100mm×100mm 的排水明沟，排水沟内的水应能顺利排出机房。

③机房所有进水管、信号管均置于排水沟可见处，不能埋入沟内。

④地下室机房应设置积水井和潜水泵，潜水泵应装有自控装置以便能自动排水。

（11）当冬季机房内设备和管道中存水或不能保证完全放空时，机房内应采取供热措施，保证房间温度达到 5℃以上。

（12）机房净高（地面到梁下弦）应根据设备的种类和型号而定，一般规定如表 3-19 所示。

机房净高确定　　　　　　　　　　　表 3-19

设备种类	净高（m）	备注
活塞式冷水机组、小型螺杆冷水机组	3.0~4.5	有电动起吊设备时应考虑起吊设备的安装和工作高度设备最高点到梁底大于或等于 1.5m
离心式冷水机组、大中型螺杆冷水机组	4.5~5.0	
吸收式冷水机组	4.5~5.0	
辅助设备	3.0	

二、机房设备布置的要求

冷源机房应设置在靠近冷负荷中心处，以便尽可能减少冷媒的输送距离。下面介绍机房设备布置的具体要求。

（1）机房的设备布置应尽量紧凑，机房最小间距的规定包括以下几点：

①设备布置应符合管道布置方便、整齐、经济、便于安装维修等原则。

②机组与墙之间的净距不应小于 1.0m，与配电柜的距离不应小于 1.5m。

③机组与机组或其他设备之间的净距不应小于 1.2m。

④应留有不小于蒸发器、冷凝器或低温发生器长度的维修距离。

⑤机组与上方管道、烟道或电缆桥架的净距不应小于1.0m。

⑥机房主要通道的宽度，不应小于1.5m。

⑦燃气溴化锂吸收式冷（温）水机组的机房设计，除应遵守现行有关的国家标准、规范、规程的各项规定外，还应符合下列要求：

a. 机房的人员出入口不应少于2个；对于非独立设置的机房，出入口必须有1个直通室外；

b. 设独立的燃气表间；

c. 烟囱宜单独设置；

d. 当需要2台或2台以上机组合并烟囱时，应在每台机组的排烟支管上加装闸板阀；

e. 机房及燃气表间应分别独立设置燃气浓度报警器与防爆排风机，防爆排风机应与各自的燃气浓度、报警器联锁（当燃气浓度达到爆炸下限$\frac{1}{4}$时报警，并启动防爆排风机排风）。

注意，在设计布置时还应尽量紧凑、宽窄适当而不应浪费面积。根据实践经验、设计图面上因重叠的管道摊平绘制，管道甚多，看似机房很挤，完工后却太宽松，因此，设计时不应超出本项规定的间距过多。

（2）氨制冷机房设计规定

尽管氨制冷在目前具有一定的节能减排的应用前景，但由于氨本身的易燃、易爆特点，对于民用建筑，在使用氨制冷时需要非常重视安全问题，故对于氨制冷机房设计应符合下列规定：

①氨制冷机房应单独设置且远离建筑群；

②机房内严禁采用明火供暖；

③机房应有良好的通风条件，同时应设置事故排风装置，换气次数每小时不少于12次，排风机应选用防爆型；

④制冷剂室外泄压口应高于周围50m范围内最高建筑屋脊5m，并采取防止雷击、防止雨水或杂物进入泄压管的装置；

⑤应设置紧急泄氨装置，在紧急情况下，能将机组氨液溶于水中，氨与水的比例不高于1:17，并排至经有关部门批准的储液罐或水池中。

（3）直燃式吸收机组机房设计规定

直燃式吸收式机组通常采用燃气或燃油为燃料，这两种燃料的使用都涉及防火、防爆、泄爆、安全疏散等安全问题；对于燃气机组的机房还有燃气泄漏报警、紧急切断燃气供应的安全措施。直燃式吸收式机组机房的设计应符合下列规定：

①应符合现行国家标准《城镇燃气设计规范》GB 50028、《建筑设计防火规范》GB 50016等有关防火及燃气设计规范的相关规定。

②宜单独设置机房。不能单独设置机房时，机房应靠建筑物的外墙，并采

用耐火极限大于 2h 防爆墙和耐火极限大于 1.5h 现浇楼板与相邻部位隔开；当与相邻部位必须设门时，应设甲级防火门。

③不应与人员密集场所和主要疏散口毗邻设置。

④燃气直燃型制冷机组机房单层面积大于 200m² 时，机房应设直接对外的安全出口。

⑤应设置泄压口，泄压口面积不应小于机房占地面积的 10%（当通风管道或通风井直通室外时，其面积可计入机房的泄压面积）；泄压口应避开人员密集场所和主要安全出口。

⑥不应设置吊顶。

⑦直燃式机组的烟道设计也是一个重要的内容之一。设计时应符合机组的相关设计参数要求，并按照锅炉房烟道设计的相关要求进行。烟道布置不应影响机组的燃烧效率及制冷效率。

任务 3.2　机房管道布置及安装

供热与供冷管网是输送热媒与冷媒的大动脉，将冷热源制备的冷、热媒输送到用户，因此，中央空调系统中各部分都离不开管路系统。它主要指冷冻水系统、冷却水系统、热媒系统（如蒸汽系统和热水系统）、冷凝水系统。这些系统不仅需要较大的管路和设备投资，而且需要消耗较大的水泵输送能量。

微课　3.3-2
机房管道设计

一、管道系统的设计原则

管道系统的设计按下列原则确定：

（1）采用冷水机组直接供冷时，空调冷水供水温度不宜低于 5℃，空调冷水供回水温差不应小于 5℃；有条件时，宜适当增大供回水温差。

（2）空调管路系统应具备足够的输送能力。例如，在中央空调系统中通过水系统来确保流过每台空调机组或风机盘管空调器的循环水量达到设计流量，以确保机组的正常运行；又如，在蒸汽型吸收式冷水机组中通过蒸汽系统来确保吸收式冷水机组所需要的热能动力。

（3）合理布置管道

管道的布置要尽可能地选用同程式系统，虽然初投资略有增加，但易于保持环路的水力稳定性；若采用异程系统时，设计中应注意各支管间的压力平衡问题。

（4）确定系统的管径时，应保证能输送设计流量，并使阻力损失和水流噪声小，以获得经济合理的效果。众所周知，管径大则投资多，但流动阻力小，循环泵的耗电量就小，使运行费用降低，因此，应当确定一种能使投资和运行费用之和为最低的管径。同时，设计中要杜绝大流量小温差问题，这是管路系统设计的经济原则。

（5）设计中，应进行严格的水力计算，以确保各个环路之间符合水力平衡要求，使空调水系统在实际运行中有良好的水力工况和热力工况。

（6）空调管路系统应能满足中央空调部分负荷运行时的调节要求。

（7）空调管路系统设计中要尽可能多地采用节能技术措施。

（8）管路系统选用的管材、配件要符合有关的规范要求。

（9）管路系统设计中要注意便于维修管理，操作、调节方便。

二、管道系统设计

1. 冷冻水系统的管道计算

空调水系统的管路计算是在已知水流量和推荐流速下，确定水管管径及水流动阻力。

1）管径的确定

水管管径按下式确定：

$$d=\sqrt{\frac{4m_w}{\pi v}} \tag{3-6}$$

式中： m_w——水流量（m³/s）；

v——水流速（m/s）。

水系统中管内水流速度按表 3-20 中的推荐值选用，经试算来确定其管径，或按表 3-21 根据流量确定管径。此外，设计中，冷水管径还可以根据流量限定比摩阻 150~250Pa/m 进行确定。

管内水流速度推荐值（m/s）　　　　　表 3-20

管径（mm）	15	20	25	32	40	50	65	80
闭式系统	0.4~0.5	0.5~0.6	0.6~0.7	0.7~0.9	0.8~1.0	0.9~1.2	1.1~1.4	1.2~1.6
开式系统	0.3~0.4	0.4~0.5	0.5~0.6	0.6~0.8	0.7~0.9	0.8~1.0	0.9~1.2	1.1~1.4
管径（mm）	100	125	150	200	250	300	350	400
闭式系统	1.3~1.8	1.5~2.0	1.6~2.2	1.8~2.5	1.8~2.6	1.9~2.9	1.6~2.5	1.8~2.6
开式系统	1.2~1.6	1.4~1.8	1.5~2.0	1.6~2.3	1.7~2.4	1.7~2.4	1.6~2.1	1.8~2.3

水系统的管径和单位阻力损失　　　　　表 3-21

钢管直径（mm）	闭式水系统		开式水系统	
	流量（m³/h）	kPa/100m	流量（m³/h）	kPa/100m
15	0~0.5	0~60	—	—
20	0.5~1.0	10~60	—	—
25	1~2	10~60	0~1.3	0~43

钢管直径（mm）	闭式水系统		开式水系统	
	流量（m³/h）	kPa/100m	流量（m³/h）	kPa/100m
32	2~4	10~60	1.3~2.0	11~40
40	4~6	10~60	2~4	10~40
50	6~11	10~60	4~8	—
65	11~18	10~60	8~14	—
80	18~32	10~60	14~22	—
100	32~65	10~60	22~45	—
125	65~115	10~60	45~82	10~40
150	115~185	10~47	82~130	10~43
200	185~380	10~37	130~200	10~24
250	380~560	9~26	200~340	10~18
300	560~820	8~23	340~470	8~15
350	820~950	8~18	470~610	8~13
400	950~1250	8~17	610~750	7~12
450	1250~1590	8~15	750~1000	7~12
500	1590~2000	8~13	1000~1230	7~11

2）水流动阻力的确定

（1）沿程阻力

水在管道内的沿程阻力按下列公式计算：

$$H_f = \lambda \frac{l}{d} \frac{\rho v^2}{2} = Rl \qquad （3-7）$$

式中：　λ——摩擦阻力系数，无因次量；

　　　　l——直管段长度（m）；

　　　　d——管道内径（m）；

　　　　ρ——水的密度，1000kg/m³；

　　　　v——水流速（m/s）；

　　　　R——单位长度沿程阻力，又称比摩阻（Pa/m）。

$$R = \frac{\lambda}{d} \frac{\rho v^2}{2} \qquad （3-8）$$

冷水管采用钢管或镀锌管时，比摩阻 R 一般为 100~400Pa/m，最常用的为 250Pa/m。

摩擦阻力系数 λ 与流体的性质、流态、流速、管内径大小、内表面的粗糙度有关。过渡区的 λ 可按 Colebrook 公式计算：

$$\frac{1}{\sqrt{\lambda}}=-2.0\lg\left(\frac{K}{3.17d}+\frac{2.51}{R_e\sqrt{\lambda}}\right) \qquad (3\text{-}9)$$

式中： K——管内表面的当量绝对粗糙度（m）；闭式水系统 $K=0.2$mm，开式
水系统 $K=0.5$mm，冷却水系统 $K=0.5$mm；

$$R_e=\frac{vd}{\gamma} \qquad (3\text{-}10)$$

式中： R_e——雷诺数；

γ——运动黏滞系数（m^2/s）。

也可用图 3-17 查出水管路的比摩阻。

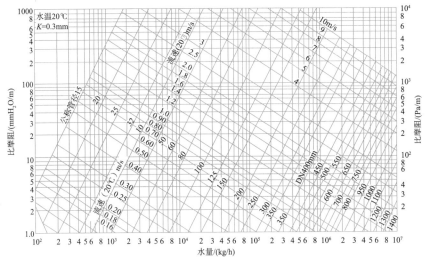

图 3-17 水管路的比摩阻计算图

（1mmH$_2$O=9.80665Pa）

（2）局部阻力

水流动时遇到弯头、三通及其他配件时，因摩擦及涡流耗能而产生的局部
阻力计算公式为：

$$H_d=\zeta\frac{\rho v^2}{2} \qquad (3\text{-}11)$$

式中： ζ——局部阻力系数，见表 3-22、表 3-23；

v——水流速（m/s）。

阀门及管件的局部阻力系数 表 3-22

序号	名称		局部阻力系数
1	截止阀	普通型	4.3~6.1
		斜柄型	2.5
		直通型	0.6

续表

序号	名称		局部阻力系数						
2	止回阀	升降型	7.5						
		旋启式	DN（mm）	150		200		250	300
			ζ	6.5		5.5		4.5	3.5
3	蝶阀		0.1~0.3						
4	闸阀		DN（mm）	15	20~50	80	100	150	200~250	300~450
			ζ	1.5	0.5	0.4	0.2	0.1	0.08	0.07
5	旋塞阀		0.05						
6	变径管	缩小	0.10						
		扩大	0.30						
7	普通弯头	90°	0.30						
		45°	0.15						
8	焊接弯头	DN（mm）	80	100	150	200	250	300	
		90° ζ	0.51	0.63	0.72	0.72	0.87	0.78	
		45° ζ	0.26	0.32	0.36	0.36	0.44	0.39	
9	弯管（煨弯）90°（R 为曲率半径；d 为管径）	d/R	0.5	1.0	1.5	2.0	3.0	4.0	5.0
		ζ	1.2	0.8	0.6	0.48	0.36	0.30	0.29
10	水箱接管	进水口	1.0						
		出水口	0.5						
11	滤水器	DN（mm）	40	50	80	100	150	200	250	300
		有底阀 ζ	12	10	8.5	7	6	5.2	4.4	3.7
		无底阀	2~3						
12	水泵入口		1.0						

三通的局部阻力系数　　　　表 3-23

图示	流向	局部阻力系数
	2~3	1.5
	1~3	0.1

续表

图示	流向	局部阻力系数
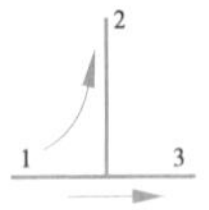	1~2	1.5
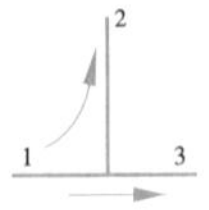	1~3	0.1
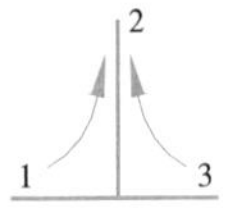	1 →2 3	3.0
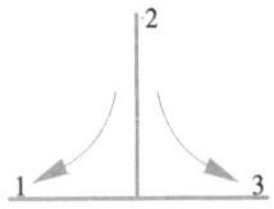	1 2→ 3	1.5
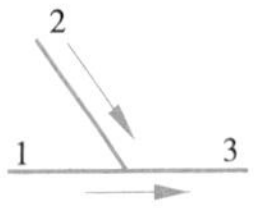	2~3	0.5
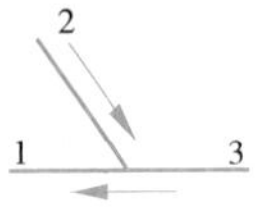	2~1	3.0
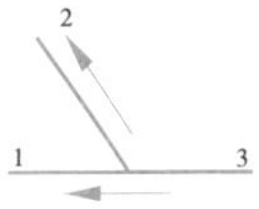	3~2	1.0
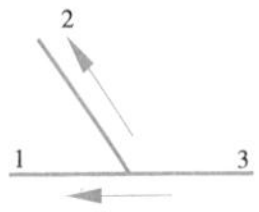	3~1	0.1

　　设备阻力可根据设备样本进行确定，资料不全时可按照表3-24范围估算确定。

设备阻力　　　　　　　　　　　　　表3-24

设备名称	阻力（kPa）	备注
离心式制冷机：蒸发器 冷凝器	30~80 50~80	按不同产品而定 按不同产品而定
吸收式制冷机：蒸发器 冷凝器	40~100 50~140	按不同产品而定 按不同产品而定
冷却塔	20~80	不同喷雾压力
冷热水盘管	20~50	水流速为 0.8~1.5m/s

设备名称	阻力（kPa）	备注
热交换器	20~50	
风机盘管机组	10~20	风机盘管容量愈大，阻力愈大，最大 30Pa 左右
自动控制阀	30~50	

（3）水管总阻力

水管总阻力确定是选择循环水泵型号的重要依据。

水流动阻力 H（Pa）包括沿程阻力 H_f 和局部阻力 H_d，即：

$$H=H_f+H_d=Rl+\zeta\frac{\rho v^2}{2} \qquad (3-12)$$

【例 3-2】如图 3-18 所示的空调冷冻水系统，已知每台空调机组的冷负荷为 24.4kW，表冷器阻力为 5m 水柱，各管段长度见表 3-22，求各管段管径及水泵扬程。

解：设冷冻水供水温度为 7℃，回水温度为 12℃，则每台空调机组冷冻水流量为：

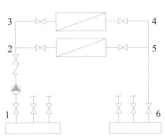

图 3-18　冷冻水系统图

$$m_w=\frac{24.4}{4.19\times(12-7)}=1.16kg/s=4.19m^3/h=0.0012m^3/s$$

1-2 管段，流量为 4.19+4.19=8.38m³/h，管长由表 3-22 可知为 10m。查表 3-18 可知，闭式系统，流量 8.38m³/h 管径为 DN50。

根据 $d=\sqrt{\frac{4m_w}{\pi v}}$ 可知，$v=\frac{4m_w}{\pi d^2}=\frac{4\times(0.0012+0.0012)}{3.14\times0.05^2}=1.2m/s$

查图 3-18 可得比摩阻 $R=200Pa/m$。

局部阻力有水箱接管进水口、截止阀 2 个、止回阀 1 个、水泵。

局部阻力系数 $\zeta=0.5+2\times2.5+7.5+1=14$

其他管段局部阻力系数计算方法相同。

管段总阻力 $Rl+\zeta\frac{\rho v^2}{2}=200\times10+14\times1\times10^3\times1.2^2/2=12.4kPa$

其他管段求解方法相同，可确定各管段的阻力，见表 3-25。

最不利环路为 1-2-3-4-5

$$H=12.4+3.9+12.9+3.6+4.6=37.4kPa$$

$$1mH_2O=9.8kPa$$

$$H=(12.4+3.9+12.9+3.6+4.6)\times0.102=3.81mH_2O$$

空气机组表冷器的阻力为 5mH₂O

水泵的扬程为最不利环路的总阻力加上表冷器的阻力，即：3.81+5=

8.81mH$_2$O

考虑 10% 余量，则选用水泵扬程为 $1.1 \times 8.81 = 9.69$mH$_2$O

管路水利计算表

表 3-25

管段	管长 l （m）	流量 m_w/ （m³/h）	管径 d （mm）	水流速 v （m/s）	比摩阻 R （Pa/m）	局部阻力系数 ζ	管段总阻力 $Rl+\zeta\dfrac{\rho v^2}{2}$/kPa
1~2	10	8.38	50	1.2	200	0.5+2×2.5+7.5+1=14	12.4
2~3	5	4.19	32	1.49	700	0.3+0.1=0.4	3.9
3~4	10	4.19	32	1.49	700	2×2.5+0.3=5.3	12.9
4~5	5	4.19	32	1.49	700	0.1	3.6
5~6	10	8.38	50	1.19	200	1+2.5=3.5	4.6
2~5	10	4.19	32	1.49	700	2×2.5+2×1.5=8	15.9

2. 冷却水系统的管路计算

冷却水系统的水力计算方法同冷冻水系统的管路计算。

注意冷却水系统设计时应符合下列规定：

（1）由于补水的水质和系统内的机械杂质等因素，不能保证冷却水系统水质符合要求，尤其是开式冷却水系统与空气大量接触，造成水质不稳定，产生和积累大量水垢、污垢、微生物等，使冷却塔和冷凝器的传热效率降低，水流阻力增加，卫生环境恶化，对设备造成腐蚀。因此，为保证水质，规定应采取相应措施，包括传统的化学加药处理，以及其他物理方式。

（2）为了避免安装过程的焊渣、焊条、金属碎屑、砂石、有机织物以及运行过程产生的冷却塔填料等异物进入冷凝器和蒸发器，宜在冷水机组冷却水和冷冻水入水口前设置过滤孔径不大于 3mm 的过滤器。对于循环水泵设置在冷凝器和蒸发器入口处的设计方式，该过滤器可以设置在循环水泵进水口。

（3）采用水冷管壳式冷凝器的冷水机组，宜设置水冷管壳式冷凝器自动在线清洗装置，可以有效降低冷凝端温差（制冷剂冷凝温度与冷却水的离开温度差）和冷凝温度。目前的在线清洗装置主要是清洁球和清洁毛刷两大类产品。

（4）当开式冷却水系统不能满足制冷设备的水质要求时，应采用闭式循环系统。

3. 空调冷凝水系统

空调水系统夏季供应冷冻水的水温较低，当换热器外表面温度低于与之接触的空气露点温度时，其表面会因结露而产生凝结水。这些凝结水汇集在设备的集水盘中，通过冷凝水管路排走。空调冷凝水系统一般为开式重力非满管流。为避免管道腐蚀，冷凝水管道可采用聚氯乙烯塑料管或镀锌钢管，不宜采用焊接钢管。当采用镀锌钢管时，为防止冷凝水管道表面结露，通常需设置保温层。

为保证冷凝水能顺利排走，冷凝水管道设计应注意下列事项：

（1）保证足够的管道坡度。冷凝水盘的泄水支管沿凝结水流向坡度不宜小于 0.01，冷凝水水平干管不宜过长，其坡度不应小于 0.003，且不允许有积水部位。

（2）当冷凝水集水盘位于机组内的负压区时，为避免冷凝水倒吸，集水盘的出水口处必须设置水封，水封的高度应比集水盘处的负压（水柱高）大 50% 左右。

（3）冷凝水立管顶部应设计通大气的透气管。水平干管始端应设置扫除口。

（4）冷凝水排入污水系统时，应有空气隔断措施，冷凝水管不得与室内密闭雨水系统直接连接。

（5）冷凝水管管径应按冷凝水流量和冷凝水管最小坡度确定。一般情况下，1kW 冷负荷最大冷凝水量可按 0.4~0.8kg 估算。冷凝水管管径可按表 3-26 选用。

冷凝水管管径估算　　　　　　表 3-26

冷负荷（kW）	< 10	11~20	21~100	101~180	181~600
DN（mm）	20	25	32	40	50
冷负荷（kW）	601~800	801~1000	1001~1500	1501~12000	> 12000
DN（mm）	70	80	100	125	150

三、管道系统安装

（1）冷（热）水、冷却水及冷凝水管道安装，以及空调用蒸汽管道安装，应符合现行国家标准《工业金属管道工程施工及验收规范》GB 50184—2011 与《建筑给水排水及采暖工程施工质量验收规范》GB 50242—2002 的有关规定。

（2）管道安装前必须将管内的污物及锈蚀清除干净；安装停顿期间对管道开口应采取封闭保护措施。

（3）冷水管道系统应在该系统最高处，且便于操作的部位设置放气阀。

（4）管道安装后应进行系统冲洗，系统清洁后方能与制冷设备或空调设备连接。

（5）管道系统安装后必须进行水压试验。冷冻水系统和冷却水的系统试验压力，当工作压力小于或等于 1.0MPa 时，为工作压力的 1.5 倍，但最低不小于 0.6MPa。当工作压力大于 1.0MPa 时，为工作压力加 0.5MPa。系统水压试验时，在 10min 内，压力下降不大于 0.02MP，且外观检查不漏为合格。

（6）冷凝水的水平管应坡向排水口，坡度应符合设计要求。当设计无规定时，其坡度宜大于或等于 8%。软管连接应牢固，不得有瘪管和强扭。冷凝水系统的渗漏试验可采用充水试验，无渗漏为合格。冷凝水排放应按设计要求安装水封弯管。

（7）管道与设备的连接，应在设备安装完毕后进行，与水泵、制冷机组的接管必须为柔性接口。柔性短管不得强行对口连接，与其连接的管道应设置独立支架。

（8）空调水系统采用硬聚氯乙烯（PVC–U）、聚丙烯（PP–R）、聚丁烯（PB）和交联聚乙烯（PEX）等有机材料的管道时，安装操作工艺详见有关材料。

（9）空调水系统采用镀锌钢管时，应采用螺纹连接。当 DN 大于 100mm 时，可采用卡箍式、法兰或焊接连接，但应对焊缝及热影响区的表面进行防腐处理。从事金属管道焊接的企业，应具有相应项目的焊接工艺评定，焊工应持有相应类别焊接的焊工合格证书。焊接钢管、镀锌钢管不得采用热煨弯。

习题精炼

1. 冷冻站系统由哪几部分组成？
2. 蒸气压缩式冷水机组按制冷压缩机的类型有哪些？各有哪些特点？
3. 溴化锂吸收式制冷机组的类型有哪些？各有哪些特点？
4. 冷冻水系统形式有哪些？
5. 冷却系统的形式有哪些？
6. 电动压缩式冷水机组如何选型？
7. 吸收式冷水机组如何选型？
8. 冷冻水泵如何选择？
9. 冷却水泵如何选择？
10. 冷却塔选型及安装有哪些内容？
11. 冷冻站机房设备布置有哪些要求？
12. 机房管道布置、安装有哪些要求？

锅炉房工程

锅炉房包括锅炉及其附属设备。锅炉是利用燃料燃烧产生的高温烟气所具有的热能，将工质（水）加热到一定参数（温度、压力）和品质的设备。锅炉中产生的热水或蒸汽可直接为工业生产和人民生活提供所需热能，也可通过蒸汽动力装置转换为机械能，或再通过发电机将机械能转换为电能。附属设备包括供风排烟设备、上煤出渣设备或燃料供应设备、给水排污设备。

任务一　锅炉基础知识

【教学目标】

通过项目教学，培养学生具备常用锅炉形式及原理的认知能力及确定锅炉方案的能力。培养学生良好的职业道德、自我学习能力、实践动手能力和耐心细致地分析和处理问题的能力，以及诚实、守信、善于沟通和合作的专业素养。

【知识目标】

通过任务一锅炉基础知识的学习，应使学生：

1. 掌握常用锅炉形式及原理；
2. 掌握锅炉的选择原则与方法。

【知识点导图】

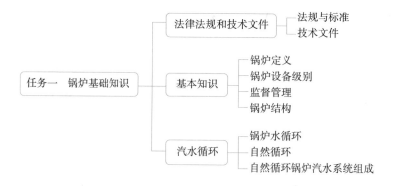

【引导问题】

1. 如何依据法律法规编写锅炉技术文件？

_____

_____

2. 锅炉如何将水加热成热水和蒸汽？

_____

_____

_____

_____

任务 1.1　法律法规和技术文件

一、法规与标准

锅炉法规标准体系框架为："法律—行政法规—行政规章—安全技术规范—引用标准"五个层次。

第一层次：法律——《中华人民共和国特种设备安全法》（已颁布）

第二层次：行政法规——《特种设备安全监察条例》（已颁布）

　　　　　　　　　——特种设备地方性法规

第三层次：行政规章——事故处理规定等总局令

　　　　　　　　　——特种设备地方政府规章

第四层次：安全技术规范——各项技术规程、规则，强制性国家标准

第五层次：引用标准

微课 4.1–1
相关法规标
准技术文件

二、技术文件

1. 计算书

《热力计算书》《强度计算书》《设计使用说明书》《烟风阻力计算书》《汽水阻力计算书》，对于自然循环热水锅炉还需要有《水动力计算书》。

2. 图纸

设计图纸资料见表 4–1。

设计图纸资料　　　　　　　　　　　　　表 4–1

序号	名称	序号	名称
1	总图	9	燃烧设备图
2	水冷壁图	10	炉墙图
3	锅炉管束	11	基础负荷图
4	锅筒图	12	平台扶梯图
5	过热器	13	钢架图
6	锅内设备	14	护板
7	省煤器	15	锅炉范围内管道和附属阀门仪表
8	空气预热器	16	膨胀系统图

3. 出厂资料

产品出厂时，锅炉制造单位应当提供与安全有关的技术资料，其内容至少包括：

（1）锅炉图样（包括总图、安装图和主要受压部件图）；

（2）受压元件的强度计算书或者计算结果汇总表；

（3）安全阀排放量的计算书或者计算结果汇总表；

（4）锅炉质量证明书（包括出厂合格证、金属材料证明、焊接质量证明和水压试验证明）；

（5）锅炉安装说明书和使用说明书；

（6）受压元件重大设计更改资料；

（7）热水锅炉的水流程图及水动力计算书（自然循环的锅壳式锅炉除外）；

（8）有机热载体锅炉的介质流程图和液膜温度计算书

4. A 级锅炉出厂资料

对于 A 级锅炉，除满足上述规程要求外，还应当提供以下技术资料：

（1）锅炉热力计算书或者热力计算结果汇总表；

（2）过热器、再热器壁温计算书或者计算结果汇总表；

（3）烟风阻力计算书或者计算结果汇总表；

（4）热膨胀系统图；

（5）锅炉水循环（包括汽水阻力）计算书或者计算结果汇总表；

（6）汽水系统图；

（7）各项保护装置整定值。

电站锅炉机组整套启动验收前，锅炉制造单位应当提供完整的锅炉出厂技术资料。

任务 1.2　基本知识

微课　4.1-2
锅炉基本知识

一、锅炉定义

利用燃料燃烧产生的高温烟气所具有的热能，将工质（水）加热到一定参数（温度、压力）和品质的设备。

《锅炉安全技术监察规程》TSG G0001—2012 中规定本规程不适用于如下设备：

（1）设计正常水位水容积小于 30L 的蒸汽锅炉；

（2）额定出水压力小于 0.1MPa 或者额定热功率小于 0.1MW 的热水锅炉；

（3）为满足设备和工艺流程冷却需要的换热装置。

锅炉的工作流程包括以下三个同时进行的过程（图 4-1）：

（1）燃料的燃烧过程；

（2）高温烟气向水（汽等工质）的传热过程；

（3）水受热的汽化过程（蒸汽锅炉）。

其中任何一个过程进行得正常与否，都会影响锅炉运行的安全性和经济性。

二、锅炉设备级别

1. A 级锅炉

A 级锅炉是指额定工作压力 P（表压）$\geqslant 3.8MPa$ 的锅炉，包括：

图 4-1　锅炉工作过程

（1）超临界锅炉，$P \geqslant 22.1\text{MPa}$；

（2）亚临界锅炉，$16.7\text{MPa} \leqslant P < 22.1\text{MPa}$；

（3）超高压锅炉，$13.7\text{MPa} \leqslant P < 16.7\text{MPa}$；

（4）高压锅炉，$9.8\text{MPa} \leqslant P < 13.7\text{MPa}$；

（5）次高压锅炉，$5.3\text{MPa} \leqslant P < 9.8\text{MPa}$；

（6）中压锅炉，$3.8\text{MPa} \leqslant P < 5.3\text{MPa}$。

2. B 级锅炉

（1）蒸汽锅炉，$0.8\text{MPa} < P < 3.8\text{MPa}$；

（2）热水锅炉，$P < 3.8\text{MPa}$ 且 t（额定出水温度）$\geqslant 120℃$；

（3）有机热载体锅炉的气相有机热载体锅炉，Q（额定热功率）$> 0.7\text{MW}$；液相有机热载体锅炉，$Q > 4.2\text{MW}$。

3. C 级锅炉

（1）蒸汽锅炉，$P \leqslant 0.8\text{MPa}$ 且 V（设计正常水位水容积）$> 50\text{L}$；

（2）热水锅炉，$P < 3.8\text{MPa}$ 且 $t < 120℃$；

（3）有机热载体锅炉：气相有机热载体锅炉，$0.1\text{MW} < Q \leqslant 0.7\text{MW}$；液相有机热载体锅炉，$0.1\text{MW} < Q \leqslant 4.2\text{MW}$。

4. D 级锅炉

（1）蒸汽锅炉，$P \leqslant 0.8\text{MPa}$ 且 $30\text{L} \leqslant V \leqslant 50\text{L}$；

（2）汽水两用锅炉，$P \leqslant 0.04\text{MPa}$ 且 D（额定蒸发量）$\leqslant 0.5\text{t/h}$；

（3）仅用自来水加压的热水锅炉，$t \leqslant 95℃$；

（4）有机热载体锅炉：气相有机热载体锅炉，$0.01\text{MW} < Q \leqslant 0.1\text{MW}$；液相有机热载体锅炉，$0.01\text{MW} < Q \leqslant 0.1\text{MW}$。

三、监督管理

（1）锅炉的设计、制造、安装（含调试）、使用、检验、修理和改造应当执行《锅炉安全技术规程》TSG 11 的规定；

（2）锅炉及其系统的能效，应当满足法律、法规、技术规范及其相应标准对节能方面的要求；

（3）锅炉的制造、安装（含调试）、使用、改造、修理和检验单位（机构）应当按照信息化要求及时填报信息；

（4）国家市场监督管理总局和各地质量技术监督部门负责锅炉安全监察工作，监督执行；

《锅炉安全技术监察规程》规定的是锅炉安全管理和安全技术方面的基本要求，有关技术标准的要求如果低于该规程的规定，应当以该规程为准。

四、锅炉结构

锅炉主要由"锅"和"炉"两大部分组成，锅炉主要部件功能见表4-2。

（1）"锅"

"锅"由锅筒、管束、水冷壁、集箱、过热器、再热器、省煤器、空气预热器、锅内设备和管道等组成的封闭汽水系统。

（2）"炉"是燃烧设备

层燃炉包括炉前煤斗、炉排、炉膛、除渣板、送风装置等组成的燃烧设备。

煤粉炉包括送粉系统、煤粉燃烧器、炉膛。

流化床锅炉包括溜煤管、布风板、风室。

（3）辅助部分

包括炉墙、构架、受热面吊挂系统、基础、平台扶梯、护板、锅炉范围内管道和附属阀门仪表（安全阀、水位表、压力表）等。

循环流化床锅炉还包括物料循环系统。

微课 4.1-3
燃油燃气炉

锅炉主要部件功能　　　　　　　　　　表4-2

序号	名称	功能
1	锅筒	是自然循环锅炉各受热面的闭合件，将锅炉各受热面联结在一起并和水冷壁、下降管等组成水循环回路。锅筒内储存汽水，可适应负荷变化，内部设有汽水隔离装置等以保证汽水品质、直流锅炉无锅筒
2	管束	对于低压锅炉，由于蒸发吸热量较大，仅布置水冷壁还不足以满足需要，还要布置对流蒸发受热面。在上、下锅筒之间布置密集管束，吸收蒸发所需的热量
3	水冷壁	是锅炉的主要辐射受热面，吸收炉膛辐射热加热工质，并用以保护炉墙
4	过热器	将饱和蒸汽加热到额定过热蒸汽温度。饱和蒸汽锅炉和热水锅炉过热器
5	再热器	将汽轮机高压缸排汽加热到较高温度，然后再送到汽轮机中压缸膨胀做功，用于大型电站锅炉，提高电站热效率
6	省煤器	利用锅炉尾部烟气的热量加热给水，以降低排烟温度，提高锅炉效率
7	空气预热器	加热燃烧用的空气，以加强着火和燃烧，吸收烟气余热，降低排烟温度，提高锅炉效率，为煤粉锅炉制粉系统提供干燥剂
8	锅内设备	其作用包括净化蒸汽、实施锅内加药水处理、分配给水及排污等，保证达到蒸汽品质指标，满足水循环的可靠性
9	炉膛	保证燃料燃尽并使出口烟气温度冷却到对流受热面能安全运作的温度
10	燃烧设备	将燃料和燃烧所得空气送入炉膛并使燃料着火稳定，燃烧良好
11	炉墙	是锅炉的保护外壳，起密封和保温作用，小型锅炉中的重型炉墙也可起支承锅炉部件的作用
12	构架	支承和固定锅炉各部件，并保持其相对位置

任务 1.3　汽水循环

一、锅炉水循环

锅炉水循环是指水和汽水混合物在锅炉蒸发受热面的闭合回路中有规律的、连续的流动过程。水循环就是组织管内工质的合理流动，在各种参数条件下都能够使工质从火焰或烟气吸收足够的热量，并且要确保管壁得到充分冷却。按锅炉水循环原理（图 4-2）不同锅炉可分为自然循环锅炉、强制循环锅炉、直流锅炉。

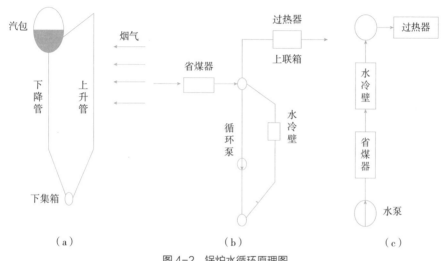

图 4-2　锅炉水循环原理图
（a）自然循环锅炉；（b）强制循环锅炉；（c）直流锅炉

1. 自然循环锅炉

自然循环锅炉是指只靠汽水密度差推动工质流动的锅炉。自然循环锅炉由汽包将锅炉受热面分割为加热、蒸发和过热三段。它把锅炉各部分受热面，如加热段、蒸发段和过热段都明确地分开，不论负荷、燃烧率如何变化，各受热面的大小是固定不变的。在运行中有以下特点：

（1）锅炉蒸发量主要由燃烧率来决定（蒸发量由加热段受热面的吸热量 Q_1 和蒸发段受热面的吸热量 Q_2 决定），而与给水流量 W 的大小无关。所以在汽包锅炉中由燃烧率调节负荷（实现燃料热量与蒸汽热量之间的能量平衡），由给水流量调节水位实现给水流量与蒸汽流量间的物质平衡，这两个控制系统的工作可以认为是相对独立的。

（2）汽包除作为汽水分离器外，还作为燃水比失调的缓冲器。

当燃水比失去平衡时，利用汽包中的存水和空间容积暂时维持锅炉的工质平衡关系，而各段受热面积的界限是固定，使得燃料量或给水流量的改变对过热汽温的影响较小。因为过热蒸汽温度主要取决于加热段、蒸发段吸热量与过

141

热段吸热量的比值（$Q_1 + Q_2$）：Q_3，由于汽包锅炉各受热面的区域界限是固定的，所以当燃烧率变化时，即使 Q_1、Q_2、Q_3 也都发生了变化，但这个比值不会有过大的改变，因而对气温的影响幅度较小。

（3）蓄热量大

锅炉蓄热量是其工质和受热面金属中储存热量的总和。汽包锅炉有重型汽包、较大的水容积、较粗的下降管和下集箱等，所以其蓄热能力比直流锅炉要大 2~3 倍。

2. 强制循环锅炉

强制循环锅炉是指利用水泵压头和汽水密度差推动工质流动，具有以下特点：

（1）由于装有循环泵，强制循环锅炉的循环推动力比自然循环大好多倍。自然循环产生的运动压力一般只有 0.05~0.1MPa，而强制循环则可达到 0.25~05MPa，因此可用小直径管作为水冷壁管。小直径管在同样压力下所需的管壁较薄，金属消耗量较少。

（2）强制循环锅炉可任意布置蒸发受热面，可将管子直立或平放，因此锅炉的形状和受热面都能采用比较好的布置方案。

（3）强制循环锅炉的循环倍率较低。因为循环倍率的大小与水冷壁的冷却有直接关系，循环倍率大则安全，但不经济（因会使循环泵流量大，消耗功率大）。由于强制循环锅炉可以使用小直径管子，管壁薄，壁温较低，如果采用较高流速 [一般 ρ_ω=1000~1500kg/（$m^2 \cdot s$）]，则循环倍率可取得小一些（一般取循环倍率 K=3~5）。

（4）由于强制循环锅炉的循环倍率小，循环水流量较小，可以采用蒸汽负荷较高、阻力较大的旋风分离装置，以减少分离装置的数量和尺寸，从而可采用较小直径的汽包。

（5）强制循环锅炉的蒸发受热面中可以保持足够高的质量流速，而使循环稳定，不会使受热弱的管子发生循环停滞或倒流等循环故障。而且大容量强制循环锅炉的水冷壁管子进口处一般都装有节流圈，这是避免出现水动力的多值性、脉动现象、停滞、倒流或过大的受热偏差的有效措施。

（6）一台强制循环锅炉一般装设循环泵 3~4 台，其中 1 台备用。运行时循环泵所消耗的功率一般为机组功率的 0.2%~0.25%。

（7）强制循环锅炉调节控制系统的要求比直流锅炉低。

（8）强制循环锅炉能快速启停。由于循环系统的管子金属壁较薄、热容量小，在加热或冷却过程中温度易于趋向均匀，启动时汽包壁温升允许值一般可达 100℃/h（自然循环锅炉为 50℃/h）。而且强制循环锅炉在点火前已开始启动循环泵，建立正常循环系统，所以可以缩短启动时间。

（9）强制循环锅炉的缺点是由于循环泵的采用，增加了设备的制造费用，而且循环泵长期在高压、高温（250~300℃）下运行，需使用特殊材料，才能保证锅炉运行的安全性。

3. 直流锅炉

在给水泵压头作用下，工质顺次通过预热、蒸发、过热各受热面，而被预热、蒸发、过热到所需要的温度。简言之，直流锅炉是工质一次通过各受热面，没有循环的强制流动锅炉。

（1）特点

没有汽包，工质一次通过，受热面无固定界限。

（2）蒸发受热面中工质流动过程特点

强制流动锅炉没有自补偿能力，即受热强的管子，流动速度小；有脉动现象；直流锅炉消耗水泵压头大。

（3）传热过程特点

直流锅炉没有汽包，给水带来的盐分除一部分被蒸汽带走外，其余将全沉积在受热面上，因此直流锅炉要求给水品质高。

（4）调节过程特点

直流锅炉，当负荷发生变化时，必须同时调节给水量和燃煤量，以保持物质平衡和能量平衡，才能稳住气压和气温。

（5）启动过程特点

直流锅炉和自然循环锅炉相比，在结构上有蒸发受热面和启动旁路系统与之不同。在启动时首先启动旁路系统，建立启动流量和启动压力。此外由于直流锅炉没有汽包，升温过程比较快，所以启动速度快。

（6）设计、制造安装特点

适用于任何压力，蒸发受热面可任意布置，节省金属，制造方便。

4. 三种类型锅炉特点比较

三种类型锅炉特点比较见表 4-3。

三种类型锅炉特点比较　　　　　　　　　　　表 4-3

项目	自然循环锅炉	强制循环锅炉	直流锅炉
工作压力范围	主要用于（<12.74MPa）和超高压（13.72~15.68MPa），也可用于亚临界（16.66~18.62MPa）	强制循环锅炉适用于自然循环锅炉的工作范围，但只有压力在 15.68MPa 以上时，才有经济性	直流锅炉可以用于任何压力
设计、制造安装特点	有锅筒，但锅筒较大，蒸发受热面布置受限、金属耗量大	有锅筒，但锅筒较小，水冷壁管径小，节省金属，制造方便	无锅筒，蒸发受热面可任意布置，节省金属，制造方便
安全性	水容量大、蓄热量大，对外界负荷与压力的扰动（外扰）不太敏感，有自调节能力	水容量大、蓄热量大，无自调节能力	水容量小、蓄热量小，对外界负荷与压力的扰动（外扰）敏感
能耗	耗电少	耗电量大	耗电量大

二、自然循环

1. 自然循环原理

自然循环是指：在一个闭合的回路中，由于工质自身的密度差形成重位压差，推动工质流动的现象。具体地说，自然循环锅炉的循环回路是由汽包、下降管、分配水管、水冷壁下联箱、水冷壁管、水冷壁上联箱、汽水混合物引出管、汽水分离器组成的。重位压差是由下降管和上升管（水冷壁管）内工质密度不同形成的，而密度差是由下降管引入水冷壁的水吸收炉膛内火焰的辐射热量后进行蒸发，形成汽水混合物，使工质密度降低形成的。图 4-3 为一个简单的自然循环原理的示意。

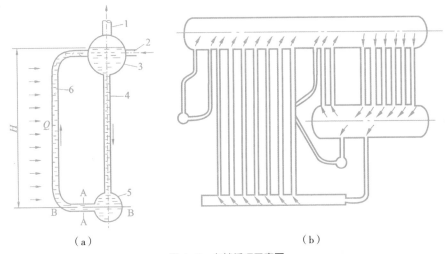

图 4-3　自然循环示意图
（a）水冷壁水循环；（b）锅炉管束水循环

自然循环的实质，是由重位压差形成的循环推动力克服了上升系统和下降系统的流动阻力，从而推动工质在循环回路中流动，而自然循环锅炉的"循环推动力"实际上是由"热"产生的，即由于水冷带管吸热，使水的密度改变成为汽水混合物的密度，并在高度一定的回路中形成了重位压差。回路高度越高，工质密度差越大，形成的循环推动力越大。而密度差与水冷壁管吸热强度有关，在正常循环情况下，吸热越多，密度差越大、工质循环流动越快。

2. 典型自然循环

（1）水冷壁水循环

上锅筒→下降管→集箱（下锅筒）→上升管（水冷壁）→上锅筒。

（2）锅炉管束水循环

上锅筒→受热弱的对流管束→集箱（下锅筒）→受热强的对流管束→上锅筒。

3. 常见自然循环故障

1）循环停滞

循环回路由并联于锅筒与集箱之间的上升管和下降管组成；由于炉膛结构、管子受热长度以及积灰等情况的不同，产生受热不均匀性；如果个别上升管受热严重不良，则产生的有效压头将不足以克服公共下降管的阻力，从而使循环流速趋近于零，这种现象就是"循环停滞"。

（1）危害

循环停滞的管内产生蒸汽，循环倍率接近 1，气泡依靠浮力上升，同时在倾斜管转弯、接头部位往往引起气泡的集聚，并沉积水垢，造成传热恶化甚至烧坏管子；如果循环停滞发生的上升管恰好连接于汽包的蒸汽空间，则形成一层自由水面，水面以上仅有蒸汽，冷却效果差；而水面的波动则导致温差应力和盐垢沉积；上升管尽量不要连接在锅筒汽空间，对自然循环不利；高出锅筒水位的管段（汽水混合物）对应的下降管内工质不是水而是蒸汽，所以此段的流动压头是负的。

（2）预防措施

一般多采用加大下降管截面面积和引出管截面面积的方法来减少循环阻力，防止循环停滞与倒流，而根本办法就是减少或避免并联的各上升管受热不均匀性。

2）汽水分层

发生于水平或者微倾斜的上升管段，特别是流速较低的时候会出现汽水分层现象；多发生于炉顶、前后拱的受热面。

（1）危害

当这一段管段受热时，会引起上下温差应力以及汽水界面的交变应力；在上部会结盐垢使壁温升高甚至过热。

（2）预防措施

一般情况下，随着蒸汽压力的增加、蒸发管直径的增大，发生汽水分层的可能性增加。因此要保证循环流速不低于 0.6~0.8m/s、倾角不小于 15°，尽量避免流动死角等。

3）下降管带汽

正常情况下，下降管入口水流纯粹靠静压进入，不会汽化；但是如果入口处阻力过高，将产生压降，则锅筒内的饱和水在进入下降管的时候因压力降低而汽化产生气泡，造成下降管带汽，从而使平均体积流量增大、流速加快、阻力增加，对水循环不利。

另一个原因是下降管管口距离锅筒水面太近，由于上方水面形成的漩涡而将蒸汽吸入下降管；因此下降管要尽量连接在锅筒底部或保证入口上方有一定水位。

下降管受热强烈、下降管出口与上升管入口距离太近并且没有良好的隔离装置也可能造成下降管带气。

（1）危害

下降管带汽不仅使自身的阻力增加，还迫使循环的运动压头降低，减弱了水的循环流动，从而增大了循环停滞、倒流、自由水面等出现的可能性。

（2）预防措施

减少下降管受热，增大下降管出口至上升管入口的距离，并设置良好的隔离装置。

三、自然循环锅炉汽水系统组成

锅炉的汽水系统由给水管路、省煤器、汽包、下降管、水冷壁、过热器、再热蒸汽及主再热蒸汽管路等组成。其主要任务是使水吸热、蒸发，最后变成有一定参数的过热蒸汽。从给水管路来的水经过给水阀进入省煤器，加热到接近饱和温度，进入汽包，经过下降管进入水冷壁，吸收蒸发热量，再回到汽包。经过汽水分离以后，蒸汽进入过热器，水再进入水冷壁进行加热。进入过热器的蒸汽吸收热量，成为具有一定温度和压力的过热蒸汽，经过主蒸汽管，进入汽轮机高压缸做功。蒸汽从高压缸做完功后，经再热蒸汽管冷段，进入锅炉再热器加热至额定温度后，经再热蒸汽热段，进入汽轮机中、低压缸继续做功（图4-4）。

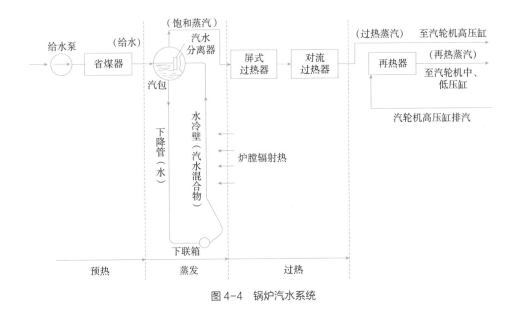

图4-4　锅炉汽水系统

任务二　燃烧设备

【教学目标】

通过项目教学活动，培养学生具备常用燃烧原理的认知能力及确定锅炉燃烧技术方案的能力。培养学生良好的职业道德、自我学习能力、实践动手能力和分析、处理问题能力，以及诚实、守信、善于沟通和合作的专业素养。

【知识目标】

通过任务二燃烧设备的学习，应使学生：

1. 掌握常用锅炉燃烧技术原理；
2. 掌握锅炉燃烧技术的选择原则与方法。

【知识点导图】

【引导问题】

1. 层燃炉如何燃烧？

_____

_____

2. 煤粉炉如何燃烧？

_____

_____

3. 循环流化床如何燃烧？

_____

_____

任务 2.1 层燃炉

层燃炉根据炉排形式的不同分为固定炉排炉、链条炉、抛煤机炉、振动炉排炉、往复炉排炉及下饲炉等。本节主要介绍固定炉排炉、链条炉排炉和往复炉排炉。

一、固定炉排炉

加煤、拔火、清渣均靠人工完成的固定炉排炉称为固定炉排手烧炉。手烧炉的结构简单，操作容易，煤种适应性好，因而在小容量锅炉中（一般蒸发量小于 1 t/h）至今仍被广泛利用。但其燃烧效率不高，劳动强度大，对环境的污染也较严重，故了解手烧炉的燃烧过程及特点，进一步改进其结构及操作以提高其经济性就显得十分必要。

1. 手烧炉的燃烧过程

手烧炉的简单结构如图 4-5 所示。新燃料从炉门抛洒至炽热的火床面上，受到高温火焰和炉拱的高温辐射及炽热焦炭层的直接加热（导热）以及炉内高温烟气的对流冲刷，很快完成了燃烧的热力准备阶段（即预热、干燥、挥发分逸出阶段），进而挥发分着火燃烧，最后焦炭也进入了猛烈的燃烧期。随着燃烧的不断进行，燃料中的碳、氢、硫等可燃物质不断燃烧成二氧化碳、二氧化硫、一氧化碳和水蒸气而排出炉膛，同时，燃料层不断下落，最终在靠近炉排面附近基本燃尽并形成炉渣。新燃料的不断加入、燃烧及燃尽，使渣层不断增厚，达到一定厚度时便被清除。在此期间，司炉必须经常拨动火床，促使火床上的煤粒分布均匀，不出现火口及火龙、并裹灰现象，以便燃烧能够顺利进行。

手烧炉的燃烧层结构以及其中的气体、温度分布状况如图 4-6 所示。可以看出，在手烧炉中燃烧过程是沿燃料层高度方向进行的。最上层是新燃料的燃烧准备层，其次是还原层和氧化层，最底层为灰渣层。当空气自炉排下方穿过炉排和灰渣层时，受到加热作用后其温度升高，炉排与灰渣则得到冷却。加热

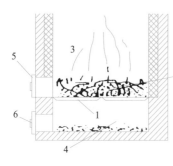

图 4-5 手烧炉的结构示意图
1—炉排；2—燃料层；3—炉膛；
4—灰坑；5—炉门；6—灰门

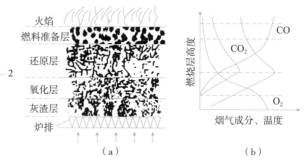

图 4-6 手烧炉的燃烧层结构及气体、温度分布温度分布
（a）燃烧层结构；（b）气体

后的空气继续上升，遇到炽热的焦炭即进行猛烈的燃烧反应，生成大量的 CO_2 及少量的 CO，与此同时放出大量的热使料层温度急剧升高。O_2 的含量因燃料反应的不断进行而显著下降，当 O_2 基本耗尽（即 $\alpha \approx 1$），燃料层中的 CO_2 及温度均匀上升至最高值，氧化反应基本结束，即 $\alpha \approx 1$ 处就是氧化层和还原层的交界面。CO_2 继续上升后，由于缺氧被高温焦炭还原成 CO，随着还原层的增厚，层内的 CO 含量不断升高，CO_2 含量不断下降。燃料层中的温度也因还原反应的大量吸热而急速降低。由于手烧炉是周期性加煤，因此空气供需不平衡，从而导致燃烧过程出现周期性。

2. 手烧炉的燃烧特性

（1）新燃料双面受热，着火条件极为优越，因而着火迅速稳定。这种方式称"双面着火"或"无限制着火"。此外，投煤及清渣的时间由具体的燃烧情况而定，使燃烧时间比较充分，因而提高了炉子对煤种的适应能力，除了油页岩之外，几乎所有的矿物燃料都可以在其中燃烧。

（2）燃烧过程具有周期性，这是间隔加煤所引起的。加煤间隔时间越长，这种周期性对燃烧的影响越严重。

（3）燃烧效率较低，因为它们的排烟温度偏高（一般不装尾部受热面），气体、固体不完全燃烧损失亦较大。

二、链条炉排

链条炉排炉简称链条炉，是一种历史悠久、应用范围很广的层燃炉。它具有燃烧效率高，对环境污染较小、机械化程度较高等特点。在我国，中、小容量的锅炉中（$D=2\sim65$ t/h）使用十分普遍，其结构如图 4-7 所示。

1. 链条炉的燃烧过程及基本特性

链条炉最大特点是安装了一副自前向后不断缓慢移动的炉排，如图 4-7。煤厂的燃料通过输煤设备先运至位于炉前的煤斗中。运行时，打开煤斗下部的

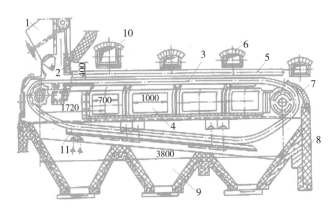

图 4-7　链条炉排结构

1—煤斗；2—煤闸门；3—炉排；4—分段分仓；5—防焦箱；6—看火孔及检查孔；
7—老鹰铁；8—灰斗；9—渣斗；10—人孔；11—下导轨

旋转门（俗称月亮门），煤即通过自重落至炉排前端。煤层厚度是通过调整紧靠煤斗的煤渣门的升降高度来控制的。一定厚度的煤层随着炉排的向后运动而进入炉膛，在炉内边燃烧边推进，直至完成全部燃烧过程，然后越过位于炉排后端的挡渣板（俗称老鹰铁）而落入渣井，最后通过除渣设备将渣井中的渣运往渣厂。至此，链条炉的整个工作过程结束。

（1）燃料的预热干燥区段

该区段的长短对整个燃烧过程的经济性有较大影响，过长则燃烧段的有效长度缩短，燃料未燃尽就落入渣斗，造成过大的损失；过短又使着火过早，容易烧坏煤闸门。因此在运行中，应适当调整炉排的行进速度，并控制该区合适的长度（一般约为0.3m）。

（2）挥发分析出并燃烧区段

煤中的挥发分在此区段大量放出并燃烧，同时放出大量的热量用以加热焦炭，并使其不断升温直至达到焦炭的着火温度而燃烧。

（3）燃料的燃烧区段

焦炭在炉内高温火焰的辐射热及挥发分燃烧放出热量的双重加热下急剧升温而着火燃烧，这是整个燃烧过程的主要区段。由于煤层厚度较大（1200℃左右），上层为还原区段，床层温度较低，因为还原反应是吸热反应。

（4）灰渣燃尽区段

随着炉排的继续进行，煤被逐步烧成灰烬。该区段中应注意"尾部夹碳"问题，因为表层受热强、温度高、形成灰渣早，底层空气供给充足易于燃尽，形成灰渣也早，使未燃尽的焦炭夹于中间促使机械不完全燃烧热损失增大。改善的方法有：加强拨火措施，设置挡渣器（如老鹰铁）及提高该区段床温等。

2. 链条炉的燃烧特性

从链条炉的工作进程可知，自煤斗落下的新燃料是直接落在经过冷却的冷炉排上，燃料着火所需的热只能来自炉膛中的高温烟气及炉拱的辐射，而由下向上的冷空气即使被加热，温度也较低，因而对新燃料的加热作用极为有限。这种热量来自一个方向的着火方式称"单面着火"。链条炉的单面着火效果显然不及手烧炉的双面着火有优势，从而给链条炉的煤种适应性带来限制。当然，这种缺陷是可以通过设计、运行等方面的改进来加以弥补的。

3. 链条炉的炉拱

火床燃烧的特点是燃烧过程沿炉排长度方向分区段进行，导致炉排面上方各种气体成分也沿炉排长度方向分片流动。其结果造成了炉前、炉后空气过剩，炉膛中部可燃气体大量集中的现象，这种现象势必引起不完全燃烧热损失的增大。改变这种状况的办法主要有两种，即在炉膛内布置各种形式炉拱和加装二次风系统。

炉拱是指在火床炉膛内部、墙面下的那部分倾斜或水平炉墙。拱面上一般不布置水冷壁，若必须布置，则需将炉拱区段的水冷壁用耐火材料加以包覆，以提高拱的温度来加强拱的辐射引燃作用。

1）炉拱作用

炉拱一般有两个作用，一是加强炉内气流的混合；二是合理组织炉内的热辐射和热烟气流动。以上两个作用是通过不同拱形的良好配合实现的，加强炉内气流混合是为了使炉膛前、后过剩的空气能为炉膛中部可燃气体的燃烧及燃尽提供必要的氧气，以达到在不加大空气量的情况下提高完全燃烧程度的目的，从而减少排烟等的热损失；合理组织炉内的热辐射燃烧工况，进一步降低灰渣热损失。

当然，燃煤种类及特性不同时，炉拱作用的侧重面也有所不同。例如：当使用挥发分很低的无烟煤时，最大的困难是燃料不易着火，因而，这时炉拱的设计布置应以保证燃料的着火燃烧为主；而当燃用高挥发分的烟煤时，由于大量挥发分的集中析出，使炉膛内气体分布的不均匀性更加突出，所以这时的拱形设计及布置应以加强气流的混合为主，以有利于挥发分的充分燃烧与燃尽。

2）前拱

前拱位于火床前部的上方，形式很多，有水平式、倾斜式、反倾斜式等，如图 4-8 所示。设置前拱的主要目的是创造燃料引燃所需要的高温环境，帮助燃料及时引燃，故前拱又称引燃拱。炉拱本身并不产生热量，它只能将燃料燃烧放出的热量有效地、集中地引回到火床头部的新燃料层上，使燃料迅速升温、着火。引回热量的方法则是通过再辐射。投射到炉拱上的热量有 80%~90% 被前拱吸收，这部分热量用于提高拱的温度并重新被拱辐射出去，因而称为再辐射热，仅有剩余的 10%~20% 的热量是被拱反射。所以前拱的主要工作机理可表述如下：它是通过以辐射为主、漫反射为辅的方式，将高温火床面的辐射热和部分火焰的辐射热传递到新燃料的着火区。从这个意义上讲，前拱又被称作辐射拱。

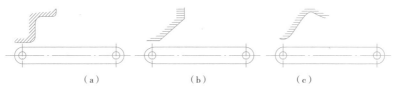

图 4-8　不同形状的前拱示意
（a）水平式前拱；（b）倾斜式前拱；（c）反倾斜式前拱

3）后拱

后拱位于火床后部的上方，形式很多，有单倾斜式、水平倾斜式及双倾斜式等，如图 4-9 所示。放置后拱的目的是通过它与前拱的配合，取得间接引燃和强化混合的效果。后拱对新燃烧料的引燃作用有两个方面：一方面是直接引燃，另一方面是间接引燃。所谓直接引燃是指后拱将拱区内的高温烟气及悬浮的炽热碳粒逼向火床头部，以加速新燃料的引燃过程。间接引燃是指后拱提供的引燃热量是通过前拱再辐射至着火区的。理论计算表明，直接引燃的热量比前拱的辐射引燃热量小得多，这说明间接引燃才是后拱引燃的主要方式。后拱的引燃机理是后拱将大量的高温烟气和炽热碳粒输送到燃料燃烧区，提高那里的温度，强化那里的燃烧，使之发出更多的热量，并以此形成更高的温度，从而大大加强了前拱的辐射引燃作用。由此可见，在整个引燃过程中，前拱起主要作用，后拱起辅助作用。后拱出来的烟气与前拱出来的烟气碰撞、搅拌。这样增加了炉前、炉后各种气体的扰动与混合，使可燃气体及悬浮灰粒在此得到进一步燃尽。此外，后拱在运行中，同样吸收来自燃烧火床面的辐射热量，并提高自身的温度，增强自身的辐射能力。这不仅对强化火床中部的燃烧有利，还可提高火床尾部燃尽区的温度，给燃尽创造了有利条件，这就是后拱对燃尽区的保温、促燃作用。

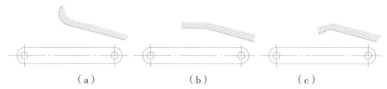

图 4-9　不同形状的后拱示意
（a）单倾斜式后拱；（b）水平倾斜式后拱；（c）双倾斜式后拱

4）炉拱的设计原则

炉拱的设计与布置是否合理，对链条炉燃烧工况影响极大。而影响炉拱设计、布置的因素很多，如燃料特性、燃烧方式、锅炉容量及参数等。炉拱设计的一般性原则是前拱高而短、后拱低而长、中拱低而短。

（1）前拱应具有足够的敞开度，不能过低，否则来自火焰及火床面的辐射热量不易进入拱区，更不易深入火床头部，这对着火不利；但也不能过高，因为拱区内三原子气体对辐射热有强烈的吸收作用，并随气体层的加厚而急剧增加，从而削弱前拱本身的辐射作用，这实际上是用三原子气体辐射取代了前拱的辐射，显然是不合理的。一般前拱高度总是大于后拱高度，但是前拱也不能过短。计算表明，拱长及拱高对辐射换热的影响都很显著，且拱长的影响大于拱高的影响。一般要求是对挥发分高的煤，前拱要设计得高些，其覆盖长度也应长些，以满足挥发分燃烧的需要；对挥发分低的煤，前拱可适当矮些，其覆盖长度也应短些。

（2）后拱的设计应以充分发挥后拱的引燃、强化混合及尾部保温作用为出发点，因此后拱应有足够的长度，足以覆盖住旺盛的燃烧区；后拱要有足够的拱高，以保证对燃烧空间的需求，并避免后拱下的烟气拥塞；此外，还要有足够高的烟气喷出速度，尤其对难以燃烧的无烟煤和劣质烟煤，烟气喷出速度更应得到保证。对于难燃的燃料，拱区内的受热面上覆设卫燃带，以保持足够高的温度。

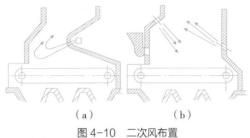

图 4-10　二次风布置
（a）单面布置；（b）双面布置

（3）二次风布置

所谓二次风是指不经过燃料层，而从火床上方高速喷入炉膛的若干股强烈气流（图 4-10）。这些气流大部分是空气，但也有少部分锅炉采用蒸汽或烟气作为二次风介质。

①二次风的作用

a. 增加炉内气流扰动，改善可燃气体与过剩氧的混合，减少化学和机械未完全燃烧热损失，降低锅炉过量空气系数。

b. 与炉拱布置配合，借助高速二次风射流的贯穿力和卷吸力，将燃烧旺盛区上方的高温烟气引导至前拱下方，强化对新燃料的加热，加速着火。

c. 在炉内形成气流旋涡运动，使烟气中携带的一部分已经燃烧的炽热粒子从气流中分离出来落到新燃料层上。这不仅有利于新煤引燃，也有利于消烟除尘和降低飞灰的携带损失。

d. 二次风射流使炉内气流产生强烈扰动，改善了气流对炉膛的充满度，延长了可燃气体和灰粒子在炉内停留时间，使其有更多的燃烧机会。二次风可以补充一部分氧气，帮助燃烧。

②二次风的布置

二次风的布置与燃料特性、燃烧设备种类和炉膛形状及大小均有密切关系。常见的布置方式有单面布置、双面布置和四角布置。单面布置是将二次风喷口集中在前墙或后墙。这种方式适合于二次风量不太大或炉膛深度较小的情况，以便集中风力、强化扰动。对于挥发分高的煤种，二次风可布置在前墙，及时为挥发分燃烧提供充足的氧气；对于挥发分含量低的煤种，二次风可布置在后墙，这时高速的二次风气流可将高温烟气逼向火床头部，促使燃料及时引燃。双面布置是指前后墙同时布置二次风。这种方式适合于容量较大的工业锅炉，它可提高炉内气流的充满度，有效地延长烟气及其携带的焦炭粒子的行程及炉内停留时间，降低飞灰含量，提高燃尽率。适当布置还可以使气流产生适度的旋转，提高混合的有效性。四角布置，即从炉膛四角喷出的四股二次风气流绕炉子中心的一个假想的切圆旋转，造成炉内气流的旋转上升运动，充分延长未燃尽碳粒的流动路径，从而达到降低飞灰含碳带来的损失。

三、往复炉排

往复推饲炉排炉简称往复炉排，它是在固定式阶梯炉排基础上发展起来的小型机械化炉排，具有结构简单、制造方便、金属耗量小及消烟除尘好的特点，普遍应用于 0.5~120t/h 的小型工业锅炉上，是一种有发展前途的炉排形式。

1. 往复炉排的结构特点

往复炉排的结构形式很多，目前较为普遍应用的主要有三种形式，即倾斜式往复推饲炉排炉、水平式往复推饲炉排炉及抽条式往复推饲炉排炉。

倾斜式往复推饲炉排炉的结构如图 4-11 所示。它主要由活动炉排片和固定炉排片相间布置而成。活动炉排片卡在活动横梁上，其前端直接搭在与其相邻的下级固定炉排上。全部活动横梁与两根槽钢组成一个活动框架，并通过几个大滚轮将重量支在几根立柱上。而固定炉排片的尾端卡在固定横梁上，其间还搁置了小支撑棒，以减轻对活动炉排片的压力，减少上下炉排片因往复推动而产生的摩擦，并降低电动机的功率消耗。整副炉排呈明显的阶梯状，为了避免煤粒下滑太快，炉排面与水平的倾角不宜过大，一般为 15°~20°。当直流电动机驱动偏心轮并带动与活动框架相连的推拉杆时，活动炉排便做前后的往复运动。运动的行程为 70~120mm，运动频率为 1~5r/min。燃烧所需空气经炉排间的纵向缝隙及各层炉排片间的横向缝隙（炉排片头部下方有 1~2mm 的凸台）送入，炉排的通风截面比为 7%~12%。为了延长灰渣在炉内的停留时间，提高其燃尽率，在倾斜炉排的尾部布置了燃尽炉排，通常采用翻转炉排形式，但出渣时漏风严重，调风也较麻烦。

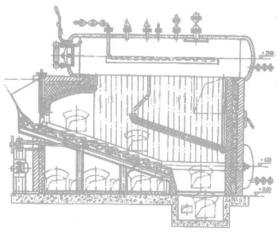

图 4-11　倾斜式往复推饲炉排炉

2. 往复推饲炉排炉的燃烧过程及特点

往复推饲炉排炉的燃烧过程与链条炉相似，燃料都是落在冷炉排上的，通过活动炉排的往复推饲或抽条炉排的"一推三抽"运动，将燃料不断地推向前进，并依次经历燃烧的各个阶段。相似的燃烧过程使它们具有相似的燃烧特性，如着火条件不够理想（指炉排起端部分）、气体成分分布不够均匀等。

由于活动炉排片不断将新燃料推至下方的炽热焦炭层上，而且在其返回的过程中耙回一部分炽热碳粒至未燃尽煤层的底部，成为底层燃料的着火热源，因而着火条件较链条炉有所改善。燃料层由于受到耙拨作用而变得更加疏松，增加了透气性，空气与燃料的接触机会增多，相应提高了燃烧强度，可燃气体容易燃烧完全，从而气体的分片流动现象有所减轻。煤粒表面的灰壳由于受到挤压、翻动而变得容易脱落，加上燃尽炉排的辅助作用，使灰渣的燃尽率比链条炉要高。

由于往复炉的燃烧同链条炉一样具有沿炉排长度方向分区段的特点，因此，为了满足各区段燃烧工况的需要，尽量减少不完全燃烧热损失，炉排下的送风仍然要采用分段送风的方式。此外，为了减少或消除炉膛内气体的分片状况，加强炉内气流的混合扰动，其设计与布置主要与燃料的种类和特性有关。

3. 往复推饲炉排炉的燃烧优点

（1）燃料的着火条件基本上是"双面着火"（只有火床头部很小一段为"单面着火"），比链条炉优越。

（2）燃料层有较强的自拔火能力，煤层疏松、透气性好，大大加强了燃料与空气的接触，使燃烧强度高于链条炉。

（3）提高了煤种使用能力，尤其在燃用粘结性较强、含灰量多并难以着火的劣质烟煤时，更能体现其优越性。

（4）旺盛的燃烧减少了热损失。

（5）消烟效果好，烟囱基本不冒黑烟，有利于环境保护。

（6）相对于链条炉而言，其结构简单、制造容易、金属耗量少、初投资省。

4. 往复推饲炉排炉的燃烧缺点

（1）由于活动炉排片始终与红火接触，材料容易过热，致使火床中部旺盛燃烧区内的炉排片经常被烧损。

（2）烧坏的炉排片难以发现和更换。

（3）红火从炉排片脱落形成的缺口中漏下，常常烧坏炉排下方的风室及框架，影响锅炉安全运行。

（4）倾斜式及水平式往复炉排炉的漏煤及漏风量都比链条炉大，特别是倾斜往复炉排炉的两侧，由于炉排的倾斜布置及炉排片的水平运动，给密封带来了困难。

（5）不易燃烧低挥发分、高发热量的贫煤及无烟煤，否则燃烧强度更高，容易烧坏炉排。

任务 2.2　室燃炉

煤粉炉又称室燃炉。煤首先在制粉系统中磨制成合格的煤粉，然后用空气把煤粉吹入炉膛，在悬浮状态下着火燃烧。由于煤粉很细，与空气的接触面积大大增加，再加上燃烧采用高温预热空气，因此燃烧强度很大，可以燃烧难以着火和质量很差的煤种，其燃烧效率、机械化、自动化程度都大大高于火床炉。

由于采用煤粉燃烧，因此煤粉炉要增设一套包括磨煤机在内的复杂的制粉系统，金属耗量和电耗量都较大。而且由于燃烧煤粉，煤粉炉的飞灰含量可达90% 以上，且飞灰机磨损很严重。再加上煤粉炉不宜在低负荷下运行，不宜经常起停，故而煤粉炉一般用于较大型的锅炉（蒸发量大于 35 t/h），电站锅炉绝大多数都采用煤粉燃烧方式。

一、煤粉的一般性质及煤粉制备

1. 煤粉的一般性质

煤粉是由各种尺寸和不规则形状的颗粒组成的，其粒径一般为 1~1500μm，其中以 20~60μm 的颗粒居多。煤粉的堆积密度约为 0.7t/m³，它能吸附大量的空气而具有良好的流动性，且煤粉越细越干燥，流动性越好。这使得煤粉与空气的混合物如同流体一样易于运输，因此锅炉燃用的煤粉都采用管道风力输运方式。煤粉在储藏时容易发生自燃，当挥发分较高时，可能发生爆炸，因此在煤粉制备和运输过程中要特别注意防止自燃和爆炸的发生。

1）煤粉细度

通常所说的煤粉细度是指煤粉的粗细程度；煤粉的尺寸是指它能通过的最小筛孔尺寸，也称之为煤粉粒子的直径。煤粉粒度一般用标准筛进行测定。

一般来说，煤粉越细越容易燃烧，且燃尽程度也会增加，磨煤能耗也高。磨煤能耗与未完全燃烧损失之和最小时的煤粉细度叫作煤的经济细度。

2）煤的可磨性系数

煤的可磨性系数是表示磨煤难易程度的指标，不同煤种的可磨性能差别很大，通常采用煤的可磨性系数 Kkm 来表示这种差别。

煤的可磨性系数是指在风干状态下，将标准煤和试验煤由相同的初始粒度磨到相同的终了粒度时所消耗的电能之比，即：

$$Kkm = 标准煤的电耗 / 试验煤的电耗$$

显然标准煤的可磨性系数为 1，Kkm 越大，煤就越好磨。通常认为 $Kkm>1.5$ 的煤易磨，而 $Kkm<1.2$ 的难磨。

2. 煤粉制备

1）磨煤机

磨煤机是制粉系统中最重要的部件，其工作性能对煤粉细度、煤粉出力、磨煤电耗、磨煤机金属耗量、干燥煤粉的能力等有很大影响。磨煤机的类型有很多，一般按其转速大小分为低速磨煤机（转速为18~25r/min）、中速磨煤机（转速为40~300r/min）以及高速磨煤机（转速为750~1 500r/min，如竖井式和风扇式磨煤机）。在工业锅炉中，常用竖井式和风扇式磨煤机（图4-12），其他形式不太适用于工业锅炉。

①竖井式磨煤机，这是一种结构比较简单、金属耗量比较少的磨煤机，又称锤击式磨煤机，其结构如图4-13所示。

如图4-13所示，当原煤进入磨煤机后，与转子上的击锤碰撞而被击碎，同时，机壳、护板与燃料的撞击以及燃料之间的互相碰撞都对原煤有破碎作用。热空气从两端沿轴向（或从两侧沿切向）直接进入磨煤机，由于原煤在破碎过程中同时被热风干燥，煤粉表面积又不断增加，因此干燥过程进行得很迅速。竖井式对煤粉起着重力分离的作用，磨细的煤粉被空气带走，通过燃烧器吹入炉膛燃烧，较粗的煤粉则落下重新磨制。显然，热空气流速的大小可以调节煤粉的粗细。竖井式磨煤机的转速为730~960r/min，竖井内空气流速为1.5~2.5m/s，热空气温度一般不超过350℃（竖井出口处不超过130℃），煤粉细度$R90$为40%~60%，煤粉气流（一次风）喷入炉膛的速度为4~6m/s，二次风速为20~25m/s。

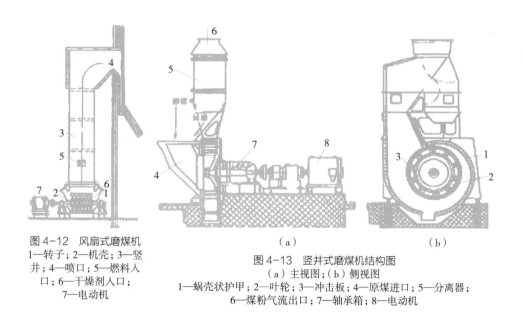

图4-12 风扇式磨煤机
1—转子；2—机壳；3—竖井；4—喷口；5—燃料入口；6—干燥剂入口；7—电动机

（a）　　　　　　（b）
图4-13 竖井式磨煤机结构图
（a）主视图；（b）侧视图
1—蜗壳状护甲；2—叶轮；3—冲击板；4—原煤进口；5—分离器；6—煤粉气流出口；7—轴承箱；8—电动机

竖井式磨煤机由于结构简单、金属耗量和投资均比较低，现多用于小容量煤粉锅炉，可磨制挥发分较高的褐煤、泥煤和烟煤等，其存在的问题主要是击锤的磨损比较严重，影响了磨煤机的经济性和工作的可靠性。

②风扇式磨煤机，这种磨煤机的结构与风机相似，同时具有磨煤和送风两种功能，其结构如图4-12所示。原煤与干燥剂一同进入磨煤机，被磨煤叶轮（叶轮上装有冲击板）初次击碎后，又被抛到机壳内壁的护板上再次击碎。磨碎的煤粉随气流经过上方的粗粉分离器，合格的细粉由上部引出并通过燃烧器送入炉膛燃烧，不合格的粗粉通过回粉管落下重新磨制。

粗粉分离器的工作原理如下：干燥剂携带煤粉进入分离器内外锥体之间的通道，由于流通截面的增加而流速骤减，一部分较粗的煤粉因重力作用落下重新磨制；煤粉气流继续流动至顶部切向挡板产生旋转流动，又有一部分较粗的煤粉因离心力作用而被分离出来；在气流出口处，由于惯性力作用又分离出部分粗粉，并通过回粉管送回磨煤机。风扇式磨煤机的转速为450~3000r/min，叶轮外缘的圆周速度可达80m/s左右，可产生2000Pa的风压（足以克服燃烧器的阻力）。由于风扇磨本身具有抽吸力，因此可抽取热空气或炉烟作为干燥介质。

风扇式磨煤机结构简单，金属耗量少，调整方便，并可减小送风机的容量，煤种适应性也比较好，尤其适合于水分较大的煤种。其缺点主要是叶轮磨损严重，维修费用较大。

2）制粉系统

制粉系统分为直吹式和中间储仓式两大类，工业锅炉一般采用前者。直吹式制粉系统的制粉设备布置在锅炉近旁，与锅炉连在一起，以锅炉的热空气或炉烟作为干燥剂，制成的煤粉则直接进入锅炉燃烧；仓储式制粉设备生产的煤粉储存在煤粉仓中，再根据锅炉需要供粉，也可送入邻炉使用。另外，直吹式系统的磨煤机可在正压下工作，也可在负压下工作，分别称之为正压制粉系统和负压制粉系统。

竖井式与风扇式磨煤机由于其单位电耗随负荷变化较小，均适于采用直吹式系统，现以竖井式磨煤机直吹系统为例简单介绍如下（图4-14）。

原煤自煤斗经给煤机送入磨煤机，煤被磨碎后由一次风吹送至燃烧器并喷入炉膛燃烧；一次风干燥剂是由布置在磨煤机前方的送风机吹送的冷热混合空气，二次风则是由送风机吹送的热空气。这种系统结构紧凑，设备简单，煤粉管道短（竖井本身即作为管道的一部分），

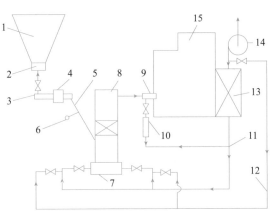

图4-14 轴向竖井磨煤机直吹式制粉系统
1—原煤机；2—闸板；3—给煤机；4—自动磅秤；
5—落煤管；6—锁气器；7—磨煤机；8—粗粉分离器；
9—燃烧器；10—二次风箱；11—空气管道；12—冷风管；
13—空气预热器；14—送风机；15—锅炉

因此阻力小而不需排粉机；它的缺点是锅炉工作受磨煤机牵制，可靠性较低，为保证锅炉安全运行，需要有备用的磨煤机，且备用量较大（当采用一炉两机时，每台磨煤机的出力至少应维持在锅炉的 75% 额定负荷下工作）。

二、煤粉燃烧器

煤粉炉的主要燃烧设备是煤粉燃烧器，其形式和布置方式对煤粉炉的燃烧有着决定性的作用。燃烧器的型式总体上可以分为两大类：旋流式和直流式。在小容量的锅炉中一般采用旋流式。旋流式一般分为单锅壳式、双锅壳式、轴向可动叶轮式等，工业锅炉上常用锅壳式。燃烧器的作用在于使煤粉气流喷入炉膛后，能够迅速着火，并且使一、二次风强烈混合以保证煤粉充分燃烧，尽量减少炉膛内的涡旋死滞区；此外，燃烧器还应使炉内空气动力工况良好，防止或减轻结渣。

1. 单锅壳式燃烧器

一次风不旋转，由直管送入炉内，但在出口处一般设有扩流锥使煤粉扩散，锥角大小根据煤种不同而不同。二次风经锅壳旋转后送入炉内，与一次风粉气流混合燃烧。这种燃烧器的优点是易于达到燃料所要求的扩散角，并且由于阻力小而降低了风机的电耗，前期的混合比较强烈。缺点是后期的混合较差、调节性能较差。另外，扩散器容易烧坏，影响燃烧器的正常工作。

2. 双锅壳式燃烧器

这种燃烧器有两个旋流锅壳，一、二次风均通过锅壳产生旋转后喷入炉膛。在双锅壳式燃烧器中，可在二次风入口处装设可调舌形挡板，二次风出口处炉墙砌成锥形扩散，用以增大气流的扩散角，使大量热烟气卷吸到火焰根部，促进煤粉着火与燃烧。

气流扩展角增大对煤粉着火有利，但同时也使一、二次风的混合提早，从而削弱了后期的混合，影响了气流的射程，所以应设法得到合适的扩展角。

旋流燃烧器的一次风速为 12~25m/s，二次风速为 18~30m/s。风速大小主要取决于燃料的挥发分含量，挥发分含量越大，风速也可以取得大一些。

3. 煤粉燃烧器的布置

燃烧器的布置与燃烧室的形状、结构及燃烧器的种类密切相关，布置适当可得到良好的空气动力工况。对于小容量煤粉炉，当采用锅壳式旋流燃烧器时，一般都将燃烧器布置在前墙，呈单排、双排或三角形排列；当锅炉容量大于等于 50 t/h 时，也可以布置在燃烧室的两侧墙，形成所谓的对冲布置，燃烧器的数目可取 2~4 只（前墙三角形布置选 3 只）。最下排燃烧器的中心线与冷灰斗斜坡起始处的距离，应保持在 2.0~2.5 倍燃烧器的喷口直径；同一排相邻两燃烧器中心线的水平距离，应保持在 2.2~3.5 倍喷口直径；边缘燃烧器中心线距相邻炉墙的水平距离，应保持在 2.2~3.5 倍喷口直径；两排燃烧器之间的垂直距离，应保持在 2.0~3.5 倍喷口直径。

159

任务 2.3　流态化燃烧技术

循环流化床燃烧技术是 20 世纪 70 年代末发展起来的高效低污染清洁煤燃烧技术。循环流化床锅炉具有燃料适应性广、添加石灰石在炉内低成本脱硫、低温燃烧和分级送风有效降低氮的氧化物生成、低温燃烧形成的灰渣便于综合利用的优点，近年来得到迅速发展。

一、循环流化床结构

循环流化床锅炉原理如图 4-15 所示，大致可分成两个部分。第一部分由炉膛（流化床燃烧室）、布风系统、气固体分离设备（分离器）、固体物料再循环设备（回料器）等构成，上述形成一个固体物料循环回路；第二部分则为尾部对流烟道，布置有过热器、再热器、省煤器、空气预热器等，与常规煤粉炉相近。

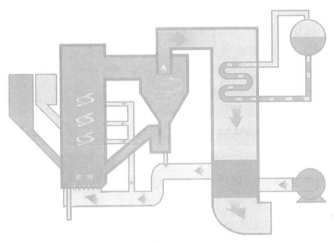

图 4-15　循环流化床锅炉原理

典型循环流化床锅炉系统如图 4-16 所示，其基本流程为：燃烧所需要的一次风和二次风分别由炉膛的底部和侧墙送入，燃料的燃烧主要在炉膛中完成。煤和脱硫剂送入炉膛后，迅速被大量惰性高温物料包围，着火燃烧，同时进行脱硫反应，并在上升烟气流的作用下向炉膛上部运动，对水冷壁和炉内布置的其他受热面放热。粗大粒子进入悬浮区域后在重力及外力作用下偏离主气流，从而贴壁下流。气固混合物离开炉膛后进入高温旋风分离器，炉膛出口水平烟道内装有多级烟灰分离器，分离出的高温灰落入灰斗，由气流带出炉膛的大量固体颗粒（煤粒、脱硫剂）被分离和收集，通过返料装置（回料器）送入炉膛，进行循环燃烧。未被分离出来的细粒子随烟气进入尾部烟道，以加热过热器、省煤器和空气预热器，经除尘器排至大气。飞灰通过分离器经尾部烟道受热面进入除尘器，经灰沟冲到沉灰池，床体下部已燃尽的灰渣定期排放。

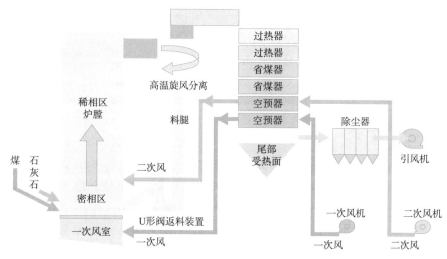

图 4-16　典型循环流化床系统图

1. 炉膛

炉膛的燃烧以二次风入口为界分为两个区域，二次风入口以下为大粒子还原气氛燃烧区，二次风入口以上为小粒子氧化气氛燃烧区，燃料的燃烧过程、脱硫过程、NO_x 和 N_2O 的生成及分解过程主要在燃烧室内完成。燃烧室内布置有受热面，它完成大约 50% 燃料释放热量的传递过程。流化床燃烧室既是一个燃烧设备，也是一个热交换器、脱硫、脱氮装置，集流化过程、燃烧传热与脱硫、脱硝反应于一体，所以流化床燃烧室是流化床燃烧系统的主体。循环流化床炉膛结构形状如图 4-17 所示。

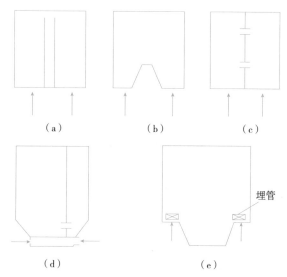

图 4-17　循环流化床炉膛结构形状示意图
（a）双炉膛；（b）裤衩腿；（c）有开口的分割墙；（d）主、副床；（e）有埋管的差速床

2. 布风装置

1）对布风装置的性能要求

布风装置能均匀合理地分配气流，避免在布风板上面形成停滞区；能使布风板上的床料与空气产生强烈的扰动和混合；具有合理的阻力，起到稳定床压和均匀流化的作用；具有足够的强度和刚度，能支承本身和床料的重量。

2）布风板

布风板如图 4-18 所示位于炉膛（燃烧室）底部，是一个其上布置有一定数量和形式的布风风帽的燃烧室底板，它将其下部的风室与炉膛隔开。

布风板起到将固体颗粒限制在炉膛布风板上，并对固体颗粒（床料）起支撑作用；保证一次风穿过布风板进入炉膛达到对颗粒均匀流化。

布风板一般分为水冷式布风板和非水冷式布风板两种。

布风板的结构形式主要有 V 形布风板、凹形布风板、水平形布风板和倾斜形布风板四种。

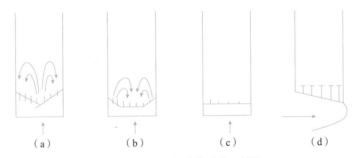

图 4-18　布风板结构形式示意图
（a）V 形；（b）凹形；（c）水平形；（d）倾斜形

3）风帽

风帽是循环流化床锅炉一个小元件，数量最多，但它直接影响炉床的布风，炉内气、固两相流的动力特性以及锅炉的安全经济运行。

结构形式主要有小孔径风帽、大孔径风帽，如图 4-19、图 4-20 所示。

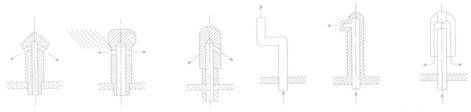

图 4-19　小孔风帽示意图　　　　　　　图 4-20　大孔风帽示意图

4）耐火保护层

风帽插入花板之后，花板自下而上涂上密封层、绝热层和耐火层，直到距风帽小孔中心线以下 15~20mm 处，如图 4-21 所示。这一距离不宜超过 20mm，

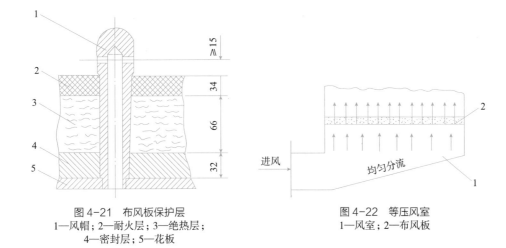

图 4-21　布风板保护层
1—风帽；2—耐火层；3—绝热层；
4—密封层；5—花板

图 4-22　等压风室
1—风室；2—布风板

否则运行中容易结渣，但也不宜离风帽小孔太近，以免堵塞小孔。

5）风室和风道

风室连接在布风板底下，起着稳压和均流的作用，使从风管进入的气体降低流速，使动压转变为静压，如图 4-22 所示。流化床的风室主要有两种类型：分流式风室和等压风室。风室要求有如下特性：

（1）具有一定强度和较好的气密性，在工作条件下不变形、不漏风；

（2）具有较好的稳压和均流作用；

（3）结构简单，便于维护检修，且风室应设有检修门和放渣门；

（4）具有一定的导流作用，尽可能避免形成死角与涡流区。

3. 分离器

循环流化床分离器（图 4-23）是循环流化床燃烧系统的关键部件之一。它的形式决定了燃烧系统和锅炉整体的形式和紧凑性，它的性能对燃烧室的空气动力特性、传热特性、物料循环、燃烧效率、锅炉出力和蒸汽参数、对石灰石的脱硫效率和利用率、对负荷的调节范围和锅炉启动所需时间以及散热损失和维修费用均有重要影响。

国内外普遍采用的分离器有高温耐火材料内砌的绝热旋风分离器、水冷或汽冷旋风分离器、各种形式的惯性分离器和方形分离器等。

4. 返料装置

回料器（图 4-24）位于分离器的下方，它也是组成主循环回路的重要部件。回料器作用是将分离器分离下来的灰粒子连续、稳定地送回到炉膛实现循环燃烧，同时，通过在立管及回料器中建立一定高度的循环物料料位，来实

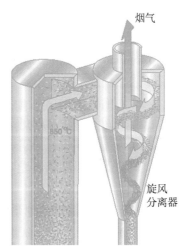

图 4-23　分离器

现负压运行状态下的分离器和正压运行状态下的炉膛密相区之间的密封，防止炉内烟气返窜进入分离器。

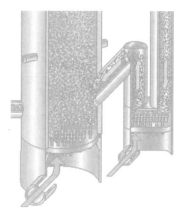

图 4-24　回料器

回料器和回料立管均由钢板卷制而成，内侧敷设有防磨和绝热保温材料层。回料器返送物料的动能来自于回料器上升段和下降段的不同配风，其用风由单独的高压流化风机提供，高压风通过其底部风箱以及布置在回料器阀体上的三层充气口进入回料器。进入回料器风箱的管道和每层充气管路上都设有各自的风量测点，以便测量出流经各管道的准确风量，并由调节阀来调节、分配风量，实现定量送风。在回料器阀体和立管上设有压力测点，用以实现对压差的监控。

在回料器下部，设有事故排灰口，用于回料器的停炉检修及紧急情况下的排灰。

回料器的作用有以下几点：

（1）保证物料返回的稳定性，从而使燃烧室，分离器和返料装置等组成的固体颗粒循环回路工作正常。

（2）保证物料流量的可控，从而调节燃烧工况，对燃烧效率、床温及锅炉的负荷都有影响。

（3）防止炉膛内烟气反窜至旋风分离器，损坏设备。

5. 外置换热器（外置床）

部分循环流化床采用外置床换热器。外置换热器的作用是使分离下来的物料部分或全部（取决于锅炉运行工况或蒸汽参数）通过它，并将其冷却到500℃左右，然后通过返料器送至床内再燃烧。外置换热器可布置省煤器、蒸发器、过热器、再热器等受热面。

外置式换热器的实质是一个细粒子鼓泡流化床热交换器，流化速度是0.3~0.45m/s，它具有传热系数高、磨损小的优点。采用外置式换热器的优点如下：

（1）可解决大型循环流化床锅炉床内受热面布置局限的困难。

（2）为过热蒸汽和再热蒸汽温度的调节提供了很好的方式。

（3）增加循环流化床锅炉负荷调节范围。

其缺点是它采用的燃烧系统、设备及锅炉整体布置方式比较复杂。

二、循环流化床锅炉辅助系统

循环流化床（CFB）锅炉辅助系统包括煤与石灰石制备与输送系统、烟风系统、灰渣处理系统、锅炉控制系统、点火系统等。

1. 灰渣处理系统

锅炉灰渣处理系统包括底渣处理系统和飞灰处理系统。

底渣处理系统主要包括冷渣器、机械式（也有少量气动方式）输渣设备以及渣仓等。其中冷渣器是系统的关键设备，用来将锅炉燃烧后从炉膛底部排出的高温底渣进行冷却回收热量，并满足灰渣后续处理的需要。由于底渣具有粒度较粗、流动性差、温度高并可能含有许多大颗粒异物的特点，开发性能优异的冷渣设备成为循环流化床锅炉的一大难题。目前常见的两种冷渣器形式包括流化床式冷渣器和滚筒式冷渣器。

流化床式冷渣器采用流态化原理利用风水联合对底渣进行冷却，具有传热系数高、冷却能力强的突出优点，热量也可便利地回收利用，但对底渣粒度的适应性较差，从而导致其可用率下降。该冷渣器从原理来看适用于底渣量较大的场合，而提高对底渣的粒度适应性是该技术的关键。滚筒式冷渣器对灰渣粒度的适应性强，系统结构简单，但传热系数低、冷却能力差、机械转动部件故障率高，适用于底渣量较小的场合；提高其冷却能力、降低机械转动部件故障率是该技术的关键。

2. 点火系统

循环流化床点火，就是通过外部热源使最初加入床层上的物料温度提到煤着火所需的最低水平，从而使投入的煤迅速着火，并且保持床层温度在煤自身着火点的水平上，实现锅炉正常稳定运行。

循环流化床锅炉的点火分上部点火、下部点火、混合点火三种。

点火装置主要分油系统、点火系统、燃烧风系统、启燃室系统。

油系统主要由：油泵、油量控制装置、雾化装置（分机械雾化和雾化风雾化）等组成。

点火系统主要由点火器、推动机构、高压发生器等组成。

燃烧风系统由风量控制装置（风门）、风道等组成（一般为热风）。

启燃室系统为高温耐热材料构筑的燃烧空间，用于油的燃烧产生高温烟气（上部点火则不需要）。

循环流化床锅炉一般采用柴油点火，点火过程中点火系统会自动运行炉膛吹扫、点火、火焰检测、点火油枪退缩冷却等程序。主要有以下三种点火方式：

1）风道燃烧器点火（俗称床下点火）

点火时，风道燃烧器内燃油产生的高温烟气与流化空气混合成 900℃左右的热烟气进入水冷风室，再经过布风板进入炉膛加热床料，使床温达到投煤点火温度。采用床下点火方式，热烟气穿过整个床层，对床料加热比较均匀，热量的利用率也较高，节省点火用油。但点火时系统阻力大，同时，点火时需要对风道燃烧器系统进行细致监控以防止烧坏燃烧器及风室、布风板，其系统布置也较复杂。

2）床上启动燃烧器点火（俗称床上点火）

在炉内布风板以上二次风口附近布置多个燃油启动燃烧器，当床料流化起来之后，投运启动燃烧器，使床温升高到投煤温度。床上点火方式系统布置简单，运行操作简便，但点火热量的有效利用率低，点火用油量大。

3）同时采用以上两种方式点火（俗称床下、床上联合点火）

床下、床上联合点火可以减少床下风道燃烧器系统出力，辅之以床上油枪助燃。点火时首先开启床下燃烧器，床温升高到一定温度后，再投入床上油枪。床上油枪还可以在低负荷时作为燃油枪使用。300MW级大型CFB锅炉基本均采用这种方式点火。

3. 风系统的分类及作用

循环流化床系统根据其作用和用途主要分为一次风、二次风、播煤风、回料风、冷却风、石灰石输送风等。

1）一次风

循环流化床一次风是单相的气流，主要作用是流化炉内床料，同时给炉膛下部密相区送入一定的氧量供燃料燃烧。一次风由一次风机供给，经布风板下一次风室后再通过布风板、风帽进入炉膛。一次风量一般占总风量的50%～65%，当燃用挥发分较低的燃料时，一次风量可以调大一些。

2）二次风

二次风的作用与煤粉炉的二次风基本相同，主要是补充炉内燃料燃烧的氧气和加强物料的掺混，另外能适当调整炉内温度场的分布，对防止局部烟气温度过高，降低NO_x的排放量起着很大作用。

3）播煤风

其概念来源于抛煤炉，其作用与抛煤炉的播煤风一样，使给煤比较均匀地播撒入炉膛，提高燃烧效率，使炉内温度场分布更为均匀。

播煤风一般由二次风机供给，运行中应根据燃煤颗粒、水分及煤量大小来适当调节，使煤在床内播撒更趋均匀，避免因风量太小使给煤堆积于给煤口，造成床内因局部温度过高而结焦或因煤颗粒燃烧不透被排出而降低燃烧效率。

4）回料风

非机械回料阀均由回料风作为动力，输送物料返回炉内。根据回料阀的种类不同，回料风的压头和风量大小及调节方法也不尽相同。当平衡回料阀调整正常后，一般不再做大的调节；L形回料阀往往根据炉内工况需要调节其回料风，从而调节回料量，回料风占总风量的比例很小，但对压头要求较高。对回料阀和回料风应经常监视，防止因风量调整不当而致阀内结焦。

5）冷却风和石灰石输送风

并非每台循环流化床锅炉都有冷却风和石灰石输送风。冷却风是专供风冷式冷渣器冷却煤渣的；石灰石输送风是对采用气力输送脱硫剂——石灰石粉而设计的。

冷却风常由一次风机出口引风管供给，或单设冷渣冷却风机。

循环流化床锅炉的主要优点之一，是应用廉价的石灰石粉在炉内可以直接脱硫。因此，循环流化床锅炉通常在炉旁设有石灰石粉仓。虽然石灰石粉粒径一般小于 1mm，但因其密度较大，一般的风机压头无法将石灰石粉从锅炉房外输送入仓内；若用气力输送时，应经过计算并选择合适的风机类型。

三、循环流化床锅炉的工作原理

1. 流态化过程

当流体向上流动流过颗粒床层时，其运行状态是变化的（图 4-25）。流速较低时，颗粒静止不动，流体只在颗粒之间的缝隙中通过。当流速增加到某一速度之后，颗粒不再由分布板所支持，而全部由流体的摩擦力所承托。此时对于单个颗粒来讲，它不再依靠与其他邻近颗粒的接触面维持它的空间位置。相反地，在失去了以前的机械支承后，每个颗粒可在床层中自由运动；就整个床层而言，具有了许多类似流体的性质。这种状态就被称为流态化。颗粒床层从静止状态转变为流态化时的最低速度，称为临界流化速度。

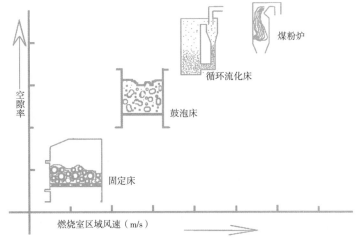

图 4-25　风速对料层燃烧状态的影响

流化床类似流体的性质主要有以下几点：

（1）在任一高度的静止近似于在此高度以上单位床截面内固体颗粒的重量；

（2）无论床层如何倾斜，床表面总是保持水平，床层的形状也保持容器的形状；

（3）床内固体颗粒可以像流体一样从底部或侧面的孔口中排出；

（4）密度大于床层表观密度的物体会下沉，密度小于床层表观密度的物体会浮在床面上；

（5）床内颗粒混合良好，颗粒均匀分散于床层中，称之为"散式"流态化。因此，当加热床层时，整个床层的温度基本均匀。而一般的气、固体态化，气体并不均匀地流过颗粒床层。一部分气体形成气泡经床层短路逸出，颗粒则被分成群体作湍流运动，床层中的空隙率随位置和时间的不同而变化，因此这种流态化称之为"聚式"流态化。

煤的燃烧过程是一个气、固流态化的过程。

2. 临界流化速度

对于由均匀粒度的颗粒组成的床层中，当固定床通过的气体流速很低时，随着风速的增加，床层压降成正比例增加，并且当风速达到一定值时，床层压降达到最大值，该值略大于床层静压，如果继续增加风速，固定床会突然解锁，床层压降降至床层的静压。如果床层是由宽筛分颗粒组成的话，其特性为：在大颗粒尚未运动前，床内的小颗粒已经部分流化，床层从固定床转变为流化床的解锁现象并不明显，而往往会出现分层流化的现象。颗粒床层从静止状态转变为流态化进所需的最低速度，称为临界流化速度。随着风速的进一步增大，床层压降几乎不变。循环流化床锅炉一般的流化风速是 2~3 倍的临界流化速度。

影响临界流化速度的因素有以下几点：

（1）料层厚度对临界流速影响不大。

（2）料层的当量平均料径增大则临界流速增加。

（3）固体颗粒密度增加时临界流速增加。

（4）流体的运动黏度增大时临界流速减小：如床温增高时，临界流速减小。

3. 循环流化床的流动特点

循环流化床在不同气流速度下，固体颗粒床层的流动状态也不同。随着气流速度的增加，固体颗粒分别呈现固体床、鼓泡流化床、湍流流化床和气力输送状态。循环流化床的上升阶段通常运行在快速流化床状态下，快速流化床流体动力特性的形成对循环流化床是至关重要的，此时，固体燃料被速度大于单颗燃料的终端速度的气流所流化，以颗粒团的形式上下运动，产生高度的返混。颗粒团向各个方向运动，而且不断形成和解体，在这种流体状态下气流还可携带一定数量的大颗粒，尽管其终端速度远大于截面平均流速。这种气、固运行方式中，存在较大的气、固两相速度差，即相对速度，循环流化床由快速流化床（上升段）气、固燃料分离装置和固体燃料回送装置所组成。

循环流化床的特点可归纳为以下几点：

1）固体颗粒充满整个上升段空间。

2）有强力的燃料返混，颗粒团不断形成和解体，并向各个方面运行。

3）颗粒与气体之间的相对速度大，且与床层空隙率和颗粒循环流量有关。

4）运行流化速度为鼓泡流化床的 2~3 倍。

5）床层压降随流化速度和颗粒的质量流量而变化。

6）颗粒横向混合良好。

7）强烈的颗粒返混，颗粒的外部循环和良好的横向混合，使得整个上升段内温度分布均匀。

8）通过改变上升段内的存料量，燃料在床内的停留时间可在几分钟到数小时范围内调节。

9）流化气体的整体性状呈塞状流。

10）流化气体根据需要可在反应器的不同高度加入。

4. 循环流化床燃烧特点

1）低温的动力控制燃烧

循环流化床燃烧是一种在炉内使高速运行的烟气与其所携带的湍流扰动极强的固体颗粒密切接触，并具有大量颗粒返混的流态化燃烧反应过程，同时，在炉外将绝大部分高温的固体颗粒捕集，将这部分颗粒送回炉内再次参与燃烧，反复循环地组织燃烧。显然，燃料在炉膛内燃烧的时间延长了，在这种燃烧方式下，炉内温度水平因受脱硫最佳温度限制，一般为 850℃左右，这样的温度远低于普通煤粉炉中的温度水平（一般 1300~1400℃），并低于一般煤的灰烤点（1200~1400℃），这就免去了灰熔化带来的问题。

这种低温燃烧方式好处较多，炉内结渣及碱金属，析出均比煤粉炉中要改善很多，对灰特性的敏感性减低，也无须用很大空间去使高温灰冷却下来，氮氧化物生成量低。并可在炉内组织廉价而高效的脱硫工艺。从燃烧反应动力学角度看，循环流化床锅炉内的燃烧反应控制在动力燃烧区（或过渡区）内。由于循环流化床锅炉内相对来说燃烧温度不高，并有大量固体颗粒的强烈混合，这种状况下的燃烧速率主要取决于化学反应速率，也就决定于燃烧温度水平，而燃烧物理因素不再是控制燃烧速率的主导因素，循环流化床锅炉内燃料燃尽度很高，通常，性能良好的循环流化床锅炉燃烧率可达 98%~99% 以上。

2）高速度、高浓度、高通量的固体物料流态化循环过程

循环流化床锅炉内的固体物料（包括燃料残碳，脱硫剂和惰性床料等）经由炉膛、分离器和返料装置所组成的外循环。同时，循环流化床锅炉内的物料参与炉内、外两种循环运行。整个燃烧过程及脱硫过程都是在这两种形式的循环运行的动态过程中逐步完成的。

3）高强度的热量、质量和运行传递过程

在循环流化床锅炉中，大量的固体物料在强烈湍流下通过炉膛，通过人为操作可改变物料循环量，并可改变炉内物料的分布规律，以适应不同的燃烧工况。在这种组织方式下，炉内的热量、质量和动量传递是十分强烈的，这使整个炉膛内的温度分布均匀，实践也充分证实了这一点。

四、循环流化床锅炉的优缺点

1. 优点

由于循环流化床锅炉独特的流体动力特性和结构，使其具备有许多独特的优点，以下分别加以简述。

1）燃料适应性

这是循环流化床锅炉主要优点之一。在循环流化床锅炉中按重量计，燃料仅占床料的 1%~3%，其他是不可燃的固体颗粒，如脱硫剂、灰渣或砂。循环流化床锅炉的特殊流体动力特性使得气、固和固与固体燃料混合良好，因此燃料进入炉膛后很快与大量床料混凝土混合，燃料被迅速加热至高于着火温度，而同时床层温度没有明显降低，只要燃料热值大于加热燃料本身和燃料所需的空气至着火温度所需的热量，循环流化床锅炉不需要辅助燃料而占用任何原料。循环流化床锅炉既可用高品质煤，也可烧用各种低品质煤，如高灰分煤、高硫煤、高灰高硫煤、煤矸石、泥煤，以及油页岩、石油焦、炉渣树皮、废木料、垃圾等。

2）燃烧效率高

循环流化床锅炉的燃烧效率要比链条炉高，高达 97.5%~99.5%，可与煤粉炉相媲美。循环流化床锅炉燃烧效率高是因为气、固混合良好，燃烧速率高，特别是对粗粉燃料，绝大部分未燃尽的燃料被再循环至炉膛再燃烧，同时，循环流化床锅炉能在较宽的运行变化范围内保持较高的燃烧效率。甚至燃用细粉含量高的燃料时也是如此。

3）高效脱硫

循环流化床锅炉的脱硫比其他炉型更加有效，典型的循环流化床锅炉脱硫可达 90%。与燃烧过程不同，脱硫反应进行得较为缓慢，为了使氧化钙（燃烧石灰石）充分转化为硫酸钙，烟气中的二氧化硫气体必须与脱硫剂有充分长的接触时间和尽可能大的反应面积。脱硫剂颗粒的内部并不能完全吸收，气体在燃烧区的平均停留时间为 3~4s，循环流化床锅炉中石灰石粒径通常为 0.1~0.3mm，无论是脱硫剂的利用率还是二氧化硫的脱除率，循环流化床锅炉都比其他锅炉优越。

4）氮氧化物排放少

氮氧化物排放少是循环流化床锅炉的优点。运行经验表明，循环流化床锅炉的二氧化氮排放范围为 50~150PPM 或 40~120mg/mJ。NO_2 排放少的原因：一是低温燃烧，此时空气中的氮一般不会生成 NO_2，二是分段燃烧，抑制燃料中的氮转化 NO_2，并使部分已生成 NO_2 得到还原。

5）其他污染物排放少

循环流化床锅炉的其他污染物如：CO、HCl、HF 等排放也很少。

6）燃烧强度高、炉膛截面积小

炉膛单位截面面积的热负荷高是循环流化床锅炉的主要优点之一。循环流化床锅炉的截面热负荷为 3.5~4.5MW/m²，接近或高于煤粉炉。

7）给煤点数量少

循环流化床锅炉因炉膛截面积较大，同时良好的混合和燃烧区域的扩展使所需的给煤点数量大大减少，只需一个给煤点，简化了给煤系统。

8）燃料预处理系统简单

循环流化床锅炉的给煤粒度一般小于 12mm，因此与煤粉炉相比，燃料的制粉系统大为简化。此外，循环流化床锅炉能直接燃用高水分煤（水分可达 30% 以上）。当燃用高水分煤时，也不需要专门的处理系统。

9）易于实现灰渣综合利用

循环流化床锅炉因属于低温燃烧，同时炉内优良的燃尽条件，使得锅炉灰渣含碳量低，易于实现灰渣的综合利用。如灰渣作为水泥掺和料或做建筑材料，低温烧透也有利于稀有金属的提取。

10）负荷调节范围大，负荷调节快

当负荷变化时，当需调节给煤量、空气量和物料循环量、负荷调节比可达（3~4）：1。此外，由于截面风速高、吸热高且吸热控制容易，循环流化床锅炉的负荷调节速率也很快，一般可达每分钟 4%。

11）循环床内无须布埋受热面管：

循环流化床锅炉的床内无须布置埋管受热面，不存在磨损问题，此外，启动、停炉、结焦处理时间短，同时长时间压火之后可直接启动。

12）投资和运行费用适中

循环流化床锅炉的投资和运行费用略高于常规煤粉炉，但比配制脱硫装置的煤粉炉低 15%~20%。

2. 循环流化床锅炉的缺点

1）飞灰含碳量高

对于循环流化床来说，其底渣含碳量较低，但其最佳脱硫温度的限制，飞灰含碳量却比较高。

2）厂用电率高

由于循环流化床锅炉具有布风板、分离器结构和炉料层等，烟风阻力比煤粉炉大，相应的通风电耗也较高。

3）NO_2 排放较多

流化床燃烧技术可有效抑制 NO_x、SO_2 的排放，但流化床低温燃烧是产生 NO_2 最主要的原因。

4）炉膛、分离器和回送装置及其之间的膨胀和密封问题

由于流化床其表面附着一层厚厚的耐磨材料与保温材料，并且各个部位受热时间和程度不完全一致，所以会产生热应力而造成膨胀不均，导致出现颗粒外漏现象。

5）由于设计和施工工艺不当造成的磨损问题

锅炉部件的磨损主要与风速、颗粒浓度以及流场的不均匀性有关，研究表明：磨损与风速的 3.6 次方以及浓度成正比。炉膛、分离器和回送装置内由于大量高浓度物料的循环流动，一些局部位置，如烟所改变方向的地方会开始出现磨损，然后逐渐扩大到整个炉膛。

任务三　受热面

【教学目标】

　　通过项目教学活动，培养学生具备常用锅炉受热面的认知能力及确定受热面布置方案的能力。培养学生良好的职业道德、自我学习能力、实践动手能力和分析、处理问题的能力，以及诚实、守信、善于沟通和合作的专业素养。

【知识目标】

　　通过任务三受热面的学习，使学生：

　　1.掌握常用锅炉形式及原理。

　　2.掌握锅炉的选择原则与方法。

【知识点导图】

【引导问题】

　　1.汽包如何工作？

_____

_____

　　2.省煤器如何工作？

_____

_____

任务 3.1　汽包

一、汽包的作用与构造

1. 汽包的作用

汽包又叫锅筒，是锅炉最重要的受压元件，如图 4-26 其作用为以下几点：

（1）接受锅炉给水，同时向蒸汽过热器输送饱和蒸汽，连接上升管和下降管构成循环回路，是加热、蒸汽与过热三个过程的连接枢纽；

（2）锅筒中储存一定量的饱和水，具有一定的蒸发能力，储存的水量愈多，适应负荷变化的能力就愈大；

（3）锅筒内部安装有给水、加药、排污和蒸汽净化等装置，以改善蒸汽品质。

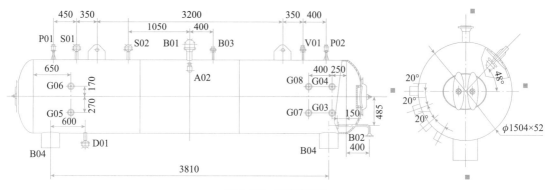

图 4-26　锅筒筒体图

2. 汽包构造

锅筒是由钢板焊接而成的圆筒形容器，由筒体和封头两部分组成。工业锅炉筒体长度为 2~7m，筒体直径为 0.8~1.6m，壁厚为 12~16mm。锅筒两端的封头是用钢板冲压而成，并焊接在筒体上。在封头上开有椭圆形人孔，人孔盖板是用螺栓从汽包内侧向外侧拉紧的。

锅炉按锅筒分类，有双锅筒锅炉和单锅筒锅炉。双锅筒锅炉有一个上锅筒，一个下锅筒。上、下锅筒由对流管束连接起来。单锅筒锅炉只有一个上锅筒。

3. 汽包附属阀门仪表接管

由于汽包是加热、蒸汽与过热三个过程的连接枢纽，又是锅炉最重要的受压元件，因此在汽包上有众多阀门、管道、仪表的管接头，如图 4-27 所示。

（1）给水管接头、主汽阀管接头、副汽阀管接头、连续排污管接头、省煤器再循环管接头；

（2）安全阀管接头、水位表管接头、压力表管接头、紧急放水管接头；

（3）人孔、放气阀管接头；

（4）下锅筒接管有排污管接头和人孔。

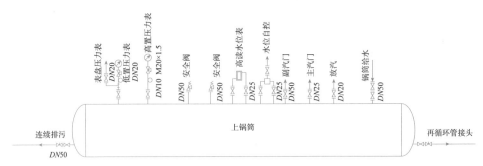

图 4-27　汽包附属阀门、管道、仪表

二、锅内设备

锅内设备包括：汽水分离设备、给水配水装置、连续排污装置、挡板、预焊件，如图 4-28 所示。

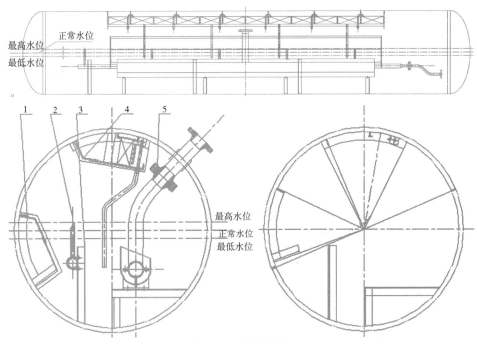

图 4-28　锅内设备图
1—挡板；2—连续排污装置；3—固定装置；4—汽水分离设备；5—给水配水装置

1.给水配水装置

蒸汽锅炉的给水大多由上锅筒引入。

给水管的作用是将锅炉给水沿锅筒长度方向均匀分配，避免过于集中，从而破坏正常的水循环。同时为避免给水直接冲击锅筒壁，造成温差应力，给水管将水注入给水槽中。

给水管的位置应略低于锅筒的最低水位，给水管上开有直径为 8~12mm 的小孔，孔间中心距为 100~200mm。

给水均匀引入蒸发面附近，可使蒸发面附近锅炉水含盐量降低，消除蒸发面的起沫现象，从而减少蒸汽带水的含盐量。

2. 汽水分离设备

锅炉给水一般均含有少量杂质，随着锅炉水的不断蒸发和浓缩，锅炉水杂质的相对含量会越来越高，即锅炉水含盐浓度增大；又由于受热面各上升管进入上锅筒的汽水混合物具有很高动能，会冲击蒸发面和汽包内部装置，引起大量的锅炉水飞溅。这些质量很小的水珠很容易被流速很高的蒸汽带走。于是蒸汽因携带了含盐浓度较高的锅炉水而被污染，即蒸汽品质恶化了。品质恶化的蒸汽会在蒸汽过热器或换热设备及阀门内结垢，这样不仅影响设备的传热效果，而且影响设备的安全运行。因此，保持蒸汽的洁净，降低蒸汽的带水量是非常重要的。

对于低压小容量的锅炉，由于对蒸汽品质要求不高，且上锅筒的蒸汽负荷较小，可以利用上锅筒中蒸汽空间进行自然分离或装设简单的汽水分离装置。对于较大容量的锅炉，单纯采用汽水的自然分离已不能满足要求，需要在上锅筒内装设汽水分离装置。

汽水分离装置形式很多，按其分离的原理可分为自然分离和机械分离两类。自然分离是利用汽水的密度差，在重力作用下使水、汽得以分离。机械分离则是依靠惯性力、离心力和附着力等使水从蒸汽中分离出来。目前，供热锅炉常用的汽水分离装置有水下孔板、挡板、匀汽孔板、集汽管、蜗壳式分离器、波形板及钢丝网分离器等多种。

在小型锅炉中，蒸汽引出管有时只有一根，为了均匀气流又简化结构，可采用集汽管分离汽水，包括抽汽孔集汽管和缝隙式集汽管，如图 4-29 所示。

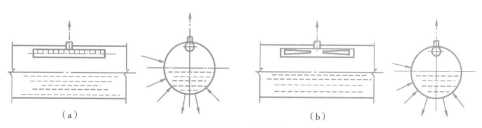

图 4-29　集汽管
（a）抽汽孔集汽管；（b）缝隙式集汽管

3. 挡板

当汽水混合物被引入锅筒时，在汽水引入管的管口可装设挡板，以形成水膜和削减汽水流的功能。蒸汽在流经挡板间隙时因急剧转弯，又可从汽流中分离出部分水滴，起汽水的粗分离作用。

4. 连续排污装置

连续排污装置的作用是排走含盐浓度较高的锅炉水，使之含盐量降低，以防止锅炉水起沫，造成汽水共腾。通常在蒸发面附近沿上锅筒纵轴方向安装一根连续排污钢管。

在排污管上装设许多上部有锥形缝的短管，缝的下端比最低水位低40mm，以保证水位波动时排污不会中断。

三、热水锅炉锅内设备

1. 热水引出管

对于汽、水两用锅炉，热水引出管一般在上锅筒最低水位下50mm的热水区呈水平布置。而对于自然循环热水锅炉，一般是从上锅筒热水区垂直引出，并在引出管前加集水管，以使抽出的热水沿锅筒长度方向比较均匀。在集水管上沿圆周方向均匀开有直径为8~12mm的小孔。

2. 配水管

配水管的作用是将锅炉回水分配特定位置以保证锅炉正常的水循环。对于没有锅炉管束的锅炉，配水管将回水分配到冷水区，通常为锅筒的两端，而对于带有锅炉管束的锅炉，配水管将回水均匀地分配到各下降区。

给水分配管的结构一般是将分配管的端头堵死，在管侧面开孔，开孔方向正对下降管入口。

3. 隔水板

自然循环热水锅炉是靠水的密度差循环的。为了在锅筒内形成明显的冷、热水区，使锅炉回水尽量少与热水混合，防止热水直接进入下降管，通常在热水锅炉锅内不同位置上加装隔水板。

任务 3.2　省煤器

一、省煤器作用

省煤器就是锅炉尾部烟道中将锅炉给水加热成汽包压力下的饱和水的受热面，由于它吸收的是低温烟气，降低了烟气的排烟温度，节省了能源，提高了效率，所以称之为省煤器。省煤器按制造材料的不同，可分为铸铁省煤器和钢管省煤器两种；按给水被预热的程度，可分为沸腾式和非沸腾式两种。

给水在进入锅炉前，利用烟气的热量对之进行加热，同时降低排烟温度，提高锅炉效率，节约燃料耗量。

给水流入蒸发受热面前，先被省煤器加热，降低了炉膛内传热的不可逆热损失，提高了经济性。

降低锅炉造价：采用省煤器取代部分蒸发受热面，减少水在蒸发受热面的吸热量，也就是以管径较小、管壁较薄、传热温差较大、价格较低的省煤器代替部分造价较高的蒸发受热面。

改善汽包工作条件：进汽包水温升高，减少汽包壁温与给水温差，减小热应力。

因此，省煤器的作用不仅是省煤，实际上已成为现代锅炉中不可缺少的一个组成部件。

二、铸铁省煤器

在供热锅炉中使用最普遍的是非沸腾式铸铁省煤器。它是一根外侧带有方形鳍片的铸铁管（图 4-30），通过 180° 弯头串接而成（图 4-31）。水从最下层排管的一侧端头进入省煤器，水平来回流动至另一侧的最末一根，再进入上一层排管，如此自下向上流动，受热后送入上锅筒。烟气则自上而下冲刷管簇，与水逆流换热。

铸铁省煤器耐磨性及耐腐蚀性均较好，但铸铁性脆，强度低，且不能承受水击。因此，铸铁省煤器只能用作非沸腾式省煤器，且锅炉工作压力应低于 2.5MPa。为了保证铸铁省煤器的可靠性，要求经省煤器加热后的水温比其饱和温度至少低 30℃，以防产生蒸汽。

为了保证、监督铸铁省煤器的安全运行，在其进口处应装置压力表、安全阀及温度计；在出口处应设安全阀、温度计及放气阀（图 4-32）。进口安全阀能够减弱给水管路中可能发生水击的影响，出口安全阀能在省煤器汽化、超压等运行不正常时泄压，以保护省煤器。放气阀则用以排除启动时省煤器中的大量空气。

图 4-30　铸铁省煤器管

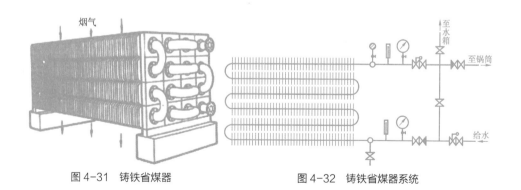

图 4-31　铸铁省煤器　　　　图 4-32　铸铁省煤器系统

任务四　锅炉安全附件及辅机

【教学目标】

通过项目教学活动，培养学生具备常用安全附件及辅机形式及原理的认知能力及安全附件及辅机选型的能力。培养学生良好的职业道德、自我学习能力、实践动手能力和耐心细致地分析、处理问题的能力，以及诚实、守信、善于沟通和合作的专业素养。

【知识目标】

通过任务四锅炉安全附件及辅机的学习，应使学生：

1. 掌握常用锅炉安全附件及辅机形式及原理。

2. 掌握安全附件及辅机的选择原则与方法。

【知识点导图】

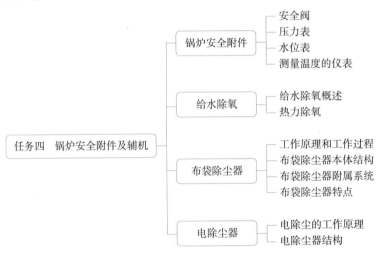

```
                                        ┌─ 安全阀
                           锅炉安全附件 ─┤─ 压力表
                                        ├─ 水位表
                                        └─ 测量温度的仪表

                             给水除氧 ──┬─ 给水除氧概述
                                        └─ 热力除氧
任务四  锅炉安全附件及辅机 ─┤
                                        ┌─ 工作原理和工作过程
                             布袋除尘器 ─┤─ 布袋除尘器本体结构
                                        ├─ 布袋除尘器附属系统
                                        └─ 布袋除尘器特点

                             电除尘器 ──┬─ 电除尘的工作原理
                                        └─ 电除尘器结构
```

【引导问题】

1. 锅炉安全附件如何保障锅炉安全运行？

_____

_____

2. 锅炉给水如何除氧？

_____

_____

3. 循环流化床如何燃烧？

_____

_____

任务 4.1　锅炉安全附件

锅炉的附件及仪表是锅炉安全经济运行不可缺少的一个组成部分。如果锅炉的附件不全，作用不可靠，全部或部分失灵，都会直接影响锅炉的正常运行。所以，必须确保锅炉的附件及仪表准确、灵敏、可靠。

微课　4.4-1
锅炉三大安全
附件

一、安全阀

安全阀是一种自动阀门，它不借助任何外力而利用介质本身的力来排出一定数量的流体，以防止压力超过额定的安全值。当压力恢复正常后，阀门再行关闭并阻止介质继续流出。它是受压设备（如：容器、管道）上的超压保护装置。安全阀属于自动阀类，主要用于锅炉、压力容器和管道上，控制压力不超过规定值，对人身安全和设备运行起重要保护作用。

1. 安全阀分类

安全阀分类见表 4-4。

安全阀分类　　　　　　　　　　　　　表 4-4

分类方法	名称	原理及特点
按其整体结构及加载结构的不同	重锤杠杆式安全阀	重锤杠杆式安全阀是利用重锤和杠杆来平衡作用在阀瓣上的力。 重锤杠杆式安全阀结构简单，调整容易而又比较准确，所加的载荷不会因阀瓣的升高而有较大的增加，适用于温度较高的场合，特别是用在锅炉和温度较高的压力容器上。 但重锤杠杆式安全阀结构比较笨重，加载机构容易振动，并常因振动而产生泄漏；其回座压力较低，开启后不易关闭及保持严密
	弹簧式安全阀	弹簧微启式安全阀是利用压缩弹簧的力来平衡作用在阀瓣上的力。 弹簧微启式安全阀结构轻便紧凑，灵敏度也比较高，安装位置不受限制，而且因为对振动的敏感性小，所以可用于移动式的压力容器上。用于温度较高的容器上时，常常要考虑弹簧的隔热或散热问题，从而使结构变得复杂
	脉冲式安全阀	脉冲式安全阀由主阀和辅阀构成，通过辅阀的脉冲作用带动主阀动作，其结构复杂，通常只适用于安全泄放量很大的锅炉和压力容器
按照阀瓣开启的最大高度与安全阀流道直径之比来划分	微启式安全阀	开启高度为大于或等于 1/40 流道直径，且小于或等于 1/20 流道直径
	全启式安全阀	开启高度为大于或等于 1/4 流道直径。全启式安全阀主要是用于气体介质的场合
	中启式安全阀	开启高度介于微启式安全阀与全启式安全阀之间。这种形式的安全阀在我国应用得比较少
按适用温度分类	超低温安全阀	$t \leqslant -100℃$ 的安全阀
	低温安全阀	$-100℃ < t \leqslant -40℃$
	常温安全阀	$-40℃ < t \leqslant 120℃$
	中温安全阀	$120℃ < t \leqslant 450℃$
	高温安全阀	$t > 450℃$

续表

分类方法	名称	原理及特点
按公称压力分类	低压安全阀	公称压力 $PN \leq 1.6$MPa 的安全阀
	中压安全阀	称压力 $PN2.5{\sim}6.4$MPa 的安全阀
	高压安全阀	公称压力 $PN10.0{\sim}80.0$MPa 的安全阀
	超高压安全阀	公称压力 $PN \geq 100$MPa 的安全阀

2. 安全阀安装

1）安全阀应当垂直安装，并且应当安装在锅筒（壳）、集箱的最高位置。在安全阀和锅筒（壳）之间或者安全阀和集箱之间，不得装有取用蒸汽或者热水的管路和阀门。

2）几个安全阀如果共同装在一个与锅筒（壳）直接相连的短管上，短管的流通截面面积应当不小于所有安全阀的流通截面面积之和。

3）采用螺纹连接的弹簧安全阀时，应当符合《安全阀　一般要求》GB/T 12241—2021 的要求。安全阀应当与带有螺纹的短管相连接，而短管与锅筒（壳）或者集箱筒体的连接应当采用焊接结构。

3. 锅炉安全阀排放

（1）排汽管应当直通安全地点，并且有足够的流通截面面积，保证排汽畅通，同时排汽管应当予以固定，不得有任何来自排汽管的外力施加到安全阀。

（2）安全阀排汽管底部应当装有接到安全地点的疏水管，在疏水管上不允许装设阀门。

（3）两个独立的安全阀的排汽管不应当相连。

（4）安全阀排汽管上如果装有消声器，其结构应当有足够的流通截面积和可靠的疏水装置。

（5）露天布置的排汽管如果加装防护罩，防护罩的安装不应当妨碍安全阀的正常动作和维修。

（6）热水锅炉安全阀排水管。热水锅炉和可分式省煤器的安全阀应当装设排水管（如果采用杠杆安全阀应当增加阀芯两侧的排水装置），排水管应当直通安全地点，并且有足够的排放流通面积，保证排放畅通。在排水管上不允许装设阀门，并且应当有防冻措施。

4. 安全阀校验

（1）在用锅炉的安全阀每年至少校验一次。校验一般在锅炉运行状态下进行，如果现场校验有困难时或者对安全阀进行修理后，可以在安全阀校验台上进行。

（2）新安装的锅炉或者安全阀检修、更换后，校验其整定压力和密封性。

（3）安全阀经过校验后，应当加锁或者铅封，校验的安全阀在搬运或者安装过程中，不得摔、砸、碰撞。

（4）控制式安全阀应当分别进行控制回路可靠性试验和开启性能检验。

（5）安全阀整定压力、密封性（在安全阀校验台上进行时，只有整定压力和密封性）等检验结果应当记入锅炉技术档案。

5. 安全阀的安全操作与日常维护保养

（1）锅炉安装或移装后，投入运行前，应对安全阀进行调查。

（2）对于安全阀的泄漏，首先要分析其泄漏原因，然后再采取措施。

（3）安全阀经过调查校验后，应加锁或铅封。

（4）要防止与安全阀无关的异物将安全阀压住，卡住，以保证安全阀动作的可靠性。

（5）安全阀使用一段时间后，为防止阀芯与阀座粘住，可定期进行手动或自动排汽（排水）试验，以检查安全阀动作的可靠性。

二、压力表

锅炉上使用的压力表是测量锅炉气压或水压大小的仪表。司炉人员可通过压力表的指示值，控制锅炉气压升高或降低，对热水锅炉可了解循环水压力的波动，以保证锅炉在允许工作压力下安全运行。

1. 压力表装设位置

（1）热水锅炉的进水阀出口和出水阀进口。

（2）热水锅炉循环水泵的进水管和出水管上。

（3）蒸气锅炉给水调节阀前。

（4）可分式省煤器出口。

（5）蒸汽锅炉过热器出口和主汽阀之间。

（6）燃油锅炉油泵进、出口。

（7）燃气锅炉气源入口。

2. 压力表选用

选用的压力表应当符合下列规定：

（1）压力表应当符合有关技术标准的要求。

（2）压力表精确度不应低于 2.5 级，对于 A 级锅炉，压力表的精确度不应低于 1.6 级。

（3）压力表应根据工作压力选用。压力表表盘刻度极限值应当为工作压力的 1.5~3.0 倍，最好选用 2 倍。

（4）压力表表盘大小应当保证锅炉操作人员能够清楚地看到压力指示值，表盘直径不应小于 100mm。

3. 压力表安装

压力表安装应当符合下列要求：

（1）应当装设在便于观察和吹洗的位置，并且应当防止受到高温、冰冻和振动的影响。

（2）锅炉蒸汽空间设置的压力表应当有存水弯管或者其他冷却蒸汽的措施，热水锅炉用的压力表也应当有缓冲弯管，弯管内径不应当小于10mm。

（3）压力表与弯管之间应装有三通阀门，以便吹洗管路、卸换、校验压力表。图4-33为吹洗管路、卸换、校验压力表三通旋塞操作示意图。

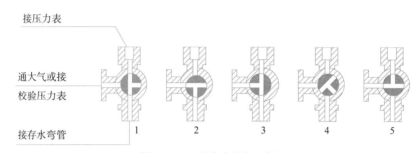

图4-33 三通旋塞操作示意图
1—正常工作时位置；2—冲洗存水弯管时的位置；3—连接校验压力表时的位置；
4—使存水弯管内蓄积凝结水时的位置；5—压力表连通大气时的位置

三、水位表

1. 水位表的作用与原理

水位表是锅炉三大安全附件之一。它的作用是显示锅筒内水位的高低。锅炉上如果不安装水位表或者水位表失灵，司炉工将无法了解锅筒内水位的变化，在运行中就会发生缺水或满水事故，如果严重缺水后盲目进水，还会造成爆炸事故。

水位表是按照连通器内水表面的压力相等时水面的高度便一致的原理设计制造的。水位表与锅筒之间分别由汽、水连管相连，组成一个连通器，所以水位表指示的水位即为锅筒内的水位。

2. 水位表的结构

根据工作压力的不同，水位表的构造形式有很多种，常用的有玻璃管式水位表和平板式水位表。

1）玻璃管式水位表

玻璃管式水位表主要由玻璃管、汽旋塞、水旋塞和放水旋塞等组成。玻璃管是用耐热玻璃制成的，其内径不应过细，否则易造成毛细管现象，影响指示水位的准确性。一般水位表玻璃管常用15mm和20mm两种规格。汽、水旋塞用铸铁、铸钢或铸铜制成。水位表与锅筒之间一般用法兰连接。安装时水位表的汽水旋塞的中心应在同一中心线上，以防止玻璃管受弯曲应力造成破裂。在水位表的汽水旋塞通路中，有的还装有闭锁钢珠，其目的是当水位表玻璃管因某种原因破裂时，由于汽水的压力，将旋塞中的钢珠顶到汽水出口处，以防止锅内汽水的大量喷出，保护操作人员，避免被烫伤。但当锅炉水质不良时，如给水不除氧，则钢球极易腐蚀，并黏附于停留处，以致在玻璃管破裂时，钢球起不到应有的保护作用。因此，如果采用这种结构的旋塞，在使用中应作定期检查，防止钢球因锈死而不起作用。

为防止玻璃管破碎时发生人身伤害事故，玻璃管水位表还要装设防护罩。防护罩应采用较硬的耐热钢化玻璃板，但不应影响观察水位。不能用普通玻璃板做防护罩。否则当玻璃管损坏后，会连带玻璃板破碎，反而增加危险。

玻璃管式水位表结构简单，价格低廉，安装和拆换方便，但玻璃管易破碎，适用于工作压力不超过 1.27MPa 的小型锅炉。

2）平板式水位表

平板式水位表有单面玻璃板和双面玻璃板两种。主要由玻璃板、金属框盒、汽旋塞、水旋塞和放水阀等构件组成。

由于玻璃板式水位表比玻璃管式水位表承压能力大，因此广泛应用于额定工作压力大于或等于 1.27MPa 的锅炉上。

3）浮球水位表

浮球水位表的结构与平板式水位表相比较，不同之处是表腔内有一个空心的石英玻璃球，球内充装有卤素着色剂。当表腔内有高温炉水时，它即变成一色彩鲜艳的小球漂浮在液面上，并随着表腔内液位的升降而同步变换其位置。因此这种水位表的汽水分界线一目了然，十分清晰，尤其在锅炉发生缺水或满水时，更能显示这种水位表的优越性。

4）双色水位表

双色水位表是利用光学原理设计的，通过光的反射或透射作用，使水位表中无色的水和汽分别以不同的颜色显示，汽水分界面清晰醒目。利用它即使在远距离或夜间，操作者也能准确地判断水位。特别是当锅炉出现满水或严重缺水事故时，水位表内出现全绿或全红颜色，非常醒目，有利于司炉工迅速辨别事故，正确采取措施。

3. 水位表设置要求

每台蒸汽锅炉锅筒（壳）至少应当装设两个彼此独立的直读式水位表，符合下列条件之一的锅炉可以只装一个直读式水位表：

（1）额定蒸发量小于或等于 0.5t/h 的锅炉。

（2）额定蒸发量小于或等于 2t/h 且装有一套可靠的水位示控装置的锅炉。

（3）装有两套各自独立的远程水位测量装置的锅炉。

4. 水位表的结构、装置应符合下列要求

（1）水位表应有指示最高、最低安全水位和正常水位的明显标志，水位表的下部可见边缘应比最高火界至少高 50mm 且应比最低安全水位至少低 25mm，水位表的上部可见边缘应比最高安全水位至少高 25mm。

（2）玻璃管式水位表应有防护装置，并且不应妨碍观察真实水位，玻璃管

的内径不得小于 8mm。

（3）锅炉运行中能够吹洗和更换玻璃板（管）、云母片。

（4）用两个及两个以上玻璃板或者云母片组成的一组水位表，能够连续指示水位。

（5）水位表或者水表柱和锅筒（壳）之间阀门的流道直径不得小于 8mm，汽水连接管内径不得小于 18mm，连接管长度大于 500mm 或者有弯曲时，内径应当适当放大，以保证水位表灵敏准确。

（6）连接管应尽可能地短，如果连接管不是水平布置时，汽连管中的凝结水能够流向水位表，水连管中的水能够自行流向锅筒（壳）。

（7）水位表应有放水阀门和接到安全地点的放水管。

（8）水位表（或者水表柱）和锅筒（壳）之间的汽水连接管上应装有阀门，锅炉运行时，阀门应处于全开位置。对于额定蒸发量小于 0.5t/h 的锅炉，水位表与锅筒（壳）之间的汽水连管上可以不装设阀门。

5. 安装

（1）水位表应装在便于观察的地方，水位表距离操作地面高于 6000mm 时，应加装远程水位测量装置或者水位电视监视系统。

（2）用单个或者多个远程水位测量装置监视锅炉水位时，其信号应各自独立取出；在锅炉控制室内应有两个可靠的远程水位测量装置，同时运行中应保证有一个直读式水位表正常工作。

（3）亚临界锅炉水位表安装时应对由于水位表与锅筒内液体密度差引起的测量误差进行修正。

6. 冲洗水位表

当气压上升到 0.05~0.1MPa（0.5~1kgf/cm²）时，应冲洗水位表。冲洗时要戴好防护手套，脸部不要正对水位表，动作要缓慢，以免玻璃由于忽冷忽热而爆破伤人。

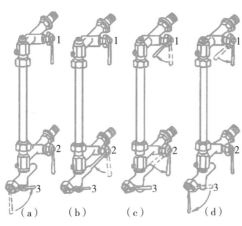

图 4-34 水位表冲洗程序
1—汽旋塞；2—水旋塞；3—放水旋塞

冲洗水位表的顺序，按照旋塞的位置，先开启放水旋塞，冲洗气、水通路和玻璃管，再关闭水旋塞，单独冲洗气通路；接着先开水旋塞，再关汽旋塞，单独冲洗水通路；最后，先开汽旋塞，再关放水旋塞，使水位恢复正常。水位表冲洗完毕后，水位迅速回升，并有轻微波动，表明水位表工作正常，如果水位上升很缓慢，表明水位表有堵塞现象，应重新冲洗和检查。水位表冲洗程序如图 4-34 所示。

四、测量温度的仪表

温度是热力系统的重要状态参数之一。蒸汽锅炉生产的蒸汽，热水锅炉热水出口温度，烟气温度是否满足要求，以及风机和水泵等设备运行时温升是否在许可的范围内，都依靠温度仪表对温度的测量来进行监视。

1. 设置

在锅炉相应部位应装设温度测点以测量以下温度：

（1）蒸汽锅炉的给水温度（常温给水除外）。

（2）铸铁省煤器和电站锅炉省煤器出口水温。

（3）再热器进、出口的气温。

（4）过热器出口和多级过热器的每级出口的气温。

（5）减温器前、后的气温。

（6）油燃烧器的燃油（轻油除外）入口油温。

（7）空气预热器进、出口的空气温度。

（8）锅炉空气预热器进口的烟温。

（9）排烟温度。

（10）额定蒸汽压力大于或者等于 9.8MPa 的锅炉的锅筒上、下壁温（控制循环锅炉除外），过热器、再热器的蛇形管的金属壁温。

（11）有再热器的锅炉炉膛出口应装设烟温探针。

（12）热水锅炉进口、出口水温。

（13）直流蒸汽锅炉上、下炉膛水冷壁出口金属壁温，启动系统储水箱壁温。

在蒸汽锅炉过热器出口、再热器出口和额定热功率大于或者等于 7MW 的热水锅炉出口应装设可记录式的温度测量仪表。

2. 温度测量仪表量程

表盘式温度测量仪表的温度测量量程应当为工作温度的 1.5~2 倍。

任务 4.2　给水除氧

一、给水除氧概述

1. 除氧必要性

（1）给水中溶氧是造成热力设备及其管道腐蚀的主要原因之一。

（2）换热设备中不凝结气体使传热恶化，降低机组热经济性。

（3）水中溶氧会造成腐蚀穿孔引起泄漏爆管。

（4）高参数蒸汽溶解物质能力强，通过汽轮机通流部分，会在叶片上沉积，不仅降低汽轮机的出力，还影响安全性。

2. 水中气体来源

（1）补充水带入空气。

（2）凝汽器、部分低压加热器及其管道附件处于真空状态下工作，空气从不严密处漏入主凝结水中。

3. 除氧技术分类

除氧方法可分为化学除氧和物理除氧两种。

1）化学除氧

化学除氧是利用易和氧发生化学反应的药剂，如亚硫酸钠（Na_2SO_3，用于中参数电厂）或联氨 N_2H_4，使之和水中溶解的氧产生化学变化，达到除氧的目的（表 4-5）。

化学除氧能彻底除去水中的氧，但不能除去其他气体，所生成的氧化物还会增加给水中可溶性盐类的含量，且药剂价格昂贵，不适用于中小型电厂；在要求彻底除氧的亚临界和超临界参数电厂，在热力除氧后一般再用联氨补充除氧。

典型化学除氧　　　　　　　　　　　　　表 4-5

序号	名称	特点	适用范围
1	钢屑除氧	水经过钢屑过滤器，钢屑被氧化，而水中的溶解氧被除去。有独立式和附设式两种。此法水温要求大于 70℃，以 80~90℃水温效果最好，水温为 20~30℃除氧效果最差。使用钢屑要求压紧，越紧越好，水中含氧量越大，要求流速降低	一般用在对给水品质要求不高的小型锅炉房，或者作为热力网补给水，以及高压锅炉热力除氧后的补充除氧，一般仅做辅助措施
2	亚硫酸钠除氧	这是一种炉内加药除氧法。因为在给水系统中氧是锅炉的主要腐蚀性物质，所以要求迅速将氧从给水中去除，一般使用亚硫酸钠作为除氧剂，$2Na_2SO_3+O_2 \rightarrow 2Na_2SO_4$，通常要求加药量比理论值大。温度越高，反应时间越短，除氧效果越好。当炉水 pH 为 6 时，效果最好，若 pH 增大则除氧效果下降。加入铜、钴、锰、锡等作催化剂，可提高除氧效果。 该方法由于亚硫酸钠价廉故而投资低，操作也较为简单。但此法加药量不易控制，除氧效果不可靠，无法保证达标。另外还会增加锅炉水含盐量，导致排污量增大、热量浪费，是不经济的	因此该方法一般用在小型锅炉房和一些对水质要求较高的热力系统中作为辅助除氧方式
3	联氨除氧	目前此法多用作热力除氧后的辅助措施，以达到彻底清除水中的残留氧，而不增加炉水的含盐量。当压力大于 6.3MPa 时，亚硫酸钠主要分解成腐蚀性很强的二氧化硫和硫化氢，因此对高压锅炉，多采用联氨，联氨与氧反应生成氮和水，有利于阻碍腐蚀的进一步发展	因联氨有毒，容易挥发，不能用于饮用水锅炉和生活用水锅炉除氧。许多锅炉厂正限制或不再使用此法

2）物理除氧法

物理除氧法既能除氧又能除去给水中的其他气体，使给水中不存在任何残留物质，故发电厂均采用热力除氧法，在亚临界和超临界参数电厂中，热力除氧法亦是主要的除氧方法，化学除氧只作为辅助除氧和提高给水 pH 值的手段（表 4-6）。

典型物理除氧　　　　　　　　　　　　　　表 4-6

序号	名称	特点	适用范围
1	解析除氧	解析除氧是近年来兴起的一种比较先进的技术，其工作原理就是将不含氧的气体与要除氧的给水强烈混合接触，使溶解在水中的氧解析至气体中去，如此循环而使给水达到脱氧的目的。解析除氧有以下特点：1. 待除氧水不需要预热处理，因此不增加锅炉房自耗气；2. 解气除氧设备占地少，金属耗量小，从而减少基建投资；3. 除氧效果好，在正常情况下，除氧后的残余含氧量可降到 0.05mg/L；4. 解吸除氧的缺点是装置调整复杂，管道系统及除氧水箱应密封	在热水锅炉和单层布置的工业锅炉内已广泛应用
2	真空除氧	这是一种中温除氧技术，一般在 30~60℃温度下进行。可实现水面低温状态下除氧（在 60℃或常温），对热力锅炉和负荷波动大而热力除氧效果不佳的蒸汽锅炉，均可用真空除氧而获得满意的除氧效果。相对于热力除氧技术来说，它的加热条件有所改善，锅炉房自耗汽量减少，但热力除氧的大部分缺点仍存在，并且真空除氧的高位布置，对运行管理喷射泵、加压泵等关键设备的要求比热力除氧更高。低位布置也需要一定的高度差，而且对喷射泵、加压泵等关键设备的运行管理要求也很高。另外还增加了换热设备和循环水箱	工业锅炉房用此法除氧日渐增多
3	热力除氧	将锅炉给水加热至沸点，使氧的溶解度减小，水中氧不断逸出，再将水面上产生的氧气连同水蒸气一起排出，还能除掉水中各种气体（包括游离态 CO_2、N_2），如用铵钠离子交换法处理过的水，加热后也能除去。除氧后的水不会增加含盐量，也不会增加其他气体溶解量，操作控制相对容易，而且运行稳定，可靠，是目前应用最多的一种除氧方法	对于小型快装锅炉和要求低温除氧的场合，热力除氧有一定的局限性，对于纯热水锅炉房也不适用

二、热力除氧

1. 热力除氧的原理

当水被定压加热时，水蒸发的蒸汽量不断增加，使液面上水蒸气的分压力升高，其他气体的分压力不断降低，从水中逸出后及时排出。当水加热至除氧器压力下的饱和温度时，水蒸气的压力就会接近水面上的全压力，此时水面上其他气体的分压力将趋近于零，于是溶解在水中的气体将会从水中逸出而被除去。

2. 保证热力除氧效果的基本条件

水必须加热到除氧器工作压力下的饱和温度。必须把水中逸出的气体及时排走，以保证液面上氧气及其他气体的分压力减至零或最小。

被除氧的水与加热蒸汽应有足够的接触面积，蒸汽与水应逆向流动。

3. 热力除氧阶段

热力除氧分为初期除氧阶段和深度除氧阶段。

初期除氧阶段：此时水中气体较多，不平衡压差较大。气体可以小气泡的形式克服水的黏滞力和表面张力离析出来，此阶段可以除去水中 80%~90% 的气体，相应给水中含氧量可以减少到 0.05~0.1mg/L。

深度除氧阶段：给水中还残留少量气体，此时不平衡压差相应很小，溶于水中的气体无能力克服水的粘滞力和表面张力逸出，只有靠气体单个分子的扩散作用慢慢离析出来，此时可以加大汽、水接触面，将水形成水膜或水滴，造成水的紊流来加强扩散作用以达到深度除氧。

因此，对给水除氧有严格要求的亚临界及以上参数具有直流锅炉的电厂，在热力除氧后还要辅以化学除氧。

4. 热力除氧分类

热力除氧分类见表4-7。

热力除氧分类   表 4-7

分类方法	名称
按工作压力分	1. 真空式除氧器，$pd<0.0588MPa$ 2. 大气压力式除氧器，$pd=0.1177MPa$ 3. 高压除氧器，$pd>0.343MPa$
按除氧头结构分	1. 淋水盘式 2. 喷雾式 3. 填料式 4. 喷雾填料式 5. 膜式 6. 无除氧头式
按除氧头布置形式分	1. 立式除氧器 2. 卧式除氧器
按运行方式分	1. 定压除氧器 2. 滑压除氧器

任务 4.3 布袋除尘器

过滤式除尘器是使含尘气流通过过滤材料，将尘粒分离捕集的装置。根据所用过滤材料的不同，过滤式除尘器又分为袋式（布袋）除尘器和颗粒层除尘器两种。袋式除尘器应用最为广泛，目前主要用于净化工业尾气，如锅炉除尘。

一、工作原理和工作过程

1. 原理

烟气由除尘室下部进入除尘器后，经过一定的气流均布装置，在穿过布袋外壁进入布袋内部的过程中，烟气中的烟尘主要遇到沉降、筛滤、惯性力、静电和热运动作用几方面的作用而被截留在布袋外壁或者直接掉落，洁净的烟气再从布袋上部敞口流出进入净气室，通过净气室进入后续烟道排入大气，烟尘经过这个流程后得以去除，如图4-35所示。

2. 工作过程

含尘烟气因引风机的作用被吸入和通过除尘器。含尘气体进入布袋除尘器的进口烟道后，通过导流板进入各个滤室。烟气进入过滤室后含尘气流流速减

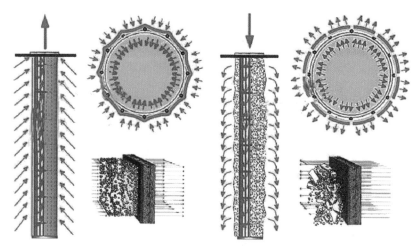

图 4-35　布袋除尘器工作原理

小并均匀地分布于整个滤室内部,以非常缓慢的速度穿过滤袋,烟气粉尘被拦截在滤袋表面,穿过滤袋后的净化气体通过净气室汇集出口烟道排放到烟囱中。

随着滤袋过滤过程的进行,滤袋上阻留的粉尘会不断增厚,过滤阻力也不断增大。当滤袋上的粉尘沉积到一定厚度,除尘器的压差达到某一设定值时,启动脉冲清灰装置,打开脉冲阀,压缩空气急速喷入滤袋内,使滤袋产生急骤鼓胀变形而抖落滤袋表面的粉尘并落入灰斗。清灰使滤袋能连续不断地正常工作。

二、布袋除尘器本体结构

布袋除尘器的本体主要结构包括:支架、过滤室及灰斗、进烟通道、入口挡板门、滤袋与袋笼、净气室、脉冲清灰系统、出口、雨棚等,如图 4-36 所示。

1. 滤袋

如图 4-36 所示,滤袋由适合当前用途的滤布材料(针刺毡)制成。滤布一般为毡型,重量为 500~600g/m²。按照下列标准进行选择:

(1)要求净烟气含尘量。

(2)原烟气成分。

(3)粉尘性质。

(4)预期寿命(考虑原烟气性质)。

2. 袋笼

如图 4-37 所示,袋笼又称笼骨、支撑滤袋,保证过滤时滤袋不被压扁。

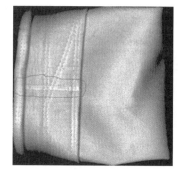

图 4-36　布袋除尘器本体结构

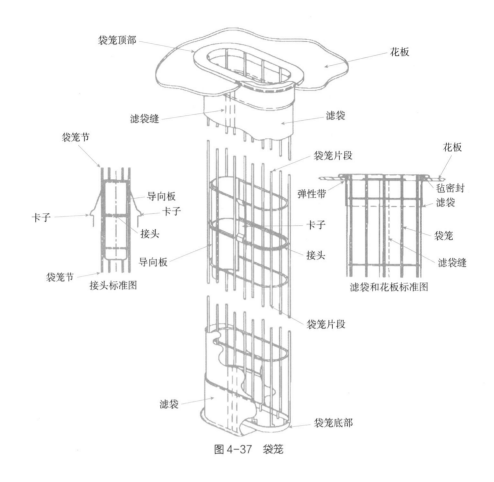

图4-37　袋笼

三、布袋除尘器附属系统

　　布袋除尘器的辅助系统包括：压缩空气及脉冲清灰系统、预喷涂系统、旁路系统、喷水降温系统，如图4-38所示。

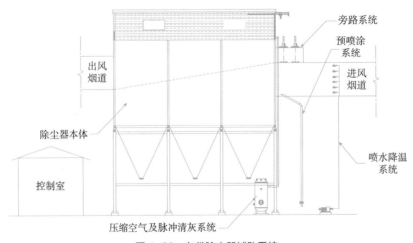

图4-38　布袋除尘器辅助系统

1. 压缩空气系统

压缩空气是为脉冲喷吹清灰、各种气动装置和喷水降温系统提供气源，经脱油脱水处理的 0.6MPa 压缩空气接入 10m³ 的储气罐以保证稳定的供气，通往气动装置的压缩空气还须经过油雾器加油后才可使用。

2. 预喷涂系统

预喷涂系统由喷涂管和入口阀组成，布置在烟道下方，用于炉前对滤袋涂灰，防止滤袋被炉点火时喷入未燃尽的油腐蚀。

3. 旁路系统

旁路保护是为保护滤袋设置的，当除尘器入口烟气温度超过 190℃时，旁路系统自动开启，当锅炉爆管事故严重时手动打开，布袋除尘器的出口离线阀门关闭，烟气直接经过引风机排到烟囱。锅炉机组停机检修时，定期检查旁路阀密封条和旁路阀的工作可靠性，当发现密封不严或工作状态不正常时，予以检修和更换。

4. 喷水降温系统

为防止锅炉出口烟气突然超温，产生烧袋现象，在除尘器入口烟道上安装紧急喷水冷却系统，当除尘器入口处温度传感器测点烟气温度大于或等于 175℃时，报警并开启喷水降温系统，当除尘器入口处温度传感器测点温度小于 150℃时，关闭喷水降温系统。

四、布袋除尘器特点

1. 优点

除尘效率很高，一般都可以达到 99%，可捕集粒径大于 0.3μm 的细小粉尘颗粒，能满足严格的环保要求。

性能稳定。处理风量、气体含尘量、温度等工作条件的变化，对布袋除尘器的除尘效果影响不大。

粉尘处理容易。布袋除尘器是一种干式净化设备，无须用水，所以不存在污水处理或泥浆处理问题，收集的粉尘容易回收利用。

使用灵活。处理风量可由每小时数百立方米到每小时数十万立方米，可以作为直接设于室内、附近的小型机组，也可做成大型的除尘室。

与电除尘器相比，结构比较简单，运行比较稳定，初始投资较少，维护方便。

2. 缺点

承受温度的能力有一定极限。棉织和毛织滤料耐温在 80~95℃，合成纤维滤料耐温为 200~260℃，玻璃纤维滤料耐温为 280℃。在净化温度更高的烟气时，必须采取措施降低烟气的温度。

有的烟气含水分较多，或者所携粉尘有较强的吸湿性，往往导致滤袋粘结、堵塞滤料。为保证布袋除尘器正常工作，必须采取必要的保温措施以保证气体中的水分不会凝结。

191

某些类型的袋式除尘器工人工作条件差，检查和更换滤袋时，需要进入箱体。

阻力大，阻力为 1000~1500Pa，电能消耗大，运行费用高。

不宜过滤灰粒黏性大或纤维状含尘气体。

任务 4.4　电除尘器

电除尘器是含尘烟气在通过高压电场进行电离的过程中，使尘粒荷电，并在电场静电力的驱动下做定向运动，使尘粒沉积在集尘极上，从而将尘粒从烟气中分离出来的一种除尘设备。

一、电除尘工作原理

静电除尘是在高压电场的作用下，通过电晕放电使含尘气流中的尘粒带电，利用电场力使粉尘从气流中分离出来并沉积在电极上的过程。主要包括以下四个复杂又相互有关的物理过程，它们是气体的电离、悬浮尘粒的荷电、灰尘粒子捕集、振打清灰及灰料输送。

1. 气体的电离

放电极（电晕极）与高压直流电源连接，使其具有很高的直流电压（30~60kV，有时高达100kV），正极接地，正负极之间形成电场，如图 4-39 所示。电晕极释放出大量的电子，迅速向正极运动，与气体碰撞并使之离子化，结果又产生了大量电子，这些电子被电负性气体（如氧气、水蒸气、二氧化碳等）俘获并产生负离子，它们也和电子一样，向正极运动。这些负离子和自由电子就构成了使尘粒荷电的电荷来源。

图 4-39　气体的电离

由于局部电场强度超过气体的电离场强，使气体发生电离和激励，因而出现电晕放电。开始发生电晕放电时的电压称为电晕电压，与之相应的电场强度称为起始电晕场强或临界场强。

2. 悬浮尘粒的荷电

如图 4-40 所示，含尘烟气通过这个空间时，尘粒在百分之几秒时间内因碰撞带电离子而荷电。尘粒获得电荷的多少随其粒径大小而异，粒径大的获得的电荷也多。一般情况，直径 $1\,\mu m$ 的粒子大约获得 30000 个电子的电量。

尘粒荷电的机理有以下三种：

（1）电场荷电：在电场作用下，离子与尘粒碰撞，粘附于尘粒上荷电。

（2）扩散荷电：由于离子的不规则热运动、气体扩散与尘粒碰撞、粘附，使尘粒荷电。

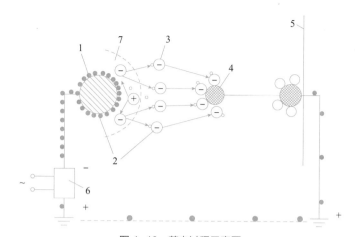

图 4-40　荷电过程示意图

1—电晕极；2—电子；3—离子；4—尘粒；5—集尘极；6—供电装置；7—电晕区

（3）联合荷电：电场荷电和扩散荷电均起重要作用。

3. 灰尘粒子捕集

荷电粒子在延续的电晕电场作用下，向正极漂移，到达光滑的正极极板上，释放电荷，并沉积在集尘极板上，形成灰层，如图 4-41 所示。失去尘粒的烟气成为洁净的气流，净化后的烟气由烟气出口排出。

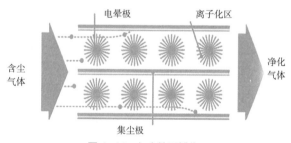

图 4-41　灰尘粒子捕集

4. 清灰

电晕极和集尘极上都有灰尘沉积，灰尘的厚度为几毫米到几厘米。灰尘沉积在电晕极上会影响电晕电流的大小和均匀性。因此，对电晕极应采取振打清灰法，以保持电晕极表面清洁。

集尘板的灰尘不宜太厚，否则灰尘会重新进入烟气流，从而降低除尘效率。

集尘板清灰方法在湿式和干式电除尘器中是不同的，在湿式电除尘器中，一般是用水冲洗集尘极板，使极板表面经常保持着一层水膜，灰尘落在水膜上时，随水膜流下，从而达到清灰的目的。

在干式电除尘器中集尘极上沉积的灰尘，可采用电磁振打或锤式振打清除。

二、电除尘器结构

电除尘器是由机械本体和供电控制设备两大部分组成的（图4-42）。

电除尘器的本体系统主要包括：收尘极系统（含收尘极振打）、电晕极系统（含电晕极振打和保温箱）、烟箱系统（含气流分布板和槽形板）、箱体系统（含支座、保温层、梯子和平台）和储卸灰系统（含阻流板、插板箱和卸灰阀）等。

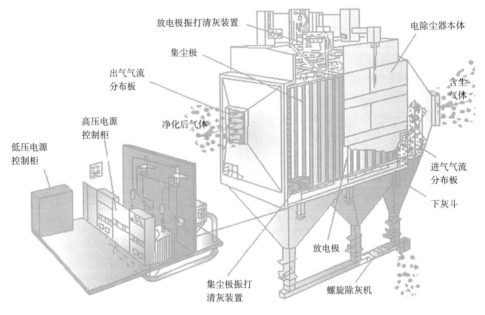

图4-42 电除尘器结构

供电控制设备包括：中央控制器、高压供电设备、低压控制设备、检测设备等。

电除尘器的储卸灰系统由灰斗、阻流板、插板箱和卸灰装置等设备组成。以实现捕集粉尘的储存、防止灰斗漏风和窜气、适时卸灰和防止堵灰等作用。

任务五　锅炉房系统

【教学目标】

通过项目教学活动，培养学生具备常用锅炉房系统及原理的认知能力及掌握锅炉房系统设计调试的能力。培养学生良好的职业道德、自我学习能力、实践动手能力和耐心细致地能够分析和处理问题的能力，以及诚实、守信、善于沟通和合作的专业素养。

【知识目标】

通过任务五锅炉房系统的学习，应使学生：

1. 掌握常用锅炉房系统形式及原理。
2. 掌握锅炉房系统设计调试的能力。

【知识点导图】

任务五　锅炉房系统

- 热水锅炉热力系统
  - 热水系统的附件设置
  - 循环水泵的选择
  - 补给水泵的选择
  - 恒压装置
  - 其他规定
- 钢炉房设计
  - 燃油、燃气锅炉房站内布置
  - 锅炉选择原则
  - 锅炉给水泵
  - 给水箱、凝结水箱、软化水箱和中间水箱
  - 锅炉房的热力系统图
- 燃油锅炉房系统
  - 燃油供应系统
  - 锅炉房油管路系统
  - 燃油系统辅助设施选择
- 燃气系统
  - 供气管道系统设计的基本要求
  - 锅炉常用燃气供应系统
  - 城市常用燃气供应系统
- 燃油燃气锅炉调试运行
  - 锅炉安装备案流程
  - 燃气锅炉的操作规程

【引导问题】

1. 热水锅炉如何运行？

2. 燃油锅炉房如何运行？

3. 燃气锅炉房如何运行？

任务 5.1　热水锅炉热力系统

对于热水锅炉，热力系统由供热水管道、回水管道及其设备组成的热水系统，以及补给水系统组成，如图 4-43 所示。

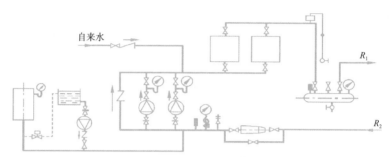

图 4-43　热水锅炉热力系统图

一、热水系统的附件设置

（1）每台锅炉的进水管上应装有截止阀和止回阀。当几台并联运行的锅炉共用进出水干管时，在每台锅炉的进水管上应装水流调节阀，在回水干管上应设除污器。

（2）每台锅炉的热水出水管上应装截止阀（或闸阀）。

（3）锅炉的下列部位应装排气放水装置：在热水出水管的最高部位装设集气装置、排气阀和排气管，在省煤器的上联箱应装排气管和排气阀，在强制循环锅炉的锅筒最高处或其出水管上应装设内径不小于 25mm 的放水管和排水阀（此时，锅筒或出水管上可不再装排气阀）。

（4）安全阀的设置要求：额定热功率大于或等于 1.4MW 的热水锅炉，至少应装 2 个安全阀；额定热功率小于 1.4MW 的锅炉，至少应装 1 个安全阀。额定出口热水温度小于 100℃ 的热水锅炉，当其额定热功率小于或等于 1.4MW 时，安全阀直径不应小于 20mm；当额定热功率大于 1.4MW 时，安全阀直径不应小于 32mm。

（5）每台锅炉进水阀的出口和出水阀的入口处都应装压力表和温度计。

二、循环水泵的选择

（1）循环水泵的流量应按锅炉进出水的设计温差、各用户的耗热量和管网损失等因素确定。在锅炉出口管段与循环水泵进口管段之间装设旁通管时，还应计入流经旁通管的循环水量。

（2）循环水泵的扬程不应小于下列各项之和：

①热水锅炉或热交换站中设备及其管道和压力降。如估算时可参考下列数值：

热交换站系统：50~130kPa；

锅筒式水管锅炉系统：70~150kPa；

直流热水锅炉系统：150~250kPa。

②室外热网供、回水干管的压力降。估算时取单位管长压力降（比摩阻）0.6~0.8kPa/m。

③最不利的用户内部系统的压力降。估算时可参考下列数值：

一般直接连接时取 50~120kPa；

无混水器的暖风机供暖系统：20~50kPa；

无混水器的散热器供暖：10~20kPa；

有混水器时：80~120kPa；

水平串联单管散热器供暖系统：50~60kPa；

间接连接时可选取 30~50kPa。

（3）循环水泵不应少于 2 台，当其中 1 台停止运行时，其余水泵的总流量应满足最大循环水量的需要。

（4）并联运行的循环水泵，应选择特性曲线比较平缓的泵型，而且宜相同或近似，这样即使由于系统水力工况变化而使循环水泵的流量有较大范围波动时，水压的压头变化小，运行效率高。

（5）采取分阶段改变流量调节时，应选用流量、扬程不同的循环水泵。这种运行方式把整个供暖期按室外温度高低分为若干阶段，当室外温度较高时开启小流量的泵，室外温度较低时开启大流量的泵，可大量节约循环水泵耗电量。选用的循环水泵台数不宜少于 3 台，可不设备用泵。

三、补给水泵的选择

（1）补给水泵的流量，应等于热水系统正常补给水量和事故补给水量之和，并宜为正常补给水量的 4~5 倍。一般按热水系统（包括锅炉、管道和用热设备）实际总水容量的 4%~5% 计算。

（2）补给水泵的扬程，不应小于补水点压力（一般按水压图确定），另加 30~50kPa 的富裕量。

（3）补给水泵不宜少于 2 台，其中 1 台备用。

四、恒压装置

为了使热水供暖系统正常运行，必须设恒压装置，通常设在锅炉房内。恒压装置和加压方式应根据系统规模、水温和使用条件等具体情况确定。一般低温热水供暖系统可采用高位膨胀水箱或补给水泵加压。高温热水系统宜采用氮气或蒸汽作为加压介质，不宜采用空气作为与高温水直接接触的加压介质，以免对供热系统的管道、设备产生严重的氧腐蚀。

（1）采用氮气、蒸汽加压膨胀水箱作恒压装置时，恒压点无论接在循环水泵进口端或出口端，循环水泵运行时，应使系统不汽化；恒压点设在循环水泵进口端，循环水泵停止运行时，宜使系统不汽化。

（2）供热系统的恒压点设在循环水泵进口母管上时，其补水点位置也宜设在循环水泵进口母管上。它的优点是：压力波动较小，当循环水泵停止运行时，整个供热系统将处于较低压力之下；如用电动水泵定压时，扬程较小，电能消耗较经济；如用气体压力箱定压时，则水箱所承受的压力较低。

（3）采用补给水泵作恒压装置时，当引入锅炉房的给水压力高于热水系统静压线，在循环水泵停止运行时，宜用给水保持系统静压。间歇补水时，补给水泵启动时的补水点压力必须保证系统不发生汽化。由于系统不具备吸收水容积膨胀的能力，系统中应设泄压装置。

（4）采用高位膨胀水箱作恒压装置时，为了降低水箱的安装高度，恒压点宜设在循环水泵进口母管上。为防止热水系统停运时产生倒空，致使系统吸入空气，水箱的最低水位应高于热水系统最高点 1m 以上，并应使循环水泵停止运行时系统不汽化。膨胀管上不应装设阀门。设置在露天的高位膨胀水箱及其管道应有防冻措施。

（5）运行时用补给水箱作恒压装置的热水系统，补给水箱安装高度的最低极限，应以保证系统运行时不汽化为原则。补给水箱与系统连接管道上应装设止回阀，以防止系统停运时补给水箱冒水和系统倒空。同时必须在系统中装设泄压装置。在系统停运时，可采用补给水泵或压力较高的自来水建立静压，以防止系统倒空或汽化。

（6）当热水系统采用锅炉自生蒸汽定压时，在上锅筒引出饱和水的干管上应设置混水器。进混水器的降温水在运行中不应中断。

五、其他规定

（1）除了用锅炉自生蒸汽定压的热水系统外，在其他定压方式的热水系统中，热水锅炉在运行时的出口压力不应小于最高供水温度加 20℃ 相应的饱和压力，以防止锅炉有汽化危险。

（2）热水锅炉应有防止或减轻因热水系统的循环水泵突然停运后造成锅炉水汽化和水击的措施。

因停电使循环水泵停运后，为了防止热水锅炉汽化，可采用向锅内加自来水，并在锅炉出水管的放气管上缓慢排出气和水，直到消除炉膛余热为止的方法。可采用备用电源，自备发电机组带动循环水泵，或启动内燃机带动的备用循环水泵。

当循环水泵突然停运后，由于出水管中流体流动突然受阻，使水泵进水管中水压骤然增高，产生水击。为此，应在循环水泵进出水管的干管之间装设带有止回阀的旁通管作为泄压管。回水管中压力升高时，止回阀开启，网络循环水从旁路通过，从而减少了水击的力量。此外，在进水干管上应装设安全阀。

（3）热水系统的小时泄漏量，由系统规模、供水温度等条件确定，宜为系统水容量的 1%。

任务 5.2　锅炉房设计

一、燃油、燃气锅炉房站内布置

1. 锅炉房组成

微课 4.5-1
锅炉房实例
解读

燃气锅炉房一般由生产用房和辅助用房组成。生产用房包括锅炉间、水处理间、水泵间、热交换间（站）、鼓风机间（单台 10.5MW 锅炉以上）、控制室、变配电室、化验室、燃气计量间等，辅助用房包括机修间、电气仪表维修间、值班室、倒班休息室、办公室、会议室、浴室、厕所等。还有室外的燃气调压箱。燃油锅炉房还包括日用油箱间、室外埋地油罐。

2. 工艺布置

保证设备安装、运行、检修安全和方便，使风、烟流程短，锅炉房面积和体积紧凑。锅炉操作地点和通道的净空高度不应小于 2m。燃油、燃气锅炉（尤其是小吨位的锅炉）一般体积较小，如果锅炉烟气出口为水平向后，应保证锅炉水平烟道下的通道的净空高度不应小于 2m。

二、锅炉选择原则

应能满足供热介质和参数的要求。

（1）蒸汽锅炉的压力和温度根据生产工艺和供暖通风或空调的需要，考虑管网及锅炉房内部阻力损失，结合国产蒸汽锅炉型谱或进口蒸汽锅炉类型来确定。

（2）热水锅炉水温的选择，决定于热用户要求，供热系统的类型（如直接供用户或采用热交换站间接换热方式）和国产或进口热水锅炉类型。

（3）为方便设计、安装、运行和维护，同一锅炉房内宜采用同型号、相同热介质的锅炉。

当选用不同类型锅炉时，不宜超过两种。供暖的锅炉一般宜选用热水锅炉，当有通风热负荷时要特别注意对热水温度的要求。兼供暖通风和生产供热的负荷，而且生产热负荷较大的锅炉房可选用蒸汽锅炉，其供暖热水用热交换器制备或选用汽—水两用锅炉，也可分别选用蒸汽锅炉和热水锅炉。

三、锅炉给水泵

常用的锅炉给水泵有电动（离心式）给水泵、气动（往复式）给水泵和蒸汽注水器等。

电动给水泵容量较大，能连续均匀给水，广泛应用于工业锅炉房给水系统。根据离心泵的特性曲线，在增加水泵流量时，会使水泵扬程减小，此时给水管道的阻力增大。因此在选用电动离心泵时应以最大流量和对应于这个最大流量的扬程为准。在正常负荷下工作时，多余的压力可借阀门的节流来消除。水泵的进水温度应符合水泵技术条件所规定的给水温度。

一些小容量锅炉常选用旋涡泵。这种泵流量小、扬程高，但比离心泵效率低。

汽动给水泵只能往复间歇地工作，出水量不均匀，需要耗用蒸汽，可作为停电时的备用泵。

给水泵台数的选择应适应锅炉房全年热负荷变化的要求，以利于经济运行。给水泵应有备用，以便在检修时启动备用给水泵保证锅炉房正常运行。当最大一台给水泵停止运行时，其余给水泵的总流量应能满足所有运行锅炉在额定蒸发量时所需给水量的110%。给水量包括锅炉蒸发量和排污量。

四、给水箱、凝结水箱、软化水箱和中间水箱

锅炉房给水箱是储存锅炉给水的设备。锅炉给水是由凝结水和经过处理后的补给水组成。如给水除氧，则作为给水箱的除氧水箱应有良好的密封性；如给水不除氧，给水箱也可以采用开口水箱。给水箱或除氧水箱一般设置1个，对于常年不间断供热的锅炉房或容量大的锅炉房应设置2个。给水箱的总有效容量宜为所有运行锅炉在额定蒸发量时所需20~60min的给水量。小容量锅炉房以软化水箱作为给水箱时要适当放大有效容量。

五、锅炉房的热力系统图

当进行锅炉房工艺设计时，在施工图部分，需要绘制热力系统图，也称汽水流程图。该图是锅炉房设计、施工和运行工作的重要依据之一。

热力系统图是按锅炉房实际选用的设备绘制的，包括正常运行和备用的全部热力设备，如锅炉机组、各种热交换器、水箱、水泵、水处理设备、减压和降温装置等。

在热力系统图上还应表示出所有的操作和安全保护部件，如截止阀、调节阀、减压阀、安全阀、止回阀、水位调节器、疏水装置、流量孔板、安全水封、放空管等。

热力系统图按系统可分为蒸汽系统、给水系统、凝结水系统、水处理系统、供热系统、废热利用系统、燃油供给系统、排污及排水系统等，如图4-44所示。

热力系统图是进行锅炉房设备和管道系统平面布置和剖面布置的主要依据。在拟定热力系统图时，应考虑到下述几点要求：

（1）应保证各系统运行的可靠性、调节的灵活性以及部分设备检修的可能性。例如：在主要设备间应建立互为备用的关系；对于次要设备（如加热器、疏水器、扩容器等）应设置旁通管路，以便在次要设备发生故障进行检修时，

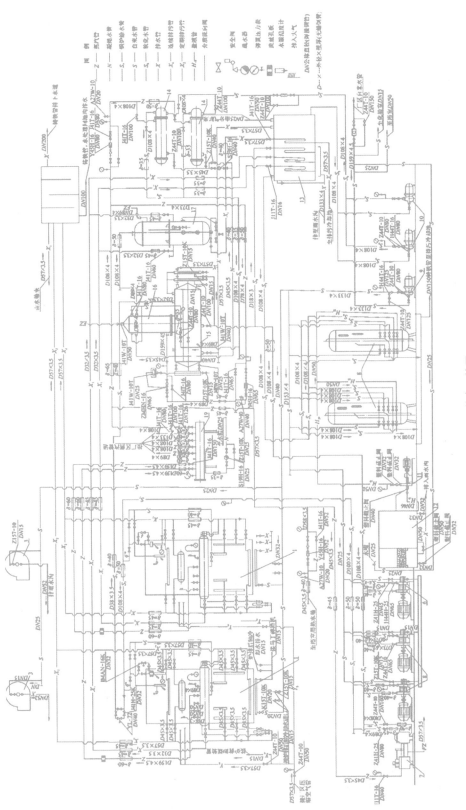

图 4—44　热力系统图

不至影响主要设备的运行。因此，一般设备的前后都应装设阀门，以作为设备检修用。

（2）要注意提高热力设备基建造价、运行维护费用的经济性。因此，应合理地选择设备，避免盲目增大设备工作能力和容量；应简化管路系统，根据需要合理地采用自动化控制装置，设立回水箱、热交换器和扩容器，以回收凝结水和利用二次蒸汽；施工中注意各个连接处，以减少水汽的泄漏；加强保温，以降低散热损失等。

（3）为了保证运行的安全性和调节的可能性，要设置必要的安全阀、水封器、止回阀等自动保护设施。此外，省煤器应有直接向锅筒给水的旁路，给水泵应装设再循环管等。

（4）热力系统图的图面布置应尽量和实际布置相一致或接近，即各设备在热力系统图上的位置应和设备平面布置图和剖面布置图相一致或接近。在实际绘制中可能有困难时，尤其是对于设备多和工艺系统复杂的锅炉房，应注意主次，将主要设备放在合理的图面位置上，一些次要的设备（如取样冷却器等）可不按实际位置而绘制在图面的空白部位。此外，设备的大小要有大致的相对比例关系，以免失真。

锅炉房汽水系统举例：锅炉房总蒸发量为 30t/h，内设 3 台锅炉，其中 1 台缓建。水处理设备为 2 台 20t/h 的钠离子交换器和热力除氧器。给水设备采用 2 台电动给水泵和 1 台气动给水泵作为事故备用泵。送风机布置在室内，引风机采用露天布置。

任务 5.3　燃油锅炉房系统

一、燃油供应系统

燃油供应系统是燃油锅炉房的组成部分。其主要流程是：燃油经铁路或公路运来后，自流或用泵卸入油库的储油罐，如果是重油应先用蒸汽将铁路油罐车或汽车油罐中的燃油加热，以降低其黏度，重油在油罐储存期间，加热保持一定温度，沉淀水分并分离机械杂质，沉淀后的水排出罐外，油经过泵前过滤器进入输油泵，经输油泵送至锅炉房日用油箱。

燃油供应系统主要由运输设施、卸油设施、储油罐、油泵及管路等组成，在油罐区还有污油处理设施。

燃油的运输有铁路油罐车运输、汽车油罐车运输、油船运输和管道输送 4 种方式。采取哪种运输方式应根据耗油量的大小、运输距离的远近及用户所在地的具体情况确定。

卸油方式根据卸油口的位置可划分为：上卸系统和下卸系统。

上卸系统适用于下部的卸油口失灵或没有下部卸油口的罐车。上卸系统可采用泵卸或虹吸自流卸。

下卸系统根据卸油动力的不同可分为：泵卸油系统和自流卸油系统。

当油罐车的最低油面高于贮油罐的最高油面时可采用自流卸油系统：卸油口流出的油可流入卸油槽，通过卸油槽、集油沟、导油沟流入油罐，这种系统称之为敞开式下卸系统；油罐车的出油口也可以通过活动接头与油管连接，通过管道流入油罐，这种系统称之为封闭式下卸系统。

当不能利用位差时，可采用泵卸油系统：油罐车的出油口通过活动接头与油泵的进油口连接，通过泵将油罐中的油送入储油罐。

二、锅炉房油管路系统

锅炉房油管路系统的主要任务是将满足锅炉要求的燃油送至锅炉燃烧器，保证燃油经济、安全地燃烧。其主要流程是：先将油通过输油泵从油罐送至日用油箱，在日用油箱加热（如果是重油）到一定温度后通过供油泵送至炉前加热器或锅炉燃烧器，燃油通过燃烧器一部分进入炉膛燃烧，另一部分返回油箱。

1. 油管路系统设计的基本原则

（1）供油管道宜采用单母管；常年不间断供热时，宜采用双母管。回油管应采用单母管。采用双母管时，每一母管的流量宜按锅炉房最大计算耗油量的75% 计算。

（2）重油供油系统宜采用经过燃烧器的单管循环系统。

（3）通过油加热器及其后管道的流速，不应小于 0.7m/s。

（4）燃用重油的锅炉房，当冷炉起动点火缺少蒸汽加热重油时，应采用重油电加热器或设置轻油、燃气的辅助燃料系统。当采用重油电加热器时应仅限于起动时使用，不应作为经常加热燃油的设备。

（5）采用单机组配套的全自动燃油锅炉，应保持其燃烧自动控制的独立性，并按其要求配置燃油管道系统。

（6）每台锅炉的供油干管上，应装设关闭阀和快速切断阀，每个燃烧器前的燃油支管上，应装设关闭阀。当设置 2 台或 2 台以上锅炉时，尚应在每台锅炉的回油干管上装设止回阀。

（7）不带安全阀的容积式油泵，在其出口的阀门前、靠近油泵处的管段上，必须装设安全阀。

（8）在供油泵进口母管上，应设置油过滤器 2 台，其中 1 台备用。

（9）采用机械雾化燃烧器（不包括转杯式）时，在油加热器和燃烧器之间的管路上应设置细过滤器。

（10）当日用油箱设置在锅炉房内时，油箱上应有直接通向室外的通气管，通气管上设置阻火器及防雨装置。室内日用油箱应采用闭式油箱，油箱上不应采用玻璃管液位计。在锅炉房外还应设地下事故油罐，日用油箱上的溢油管和放油管应接至事故油罐或地下储油罐。

（11）炉前重油加热器可在供油总管上集中布置，亦可在每台锅炉的供油支管上分散布置。分散布置时，一般每台锅炉设置1个加热器，除特殊情况外，一般不设备用。当采取集中布置时，对于常年不间断运行的锅炉房，则应设置备用加热器；同时，加热器应设旁通管；加热器组宜能进行调节。

2. 几种典型的燃油供应系统

1）燃烧轻柴油的锅炉房燃油系统

工业锅炉房的燃油系统由燃油供应系统和锅炉房内燃油管路系统组成。图 4-45 所示为燃烧轻油的锅炉房燃油系统。

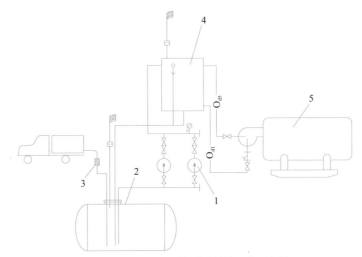

图 4-45　燃烧轻油的锅炉房燃油系统示意图

1—供油泵；2—地下储油罐；3—卸油口（带滤网）；4—日用油箱；5—燃油锅炉

由汽车运来的轻油，通过自流下卸到卧式地下储油罐中，储油罐中的燃油通过 2 台（1 台备用）供油泵送入日用油箱，日用油箱中的燃油经燃烧器内部的油泵加压后一部分通过喷嘴进入炉膛燃烧，另一部分返回油箱。该系统中，没有设事故油箱，当发生事故时，日用油箱中的油可放入储油罐。

2）燃烧重油的锅炉房燃油系统

由汽车运来的重油，通过卸油泵卸到地上储油罐中，储油罐中的燃油由输油泵送入日用油箱，在日用油箱中的燃油被加热后，经燃烧器内部的油泵加压后，一部分通过喷嘴进入炉膛燃烧，另一部分返回油箱。该系统中，在日用油箱中设置了蒸汽加热装置和电加热装置，在锅炉冷炉点火启动时，由于缺乏气源，此时通过电加热装置进行加热日用油箱中的燃油，等锅炉点火成功并产生蒸汽后，改为蒸汽加热。为保证油箱中的油温恒定，在蒸汽进口管上安装了自动调节阀，可根据油温调节蒸汽量。在日用油箱上安装了直接通向室外的通气管，通气管上装有阻火器。

该系统没有炉前重油二次加热装置，适用于黏度不太高的重油。

三、燃油系统辅助设施选择

1. 储油罐

锅炉房储油罐的总容量应根据油的运输方式和供油周期等因素确定，对于火车和船舶运输一般不小于 20~30d 的锅炉房最大消耗量，对于汽车运输一般不小于 5~10d 的锅炉房最大消耗量，对于油管输送不小于 3~5d 的锅炉房最大消耗量。

如工厂设有总油库时，锅炉房燃用的重油或柴油应由总油库统一安排。

重油储油罐不应少于 2 个，为便于输送，对于黏度较大的重油可在重油罐内加热，加热温度不应超过 90℃。

2. 卸油罐

卸油罐也称零位油罐，其容积与输油泵的排量有关。卸油罐是卸油的过渡容器，太大不经济，太小操作稍有不慎就会造成油品溢出事故。在实际工作中，应根据油罐车的总容积及建设地段的地质水文条件，同时结合输油泵的选择来确定。

3. 日用油箱

当储油罐距离锅炉房较远或直接通过储油罐向锅炉供油不合适时，可在锅炉房设置日用油箱和供油泵房。储油罐和日用油箱之间采用管道输送。燃油自油库储油罐输入日用油箱，从日用油箱直接供给锅炉燃烧。

日用油箱的总容量一般不应大于锅炉房一昼夜的需用量。

当日用油箱设置在锅炉房内时，其容量对于重油不超过 $5m^3$，对于柴油不超过 $1m^3$。同时油箱上还应有直接通向室外的通气管，通气管上设置阻火器及防雨装置。室内日用油箱应采用闭式油箱，油箱上不应采用玻璃管液位计。在锅炉房外还应设地下事故油罐（也可用地下储油罐替代），日用油箱事故放油阀应设置在便于操作的地点。

由于日用油箱的储存周期很短，来不及进行沉淀脱水作业，因此，重油应在油库的储油罐内沉淀脱水，然后输入日用油箱。日用油箱一般不考虑脱水设施。除脱水设施外，日用油箱的其他附件与储油罐相同。

4. 炉前重油加热器

重油在油罐中加热的最高温度不超过 90℃，为了满足锅炉喷油嘴雾化的要求，重油在进入喷油嘴之前需进一步降低黏度，为此，必须经过二次加热。

炉前重油加热器的选择步骤是：首先根据通过燃油加热器的流量和温升计算所需传热量，根据传热量、传热温差计算出所需加热器的面积，根据计算出的传热面积选择合适的加热器。

5. 燃油过滤器

由于燃油杂质较多，一般在供输油泵前母管上和燃烧器进口管路上安装油过滤器。油过滤器选用得是否合理直接关系到锅炉的正常运行。过滤器的选择原则如下：

（1）过滤精度应满足所选油泵、油喷嘴的要求。

（2）过滤能力应比实际容量大，泵前过滤器其过滤能力应为泵容量的 2 倍以上。

（3）滤芯应有足够的强度，不会因油的压力而破坏。

（4）在一定的工作温度下，有足够的耐久性。

（5）结构简单，易清洗和更换滤芯。

（6）在供油泵进口母管上的油过滤器应设置 2 台，其中 1 台备用。

（7）采用机械雾化燃烧器（不包括转杯式）时，在油加热器和燃烧器之间的管路上应设置细过滤器。

一般情况下，泵前常采用网状过滤器，燃烧器前宜采用片状过滤器，视油中杂质和燃烧器的使用效果也可选用细燃油过滤器。

微课 4.5-2
锅炉附属设备

6. 卸油泵

当不能利用位差卸油时，需要设置卸油泵，将油罐车的燃油送入储油罐。

卸油泵的总排油量按下式计算：

$$Q = \frac{nV}{t} \tag{4-1}$$

式中： Q——卸油泵的总排油量（m³/h）；

V——单个油罐车的容积（m³）；

n——卸车车位数（个）；

t——纯泵卸时间（h）。

纯泵卸时间 t 与罐车进厂停留时间有关，一般停留时间为 4~8h，即在 4~8h 内应卸完全部卸车车位上的油罐车。在整个卸车时间内，辅助作业时间一般为 0.5~1h，加热时间一般为 1.5~3h，纯泵卸油时间 t 为 2~4h。

7. 输油泵

为把燃油从卸油罐输送到储油罐或从储油罐输送到日用油箱，需设输油泵，输油泵通常采用螺杆泵和齿轮泵，也可以选用蒸汽往复泵、离心泵。油泵不宜少于 2 台，其中 1 台备用，油泵的布置应考虑到泵的吸程。

用于从储油罐往日用油箱输送燃油的输油泵，容量不应小于锅炉房小时最大计算耗油量的 110%。

用于从卸油罐向储油罐输送燃油的输油泵。

在输油泵进口母管上应设置油过滤器 2 台，其中 1 台备用，油过滤器的滤网网孔宜为 8~12 目 /cm，滤网流通面积宜为其进口截面的 8~10 倍。

8. 输油设备（油泵）

在燃油锅炉房供油系统中，按泵的用途可分：卸油泵、输油泵和供油泵。卸油泵的功能是将燃油打入储油罐，再由输油泵把油料从储油罐送入日用油箱，而直接或间接供应锅炉燃烧器燃油的泵通称供油泵。按泵的工作原理可分：动力式泵和容积式泵。离心泵属于动力式，而往复式泵、齿轮泵和螺杆泵则归为容积式。这几种泵均可用于压送油料，泵形式的选择主要取决于油品的性质和供油参数。当输送的油品黏度小，压头较低且流量较大时，一般采用离心泵；当油品黏度大，压头较高且流量较小时，常采用往复泵；如流量均匀且不含固体颗粒时，可采用齿轮泵和螺杆泵。

9. 供油泵

供油泵用于往锅炉中直接供应一定压力的燃料油。一般要求流量小、压力高，并且油压稳定。供油泵的特点是工作时间长。在中小型锅炉房中通常选用齿轮泵或螺杆泵作为供油泵。供油泵的流量与锅炉房的额定出力、锅炉台数、锅炉房热负荷的变化幅度及喷油嘴的形式等有关。

供油泵的流量不应小于锅炉房最大计算耗油量与回油量之和。锅炉房最大计算耗油量为已知数，故求供油泵的流量就在于合理确定回油量。回油量不宜过大或过小，回油量大固然对油量、油压的调节有利，但过大，不仅会加速罐内重油的温升，而且还会增加动力消耗，经常性地造成油泵不经济运行。回油量过小又会影响调节阀的灵敏度和重油在回油管中的流速，流速过低，重油中的沥青胶质和碳化物容易析出并沉积于管壁，使管道的流通截面面积逐渐缩小，甚至堵塞管道。因此，在确定回油量时，应力求使供油泵的动力消耗最省和保证重油系统的安全运行，并要做到：在锅炉热负荷变化时回油量应处于主调节阀的节流范围以内，同时应使重油在回油管中的流速不要过低，结合选取适当的回油管直径尽量控制重油的流速在 1m/s 以上，最低不宜低于 0.7m/s。为保证在锅炉热负荷变化时油泵和回油管路的安全运行和节省动力消耗，除利用回油调节阀调节供油量和回油量外，还可选用小流量多台泵并联工作，以适应锅炉房热负荷变化时流量调节的需要。特别是在锅炉房额定出力较大，热负荷变化幅度也大的情况下，选用小流量泵并联工作尤有必要。

对于带回油的喷油嘴的回油，可根据喷油嘴的额定回油量确定，并合理地选用调节阀和回油管直径。喷油嘴的额定回油量，由锅炉制造厂提出，一般为喷油嘴额定出力的 15%~50%。

10. 油罐附件

为了保证油罐的安全运行和正常操作，在油罐上需要设置通气管、人孔、透光孔、液位计、加热器等附件。现就主要部件作简要介绍。

1）通气管及阻火器

为了避免油罐在充注和卸出时造成过高或过低的油面上部气体压力，必须设置通气管与外界大气相通。同时，为了防止意外情况下火焰经过通气管进入油罐点燃油蒸气而造成火灾事故，一般要在通气管上安装阻火器。阻火器内装有多层金属片组成的阻火芯，它可以吸收热量，使火焰熄灭。

2）呼吸阀

在轻油罐上要装呼吸阀，当油罐内负压超过允许值时吸入空气，正压超值时排放出多余气体。正常情况下，使油罐内部空间与外部隔绝，以减少油品损失。

3）液位计

液位计是用来测定罐内油面高度的指示器或传感器。常用的液位计有机械式、浮子式和电子式等。机械式液位计结构比较简单，但使用不够理想。浮子式液位计可粗略地指示油面高度，结构简单，使用较为普遍。电子式液位计可以远传液位指示，其运行效果好，但价格较高。

4）空气泡沫发生器

在立式油罐的上层板圈上安装空气泡沫发生器。空气泡沫液在压力作用下，冲开器中的玻璃片，沿着泡沫管经喷射装置喷到油罐，覆盖着火液面以隔绝空气，达到熄灭火焰的目的。正常状态下，玻璃片是用于防止油蒸气泄漏的。

任务 5.4 燃气系统

一、供气管道系统设计的基本要求

1.供气管道进口装置设计要求

（1）由调压站至锅炉房的燃气管道（锅炉房引入管），除生产上有特殊要求时需考虑采用双管供气外，一般均采用单管供气。当采用双管供气时，每条管道的通过能力按锅炉房总耗气量的 70% 计算。燃气锅炉供气系统如图 4-46 所示。

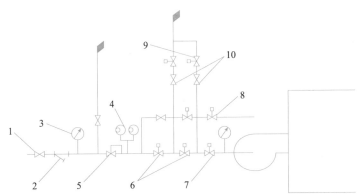

图 4-46 燃气锅炉供气系统

1—总关闭阀；2—气体过滤器；3—压力表；4—自动式压力调节阀；
5—压力上线开关；6—安全切断电磁阀；7—流量调节阀；
8—点火电磁阀；9—放空电磁阀；10—放空旋塞阀

（2）当调压装置进气压力在 0.3MPa 以上，而调压比又较大时，可能产生很大的噪声，为避免噪声沿管道传送到锅炉房，调压装置后宜有 10~15m 的一段管道采取埋地敷设。

（3）由锅炉房外部引入的燃气总管，在进口处应装设总关闭阀，按燃气流动方向，阀前应装放散管，并在放散管上装设取样口，阀后应装吹扫管接头。

（4）引入管与锅炉间供气干管的连接，可采用端部连接。当锅炉房内锅炉台数为 4 台以上时，为使各锅炉供气压力相近，最好采用在干管中间接入的方式。

2. 锅炉房内燃气配管系统设计要求

（1）为保证锅炉安全可靠地运行，要求供气管路及管路上安装的附件连接要严密可靠，能承受最高使用压力。在设计配管系统时应考虑便于管路的检修和维护。

（2）管道及附件不得装设在高温或有危险的地方。

（3）配管系统使用的阀门应选用明杆阀或阀杆带有刻度的阀门，以便使操作人员能识别阀门的开关状态。

（4）当锅炉房安装的锅炉台数较多时，供气干管可按需要用阀门分隔成数段、每段供应 2~3 台锅炉。

（5）在通向每台锅炉的支管上，应装有关闭阀和快速切断阀（可根据情况采用电磁阀或手动阀）、流量调节阀和压力表。

（6）在支管至燃烧器前的配管上应装关闭阀，阀后串联 2 只切断阀（手动阀或电磁阀），并应在两阀之间设置放散管（放散阀可采用手动阀或电磁阀）。靠近燃烧器的 1 只安全切断电磁阀的安装位置，至燃烧器的间距尽量缩短，以减少管段内燃气渗入炉膛的数量。

3. 吹扫放散管道系统设计

燃气管道在停止运行进行检修时，为检修工作安全，需要把管道内的燃气吹扫干净；系统在较长时间停止工作后再投入运行前，为防止燃气空气混合物进入炉膛引起爆炸，亦需进行吹扫，将可燃气混合气体排入大气。因此，在锅炉房供气系统设计中，应设置吹扫和放散管道。设计吹扫放散系统应注意下列要求：

（1）吹扫方案应根据用户的实际情况确定，可以考虑设置专用的惰性气体吹扫管道，用氮气、二氧化碳或蒸汽进行吹扫；也可不设专用吹扫管道而在燃气管道上设置吹扫点，在系统投入运行前用燃气进行吹扫，停运检修时用压缩空气进行吹扫。吹扫点（或吹扫管接点）应设置在下列部位：

①锅炉房进气管总关闭阀后面（顺气流方向）；

②在燃气管道系统以阀门隔开的管段上需要考虑分段吹扫的适当地点。

（2）燃气系统在下列部位应设置放散管道：

①锅炉房进气管总切断阀的前面（顺气流方向）；

②燃气干管的末端，管道、设备的最高点；

③燃烧器前两切断阀之间的管段；

④系统中其他需要考虑放散的适当地点。

放散管可根据具体布置情况分别引至室外或集中引至室外。放散管出口应安装在适当的位置，使放散出去的气体不致被吸入室内或通风装置内。放散管出口应高出屋脊 2m 以上。

放散管的管径根据吹扫管段的容积和吹扫时间确定，一般按吹扫时间为15~30min，排气量为吹扫段容积的 10~20 倍作为放散管管径的计算依据。

二、锅炉常用燃气供应系统

1. 一般手动控制燃气系统

以前使用的一些小型燃气锅炉房，锅炉都由人工控制，燃烧系统比较简单，一般是：燃气管道由外网或调压站进入锅炉房后，在管道入口处装一个总切断阀，顺气流方向在总切断阀前设放散管，阀后设吹扫点。由干管至每台锅炉引出支管上，安装一个关闭阀，阀后串联安装切断阀和调节阀，切断阀和调节阀之间设有放散管。在切断阀前引出一点火管路供点火使用。调节阀后安装压力表。阀门选用截止阀或球阀手动控制。系统一般都不设吹扫管路。放散管根据布置情况单独引出或集中引出屋面。

2. 强制鼓风供气系统

随着燃气锅炉技术的发展，供气系统的设计也在不断改进，近几年出现的一些燃气锅炉，自动控制和自动保护程度较高，实行程序控制，要求供气系统配备相应的自控装置和报警设施。因此，供气系统的设计也在向自控方向发展，在我国新设计的一些燃气锅炉房中，供气系统已在不同程度上采用了一些自动切断、自动调节和自动报警等装置。

强制鼓风供气系统能在较低压力下工作，由于装有机械鼓风设备，调节方便，可在较大范围内改变负荷，且燃烧相当稳定。因此，这种系统在大中型供暖和生产的燃气锅炉房中经常被采用。

3. 燃气锅炉供气系统

燃气锅炉供气系统，该锅炉采用涡流式燃烧器，要求燃气进气压力为10~15kPa，炉前燃气管道及其附属设备，由锅炉厂配套供应。每台锅炉配有一台自动式调压器，由外网或锅炉房供气干管来的燃气先经过调压器调压，再通过 2 只串联的电磁阀（又称主气阀）和 1 只流量调节阀，然后进入燃烧器。在2 只串联的电磁阀之间设有放散管和放散电磁阀，当主电磁阀关闭时，放散电磁阀自动开启，避免漏气进入炉膛。主电磁阀和锅炉高低水位保护装置、蒸汽超压装置、火焰监测装置以及鼓风机等连锁，当锅炉在运行中发生事故时，主电磁阀自动关闭切断供气。运行时燃气流量可根据锅炉负荷变化情况由调节阀进行调节，燃气调节阀和空气调节阀通过压力比例调节器的作用实现燃气—空气比例调节。

此外，在二电磁阀之前的燃气管上，引出点火管道，点火管道上有关闭阀和 2 只串联安装的电磁阀。点火电磁阀由点火或熄火信号控制。原燃气系统的起动和停止为自动控制和程序控制，当开始点火时，首先打开风机预吹扫一段时间（一般几十秒），然后，打开点火电磁阀，点火后再打开主电磁阀，同时火焰监测装置投入，锅炉投入正常运行；当停炉或事故停炉时，先关闭主气阀，然后吹扫一段时间。

在供气系统中，为了保证燃烧器所需的压力，应设置燃气高低压报警及必要的连锁。

三、城市常用燃气供应系统

1. 城市燃气管道压力分类

城市燃气管道按其所输送的燃气压力不同，分为以下 5 类：

（1）低压管道：（$p \leq 0.005\text{MPa}$）；

（2）次中压管道 A：（$0.005\text{MPa}<p \leq 0.2\text{MPa}$）；

（3）中压管道 B：（$0.2\text{MPa}<p \leq 0.4\text{MPa}$）；

（4）次高压管道 A：（$0.4\text{MPa}<p \leq 0.8\text{MPa}$）；

（5）高压管道 B：（$0.8\text{MPa}<p \leq 1.6\text{MPa}$）。

在燃气锅炉房供气系统中，从安全角度考虑，宜采用次中压、低压供气系统；不宜采用高压供气系统。

2. 供气压力的确定

燃气锅炉房供气压力主要是根据锅炉类型及其燃烧器对燃气压力的要求来确定。当锅炉类型及燃烧器的形式已确定时，供气压力可按下式确定：

$$P=P_r+\Delta P \qquad\qquad (4-2)$$

式中：　P——锅炉房燃气进口压力（Pa）；

　　　　P_r——燃烧器前所需要的燃气压力（各种锅炉所需要的燃气压力，见锅炉厂家资料）（Pa）；

　　　　ΔP——管道阻力损失（Pa）。

任务 5.5　燃油燃气锅炉调试运行

一、锅炉安装备案流程

锅炉安装备案按图 4-47 所示步骤进行。

办理开工告知的程序：施工单位携带有关材料于施工前办理，告知后即可施工。办理特种设备开工告知时，应当提供以下资料：

（1）《特种设备安装改造维修告知书》（一式三份）。

（2）施工单位营业执照、许可证（原件、复印件各一份）。

（3）施工项目的安装（改造、维修）合同（原件、复印件各一份）。

（4）安装（改造、维修）施工人员作业证书（原件、复印件各一份，包括焊工、管工、电工、无损检测）。

（5）施工设备的出厂技术资料（产品合格证、质量证明、监督检验证书）。

（6）材料真实性声明。

（7）安装授权委托书。

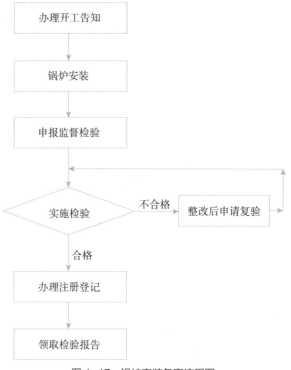

图4-47 锅炉安装备案流程图

（8）锅炉安装施工方案。

（9）施工现场质量保证体系人员任命书。

（10）锅炉产品能效测试报告。

锅炉安装收费标准为锅炉合同成交价格的 0.5%~1%，由于各地政策不同，具体收费标准需咨询当地特种设备监督检验所。

二、燃气锅炉的操作规程

1.启炉前准备

（1）燃气炉检查燃气压力是否正常，不要过高或过低，打开油气的供给阀门。

（2）检查水泵是否上水，否则打开放气阀，直至上水为止。打开上水系统的各个阀门（包括水泵前后及锅炉的上水阀门）。

（3）检查水位计，水位应在正常位置，水位计器、水位感应塞需处在打开位置，杜绝假水位，若缺水可手动上水。

（4）检查压力管道上的阀门，必须打开，烟道上的挡风板必须全部开启。

（5）检查控制柜上的各个旋钮均处于正常位置。

（6）检查蒸汽锅炉出水阀应处于关闭状态，热水锅炉循环水泵出气阀也应是关闭状态。

（7）检查软化水设备是否正常运行，制造出的软水的各种指标是否符合国家标准。

2. 启炉运行

（1）打开总电源。

（2）启动燃烧器。

（3）锅筒上的放气阀，冒出的完全是蒸汽时，关闭之。

（4）检查锅炉人孔、手孔法兰和阀门，发现渗漏处加以紧固，紧固后如渗漏，停炉检修。

（5）当气压升 0.05~0.1MPa 时，补水，排污，检查试验给水系统和排污装置，同时冲洗水位表。

（6）气压升至 0.1~0.15MPa 时，冲洗压力表存水弯管。

（7）气压升至 0.3MPa 时，"负荷大火/小火"旋钮旋至"大火"，加强燃烧。

（8）气压升至 2/3 运行压力时，开始暖管送气，缓慢开启主汽阀，避免水击。

（9）排水阀冒出的完全是蒸汽时关闭。

（10）全部排水阀关闭后，缓慢开启主气阀至全开，再回转半圈。

（11）"燃烧器控制"旋钮旋至"自动"。

（12）水位调节：根据负荷调节水位（手动启停给水泵），低负荷时水位应稍高于正常水位，高负荷时，水位应稍低于正常水位。

（13）气压调节：根据负荷调节燃烧（手动调节大火/小火）。

（14）燃烧状况判断，根据火焰颜色，烟气颜色判断空气量燃油雾化状况。

（15）观察排烟温度，烟温一般控制在 220~250℃，同时观察烟囱的排烟温度，浓度，将燃烧调整到最佳状态。

3. 正常停炉

"负荷大火/小火"旋钮旋至"小火"，关闭燃烧器，蒸汽压力下降至 0.05~0.1MPa 时进行排污，关闭主气阀，手动补水至稍高水位，关闭给水阀，关闭燃烧供给阀，关闭烟道挡板，关闭总电源。

4. 紧急停炉

关闭主蒸汽阀，关闭总电源，通知上级领导。

换热站工程

任务一　换热站设备选型及安装

【教学目标】

通过演示、讲解与实际训练，使学生具备描述换热站系统流程能力；具备描述换热站系统组成的能力。培养学生良好的职业道德、自我学习能力、实践动手能力和耐心细致分析和处理问题的能力，以及诚实、守信、善于沟通和合作的专业素养。学生通过计划、实施、检查工作过程，培养学生的专业能力、方法能力和团队合作能力。

【知识目标】

通过任务一换热站设备选型及安装学习，应使学生掌握：

1. 掌握换热站系统流程。
2. 掌握换热站系统组成。

【知识点导图】

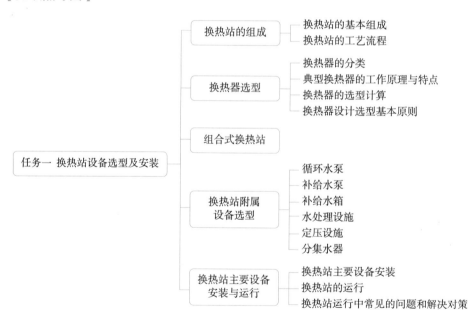

【引导问题】

1. 换热站由哪些主要设备组成？

_____

2. 如何确定换热器必需的换热面积？

_____

任务 1.1　换热站的组成

一、换热站的基本组成

供热通风及空调系统往往需要两种或两种以上不同参数的热媒，甚至在寒冷地区同时需要蒸汽和热水作为供热通风及空调的热媒。本节仅介绍水—水换热的换热站和汽—水换热的换热站。下面介绍换热站的基本组成。

微课 5.1-1
换热站组成
及工艺流程

1. 水—水换热站

水—水换热站通常由水—水换热器、循环水泵、补水定压设备、水处理设备、除污器和分/集水器等设备以及热力管道及其必要的附件组成。为保证系统正常安全运行，站内还必须设置必要的热工检测和保护装置。水—水换热站的基本组成详见图 5-1。

动画 5.1-2
水—水换热
站的组成及
工艺流程

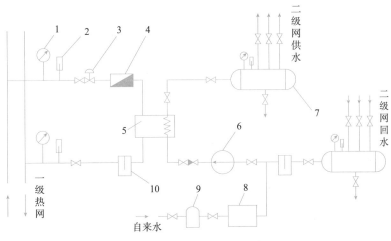

图 5-1　水—水换热站设备示意图
1—压力表；2—温度计；3—调节阀；4—热计量表；5—水—水换热器；
6—循环水泵；7—分/集水器；8—补水定压装置；9—水处理设备；10—除污器

1）换热器

换热器是转换供热介质种类，改变供热介质参数的设备。按照热交换的介质，换热器分为：汽—水换热器、水—水换热器。水—水换热器按照传热方式分类：

（1）表面式换热器：冷热两种流体被金属壁隔开，通过金属壁面进行热交换的换热器，如壳管式、容积式、板式、螺旋板式、浮动盘管式等。

（2）混合式换热器：冷热两种流体直接接触进行混合而实现热交换的换热器，如淋水式、喷管式等。

板式换热器作为即热式换热设备，高效、紧凑、便于维护管理、使用寿命长，用于水—水换热，相对于其他结构形式换热器优势明显，因而成为目前生产的热交换机组中最常见的换热设备。

2）循环水泵

循环水泵是驱动热水在供热系统中循环流动的机械设备。换热站的循环水泵常设置在换热器被加热水（循环水）进口侧，以保证泵的安全运行。循环水泵多为立式单吸管道泵。

3）定压设备

换热站的各个循环系统还应配备各自的定压装置和相关设备。定压装置包括高位膨胀水箱，氮气、蒸汽、空气定压装置、补水泵定压装置等。

4）补水泵

补水泵是对系统介质的损失进行补充的设备。室内外供热管网系统经过一段时间运行，由于管道和附件的连接处不严密或管理不善，而产生漏水。因此，需要设置补水泵向系统输送必要的补水。补水泵多为立式多级离心泵。

5）分水器和集水器

分水器和集水器，是冷热源工程中常用的并联接管设备。分水器用于供暖热水或空调冷水的供水管路上，集水器用于回水管路上。其发挥的作用，一是为了便于连接通向各并联环路的管道；二是均衡压力，使汇集在一起的各个环路具有相同的起始压力或终端压力，确保流量分配均匀。

6）水处理设备

全自动软水器是换热站最为常用的水处理设备，它的工作原理，是通过树脂吸附水中的钙镁离子，从而达到降低换热站补水的硬度的目的。

7）除污器

除污器是对系统介质的杂质进行过滤器清理的设备。在工程中，换热站的循环水泵、补水泵等设备的入口管道上，需要设置过滤器或除污器。用来清除和过滤管道中的杂质和污垢，保持系统内水质的洁净，减少阻力，保护设备和防止管道堵塞。

8）补给水箱

补给水箱是储备补水水源的设备。

9）自动控制系统

自动控制系统具有自动控制和远程通信功能，能够将温度、压力、流量及水泵状态、电动调节阀状态、水箱水位信号、变频器的状态等有关数据传送给控制中心。

10）计量装置

计量装置对供热进行参数进行统计计算。换热站中的计量装置主要为热量表。

（1）热量表是计算热量的仪表。热量表由流量传感器、温度传感器、积分仪三部分组成。

（2）流量传感器——测量热介质流过热循环系统体积值。

（3）温度传感器——测量计算热循环系统进出口热介质的温差。

（4）积分仪——根据流量传感器的体积信号和配套温度传感器的温差信号计算出消耗的热量值。

热量表的工作原理是将一对温度传感器分别安装在通过载热流体的上行管和下行管上，流量传感器安装在流体入口或回流管上（流量计安装的位置不同，最终的测量结果也不同），流量传感器发出与流量成正比的脉冲信号，一对温度传感器给出表示温度高低的模拟信号，而积分仪采集来自流量和温度传感器的信号，利用计算公式算出热交换系统获得的热量。

热量表由流量传感器的测量原理进行分类，可分为机械式、超声波式和电磁式三种。

热量表的安装位置详见图 5-2。

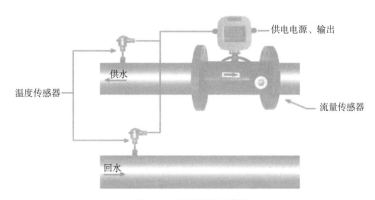

图 5-2　热量表的安装位置

11）其他各类阀门

如闸阀、截止阀、电动调节阀、安全阀等。

电动调节阀一般用于一次网流量调节，根据二次供水温度的需要调节阀门的开度，节约能源。

安全阀根据系统的压力设定自动启闭，安装于管路上保护系统安全。当设备或管道内压力超过安全阀设定压力时，即自动开启泄压，保护设备和管道正常工作，防止发生意外，减少损失。安全阀分为全启式、中启式和微启式。

12）仪表

常用仪表有压力表、温度表、压力变送器、温度传感器、温度开关、压力开关等。

2. 汽—水换热站

汽—水换热站通常由汽—水换热器、循环水泵、凝水泵、凝水箱、分汽缸等设备以及热力管道及其必要的附件组成。为保证系统正常安全运行，站内还必须设置热工检测和保护装置，详见图 5-3。

1）汽—水换热器

常用的汽—水换热器包括壳管式汽—水换热器、容积式汽—水换热器和淋水式汽—水换热器等。

动画 5.1-3
汽—水换热站的组成及工艺流程

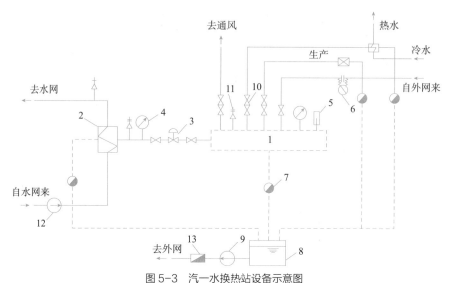

图 5-3　汽—水换热站设备示意图

1—分汽缸；2—汽—水换热器；3—减压阀；4—压力表；5—温度计；6—蒸汽流量计；7—疏水器；
8—凝水箱；9—凝水泵；10—调节阀；11—安全阀；12—循环水泵；13—凝水流量计

2）分汽缸

分汽缸用于供气管路上，用于把蒸汽分配到各路管道中。

3）凝结水箱以及凝结水泵

管网引进一定压力的蒸汽，经计量后，进入汽—水换热机组，换热后的凝结水进入凝结水箱，由凝结水泵升压送至凝结水管网统一回收。

4）疏水阀

疏水阀（图 5-4）是自动排除凝结水并阻止蒸汽泄漏的阀门，同时它还能排除系统中积留的空气和其他不凝性气体。

（a）　　　　　　　（b）　　　　　　　（c）

图 5-4　疏水阀

（a）圆盘式法兰疏水阀；（b）自由浮球式法兰疏水阀；（c）波纹管式疏水阀

根据作用原理不同，可分为以下三种类型：

（1）机械型疏水阀：利用蒸汽和凝结水的密度不同，形成凝水液位，以控制凝水排水孔自动启闭工作的疏水阀。主要产品有浮筒式、钟形浮子式、自由浮球式、倒吊筒式疏水阀。

（2）热动力型疏水阀：利用蒸汽和凝水热动力学（流动）特性的不同来工作的疏水阀。主要产品有圆盘式、脉冲式、孔板或迷宫式疏水阀。

（3）热静力型（恒温型）疏水阀：利用蒸汽和凝水的温度不同引起恒温元件膨胀或变形工作的疏水阀。主要产品有波纹管式、双金属片式和液体膨胀式疏水阀。

二、换热站的工艺流程

换热站的热力系统就是利用汽—水热交换器或水—水热交换器，将蒸汽或水的热能，经金属表面传给被加热的水，并将被加热的水输送给用户。

通过换热站的热力系统，可以了解换热站的工艺流程（图 5-5、图 5-6）。

1. 水—水换热站

一次网的供水（温度为 t_1）进入水—水换热器，换热后的一次网的回水，温度降至 t_2。二次网的回水（温度为 t_4），经过除污器，由循环水泵加压后进入水—水换热器，被加热至 t_3，供给二次网用户使用。经水处理设备处理的软化水进入补水箱，经设有变频定压补水装置的补水泵补到二次水循环水泵的吸入口，同时实现系统的定压。

2. 汽—水换热站

蒸汽进入汽—水换热器，经换热，凝结水由疏水器输出，排往凝结水箱中。空调热水回水经除污器，由循环水泵加压后送入汽—水换热器，经加热后送入用户。系统采用调节阀控制补水点的压力，进行连续补水，以维持定压点处的压力。

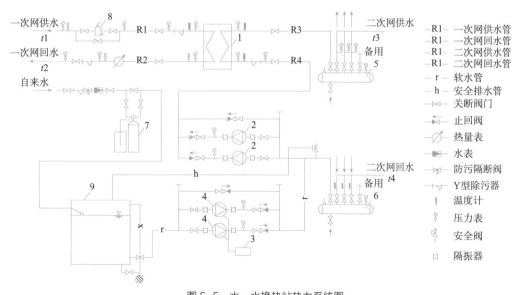

图 5-5　水—水换热站热力系统图

1—水—水板式换热器；2—循环水泵；3—变频定压补水装置；4—补水泵；5—分水；6—集水器；
7—水处理设备；8—除污器；9—补水箱

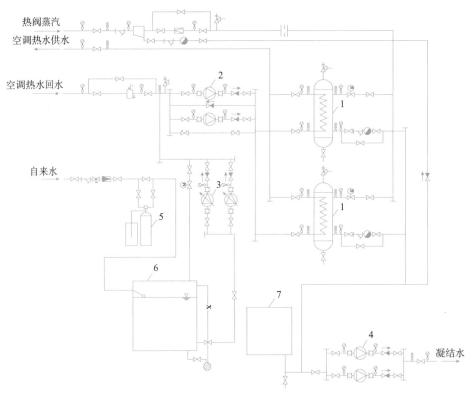

图 5-6　汽—水换热站热力系统图

1—汽—水换热器；2—循环水泵；3—变频定压补水装置；4—冷凝水泵；5—水处理设备；
6—补水箱；7—闭式凝结水箱

任务 1.2　换热器选型

微课　5.1-4
换热器选型

　　换热器的种类很多，最常用的分类是按照换热方式的不同进行分类，可以分为表面式换热器和直接混合式换热器。

　　表面式换热器是利用高温热介质（蒸汽或高温热水）通过换热的金属管（板）壁表面传热，将低温热介质水加热到所需温度的设备；直接混合式换热器是高温热介质蒸汽直接同低温热介质水混合，使低温热介质水加热到所需温度的设备。

一、换热器的分类

　　换热器的种类很多，最常见的是按照换热方式的不同进行分类，分为表面式换热器和直接混合式换热器，见表 5-1 所示。

　　表面式换热器是利用高温热介质（蒸汽或高温热水）通过换热的金属管（板）壁表面传热，将低温热介质水加热到所需温度的设备；直接混合式换热器是高温热介质蒸汽直接同低温热介质水混合，使低温热介质水加热到所需温度的设备。

换热器的分类　　　　　　　　表 5-1

表面式换热器	热媒不同	汽—水换热器、水—水换热器
	换热面形状不同	管壳式换热器、容积式换热器、板式换热器、螺旋板式换热器、板壳式换热器
	外壳结构不同	单壳式换热器、分段式换热器
	换热面布置方向不同	垂直式换热器、水平式换热器
直接混合式换热器	混合方式不同	蒸汽喷射、蒸汽喷射二级加热器、淋水式换热器、喷管式换热器

二、典型换热器的工作原理与特点

1. 表面式换热器

1）管壳式换热器

（1）管壳式汽—水换热器

①固定管板式汽—水换热器

固定管板式汽—水换热器构造如图 5-7（a）所示。蒸汽在管束外表面流过，被加热水在管束的小管内流过，通过管束的壁面进行热交换。管束通常采用铜管、黄铜管或锅炉碳素钢钢管，少数采用不锈钢管，钢管承压能力高，但易腐蚀；铜管、黄铜管导热性能好，耐腐蚀，但造价高，一般超过 140℃ 的高温热水换热器最好采用钢管。为了强化传热，通常在前室、后室中间加隔板，使水由单流程变成多流程，流程通常取偶数，这样进出水口在同一侧，便于管道布置。

固定管板式汽—水换热器结构简单，造价低，但蒸汽与被加热水之间温差较大时，由于壳、管膨胀性不同，热应力大，会引起管子弯曲或造成管束与管板、管板与管壳之间开裂，此外管间污垢较难清理。

这种形式的汽—水换热器只适用于小温差，压力低，结垢不严重的场合。为解决外壳和管束热膨胀不同的缺点，常需在壳体中部加波形膨胀节，以达到热补偿的目的，如图 5-7（b）所示，是带膨胀节的管壳式汽—水换热器构造示意图。

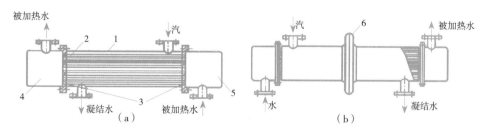

图 5-7　固定管板式汽—水换热器

（a）固定管板式汽—水换热器；（b）带膨胀节的管壳式汽—水换热器

1—外壳；2—管束；3—固定管栅板；4—前水室；5—后水室；6—膨胀节

②U形管壳式汽—水换热器

U形壳管式汽—水换热器构造如图5-8所示。它是将换热器换热管弯成U形，两端固定在同一管板上。

U形管式换热器的优点是：

管束可以自由浮动，无须考虑温差应力，可用于大温差场合；它只有一块管板，法兰数量少，泄漏点少、结构简单；U形管式换热器运行可靠，造价低。

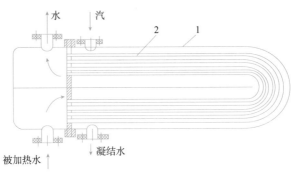

图5-8　U形管壳式汽—水换热器
1—外壳；2—管束

U形管式换热器的缺点是：

管内清洗比较困难。由于管子需要有一定的弯曲半径，管板的利用率较低；管束最内层的管间距大，壳程易短路。当管内流速太高时，将会对U形弯管段产生严重的冲蚀，影响其使用寿命；内层管若损坏就不能更换，因而报废率较高；管板上布置的管子数目少，使单位容量和单位重量的传热量小，多用于温差大、管束内流体较干净、不易结垢的场合。

③浮头式管壳汽—水换热器

浮头式管壳汽—水换热器构造如图5-9所示。为解决热应力问题，可将一端管板与壳体固定，而另一端的管板可以在壳体内自由浮动，不相连的一头称为浮头，即使两介质温差较大，管束和壳体之间也不产生温差应力。浮头式管

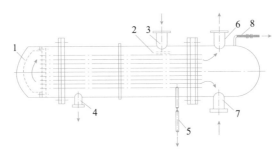

图5-9　浮头式管壳汽—水换热器
1—浮头；2—挡板；3—蒸汽入口；4—凝水出口；5—汽侧排气管；
6—被加热水出口；7—被加热水入口；8—水侧排气管

壳汽—水换热器除补偿好外，还可以将管束从壳体中整个拔出，便于检修和清洗，但其结构较复杂。

（2）管壳式水—水换热器

①分段式水—水换热器

分段式水—水换热器是将壳管式的整个管束分成若干段，将各段用法兰连接起来。每段采用固定管板，外壳上有波形膨胀节，以补偿管子的热膨胀。分段既能使流速提高，又能使冷、热水的流动方向接近于纯逆流的方式，传热效果较好。此外换热面积的大小还可以根据需要的分段数来调节。为了便于清除水垢，高温水多在管外流动，被加热水则在管内流动。分段式水—水换热器的构造示意图如图 5-10 所示。

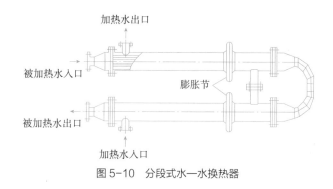

加热水出口

被加热水入口

膨胀节

被加热水出口

加热水入口

图 5-10　分段式水—水换热器

②套管式水—水换热器

套管式水—水换热器是由若干个标准钢管做成的套管焊接而成，形成"管套管"的形式，是一种最简单的管壳式换热器；与分段式水—水换热器一样，为提高传热效果，换热流体为逆向流动。套管式换热器的优点是：结构简单，能耐高压；传热面积可根据需要增减，应用方便；套管式换热器的缺点是：管间接头多，易泄漏；占地面积较大，单位传热面金属消耗量大。套管式水—水换热器构造示意图如图 5-11 所示。

2）容积式换热器

容积式换热器的内部设有并联在一起的 U 形弯管管束，蒸汽或加热水自管内流过。容积式换热器分为容积式汽—水换热器和容积式水—水换热器。容积式换热器有一定的储水作用，容积式换热器易于清除水垢，主要用于热水供应系统，但其传热系统数比壳管式换热器低。容积式汽—水换热器构造如图 5-12 所示。

3）板式换热器

板式换热器是一种传热系数高、结构紧凑、容易拆卸、热损失小、不需保温、重量轻、体积小，适用范围大的换热器。板式换热器缺点是板片间截面面积较小，易堵塞，且周边很长、密封麻烦、容易渗漏，金属板片薄、刚性差。

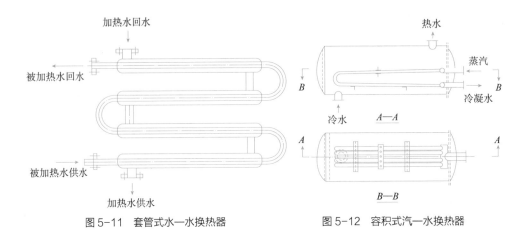

图 5-11 套管式水—水换热器　　　　图 5-12 容积式汽—水换热器

不适用于高温高压系统，主要应用于水—水换热系统。

板式换热器是由许多平行排列的传热板片叠加而成，板片之间用密封垫密封，冷热水在板片之间的间隙里流动，两端用盖板加螺栓压紧，如图 5-13 所示。

板式换热器换热板片的结构形式有很多种，板片的形状既要有利于增强传热，又要使板片的刚性好，目前我国生产的主要是"人字形换热板片"，它是一种典型的"网状板"板片，左侧上下两孔通加热流体，右侧上下两孔通被加热流体。安装时应注意水流方向要和人字纹路的方向一致，板片两侧的冷、热水应逆向流动，如图 5-14 所示。

板片之间密封用的垫片如图 5-15 所示，密封垫片的作用不仅是把流体密封在换热器内，而且使加热和被加热流体分隔开，不互相混合。通过改变垫片

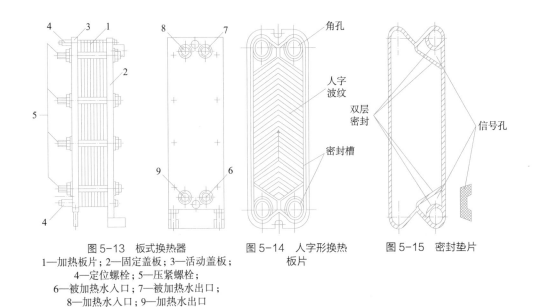

图 5-13 板式换热器　　　　图 5-14 人字形换热　　　　图 5-15 密封垫片
1—加热板片；2—固定盖板；3—活动盖板；　　　板片
4—定位螺栓；5—压紧螺栓；
6—被加热水入口；7—被加热水出口；
8—加热水入口；9—加热水出口

的左右位置，可以使加热与被加热流体在换热器中交替通过人字形板面。信号孔可检查内部是否密封，如果因密封不好而有渗漏时，信号孔就会有流体流出。

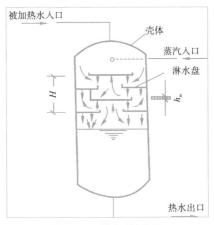

图 5-16　淋水式换热器

2. 直接混合式换热器

直接混合式换热器是高温热介质蒸汽直接同低温热介质水混合，使低温热介质水加热到所需温度的设备。

1）淋水式换热器

淋水式换热器是由壳体和带有筛孔的淋水板组成的圆柱形罐体，淋水式换热器如图 5-16 所示。蒸汽从换热器上部进入，被加热水也从上部进入，为了增加水和蒸汽的接触面积，在加热器内装了若干级淋水盘，水通过淋水盘上的细孔分散地落下和蒸汽进行热交换，加热器的下部用于蓄水并起膨胀容积的作用。

淋水式换热器的特点是容量大，可兼作膨胀水箱起储水、定压作用；由于汽水之间直接接触换热，换热效率高，在同样热负荷时换热面积小，设备紧凑。也正是由于采用直接接触式换热，凝结水不能回收，增加了集中供热系统热源处的水处理量。由于不断凝结的凝水，使加热器水位升高，通常设水位调节器控制循环水泵将多余的水送回锅炉。

2）喷管式汽—水换热器

喷管式汽—水换热器的构造如图 5-17 所示，被加热水从左侧进入喷管，蒸汽从喷管外侧进入，通过喷管壁上的倾斜小孔射出，形成许多蒸汽细流，在高速流动中，蒸汽凝结放热，变成凝结水；被加热水吸收热量，与凝水混合。在混合过程中，蒸汽多余的势能和动能用来引射水做功，从而消耗了产生振动和噪声的那部分能量。蒸汽与水正常混合时，要求蒸汽压力至少应比换热器入

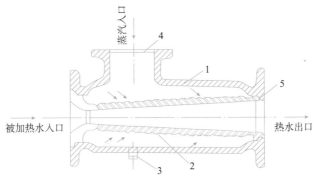

图 5-17　喷管式汽—水换热器
1—外壳；2—多孔喷管；3—泄水阀；4—网盖；5—填料

227

口水压高 0.1MPa 以上。

喷管式汽—水换热器体积小、制造简单、安装方便、加热效率高、调节灵敏、加热温差大、运行平稳。但换热量不大，一般只用于热水供应和小型热水供暖系统。用于供暖系统时，多设于循环水泵的出水口侧。

三、换热器的选型计算

1. 计算要求

（1）列管式、板式换热器计算时应考虑换热表面污垢的影响，传热系数计算时应考虑污垢修正系数。

（2）计算容积式换热器传热系数时按考虑水垢热阻的方法进行。

（3）热水供应系统换热器换热面积的选择应符合下列规定：

①当用户有足够容积的储水箱时，按生活热水日平均热负荷选择。

②当用户没有储水箱或储水容积不足，但有串联缓冲水箱时，可按最大小时热负荷选择。

③当用户无储水箱，且无串联缓冲水箱时，应按最大秒流量选择。

④热水供应系统尚需计入热损失系数：1.1~1.15。

2. 换热器选型计算

换热器选型计算的任务，是在换热量和结构已经给定，换热器出入口的加热介质和被加热介质的温度为已知的条件下，确定换热器的必要换热面积。在工程计算中，往往根据选用的换热器的形式和规格，根据上述给定条件，校核选用的换热器换热量是否满足需要。

（1）被加热水所需热量按下式计算：

$$Q=G_2 c\ (t_2-t_1) \qquad (5-1)$$

式中：　Q——换热器换热量，（W）；

　　　　G_2——通过换热器的被加热水的流量（kg/s）；

　　　　c——水的质量比热 [J/(kg·℃)]；

　　　　t_1——流出换热器的被加热水水温（℃）；

　　　　t_2——流进换热器的被加热水水温（℃）。

（2）热媒耗量按下式计算：

在汽—水换热器中，作为加热介质的蒸汽耗量为：

$$D=\frac{Q}{i_1-i_n} \qquad (5-2)$$

在水—水换热器中，作为加热介质的加热水耗量为：

$$G_1=\frac{Q}{c\ (\tau_1-\tau_2)} \qquad (5-3)$$

式中：　D——汽—水换热器中的蒸汽耗量（kg/s）；

G_1——水—水换热器中加热水的耗量（kg/s）；

τ_1、τ_2——流进和流出水—水换热器的加热水温度（℃）；

i_1、i_n——加热蒸汽的焓和凝结水的焓值（J/kg）。

（3）换热器的换热面积

换热器传热面积一般可根据厂家样本给出，当设计参数与样本不符时，宜按通用式进行换热器传热面积校核计算：

$$F = \frac{Q}{K \Delta t_{pj} B} \qquad （5\text{-}4）$$

式中：　F——换热器的换热面积（m^2）；

　　　　Q——换热器换热量（W）；

　　　　K——换热器的传热系数 $[W/（m^2 \cdot ℃）]$；

　　　　B——考虑水垢影响而取的系数，汽—水换热器时 $B = 0.85\text{~}0.9$；水—水换热器时，$B = 0.7\text{~}0.8$；

　　　　Δt_{pj}——加热与被加热流体间的对数平均温差（℃）。

式（5-4）中各项系数确定按下列公式计算：

对数平均温差 Δt_{pj}：

$$\Delta t_{pj} = \frac{\Delta t_a - \Delta t_b}{\ln \dfrac{\Delta t_a}{\Delta t_b}} \qquad （5\text{-}5）$$

式中：　Δt_a、Δt_b——换热器进、出口处热媒的最大、最小温差℃，见图 5-18。

当 $\Delta t_a / \Delta t_b \leq 2$ 时，对数平均温差 Δt_{pj} 可近似按算术平均温差计算，这时的误差 ＜ 4%，即

$$\Delta t_{pj} = \frac{(\Delta t_a + \Delta t_b)}{2} \qquad （5\text{-}6）$$

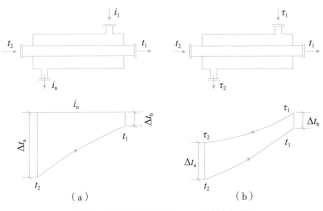

图 5-18　换热器内热媒的温度变化图

（a）汽—水换热器内的温度变化；（b）水—水换热器内的温度变化

传热系数 K 按下式计算：

$$K = \cfrac{1}{\cfrac{1}{\alpha_1} + \cfrac{\delta}{\lambda} + \cfrac{1}{\alpha_2}}$$ （5-7）

式中：　K——换热器的传热系数 [W/（m²·℃）]；

α_1——热媒和管壁间的换热系数 [W/（m²·℃）]；

α_2——管壁和被加热水之间换热系数 [W/（m²·℃）]；

δ——管壁厚度（m）；

λ——管壁的导热系数 [W/（m·℃）]。

一般钢管 λ 为 45~58W/（m·℃）；黄铜管 λ 为 81~116W/（m·℃）；紫铜管 λ 为 348~465W/（m·℃）。

考虑到换热器换热面上机械杂质、污泥、水垢的影响，以及流体在换热器内分布不均匀等因素，设计换热器的换热面积应比计算值大。对于钢管换热器，换热面积一般增加 25%~30%；对于铜管换热器，换热面积一般增加 15%~20%。

表 5-2 给出了常用换热器传热系数 K 值的范围，表 5-1 中数值也可作为估算时的参考值。

常用换热器的传热系数 K 值　　　　表 5-2

设备名称	传热系数 K [W/（m²·℃）]
壳管式水—水换热器	2000~4000
分段式水—水换热器	1150~2300
容积式汽—水换热器	700~930
容积式水—水换热器	350~465
板式水—水换热器	3000~6000
螺旋板式水—水换热器	1200~2500
淋水式换热器	5800~9300

四、换热器设计选型基本原则

1. 换热器的选择，应符合下列规定：

（1）应选择高效、紧凑、便于维护管理、使用寿命长的换热器，其类型、构造、材质与换热介质理化特性及换热系统使用要求相适应。

（2）热泵空调系统，从低温热源取热时，应采用能以紧凑形式实现小温差换热的板式换热器。

（3）水—水换热器宜采用板式换热器。

2. 换热器台数确定

（1）换热器总台数不应多于4台。全年使用的换热系统中，换热器的台数不应少于2台；非全年使用的换热系统中，换热器的台数不宜少于2台。

（2）换热器的总换热量应在换热系统设计热负荷的基础上乘以附加系数，宜按表 5-3 取值。

换热器附加系数			表 5-3
系统类型	供暖及空调供热	空调供冷	水源热泵
附加系数	1.1~1.15	1.05~1.1	1.15~1.25

3. 供暖系统的换热器

一台停止工作时，剩余换热器的设计换热量应保障供热量的要求，寒冷地区不应低于设计供热量的 65%，严寒地区不应低于设计供热量的 70%。

任务 1.3　组合式换热站

生产厂家把换热器、循环水泵、除污器、定压泵、电气控制系统、必要的阀门仪表等组装成套，整机出厂，称为组合式换热站或整体式换热机组（图 5-19）。

图 5-19　组合式换热站

组合式换热站由于结构紧凑、安装方便、操作简单，广泛应用于供暖、热水供应和空气调节等系统中；并可利用微机控制，实现换热站无人值守。

采用组合式换热站时，应符合以下要求：

（1）应采用将热交换器、二次水循环系统、补水系统、水温控制系统等按需要组合，且在工厂完成设备组装、调试、检验的机电一体化整件产品。

（2）选用组合式换热站时，需要考虑换热机组在建筑内的运输通道。

任务 1.4　换热站附属设备选型

一个换热站工艺系统除了具有换热器这一主要设备外，一般还具有循环水泵、补给水泵、软化水装置、稳压装置、分 / 集水器、水箱、压力表、温度计、止回阀、关断调节阀门、安全阀、除污器、过滤器以及疏水器等相关附属设备。

一、循环水泵

循环水泵（图5-20）是驱动热水在热水供热系统中循环流动的机械设备。循环水泵选型合理，则系统不仅能够达到预期的运行效果，而且还能保证整个系统运行的经济性和可靠性。循环水泵的输送能力主要由循环水泵的流量 G 和扬程 H 确定。

图5-20 循环水泵

1. 循环水泵的流量按下式计算：

$$G = (1.05 \sim 1.1) \frac{3.6Q_j}{c_p(t_2 - t_1)} \quad (5-8)$$

式中： G——循环水泵流量（kg/h）；

Q_j——计算热负荷（W）；

c_p——循环水的平均比热容[kJ/（kg·℃）]；

t_2——循环水供水温度（℃）；

t_1——循环水回水温度（℃）；

1.05~1.1——考虑的管网漏损系数。

2. 循环水泵的扬程按下式计算：

$$H = (h_1 + h_2 + h_3 + h_4) + (3 \sim 5) m \quad (5-9)$$

式中： H——循环水泵扬程（m）；

h_1——换热站内部水头损失（m）；

h_2——循环水供回水干管阻力（沿程阻力+局部阻力）（m）；

h_3——最不利用户内部系统水头损失（m）；

h_4——除污器水头损失；

（3~5）m——计算附加余量。

循环水泵扬程计算时注意事项：

（1）换热站内部水头损失 h_1：实际工程中通常由换热器厂家提供，若没有相关资料通常可按照 5~12mH$_2$O 选取。

（2）循环水供回水干管阻力 h_2：主干线按经济比摩阻 30~70Pa/m 进行计算，局部阻力可考虑 1.15~1.2 的附加。

（3）最不利用户内部系统水头损失 h_3：直接连接的散热器供暖系统 1~2mH$_2$O；直接连接的暖风机供暖系统 2~5mH$_2$O；混水器供暖系统 8~12mH$_2$O。

（4）除污器水头损失 h_4：换热站内循环水管道系统含分 / 集水器和除污器的压力损失，可按 3~10mH$_2$O 考虑。

3. 循环水泵选择及台数确定

（1）循环水泵一般不少于 2 台，其中 1 台备用。

（2）循环水泵选型时，必须选择集中供热换热站专用泵（热水循环泵），水泵能承受 100℃左右的热水，确保供热系统安全可靠地运行。

（3）在中小型（10 万 m^2 以下）换热站系统中，宜选用两种不同容量的水泵。其中一台循环水泵的流量和扬程应按设计工况计算值的 100% 选择，在寒冷期供热负荷较高时运行；另一台循环水泵的流量应按设计工况计算值的 70% 选择，扬程相同，在供暖初期和末期供热负荷较低时运行。这两台水泵可互为备用。

（4）在大型（10 万 m^2 以上）换热站系统中，宜选用三种不同容量的水泵。三台水泵的流量分别应按设计工况计算值的 100%、75%、60%，扬程都应按设计工况计算值的 100% 选择。这三台循环水泵分别应在寒冷期（供热负荷高）、中寒期（供热负荷中）、初期（供热负荷低）三种状态负荷下运行，并且这三种循环泵相互之间可互为备用。

（5）循环水泵宜采用变频调速水泵。

4. 循环水泵的安全要求

（1）为防止运行的系统因突然停电时产生的水击损坏循环水泵，一般采用单级离心泵。在循环水泵的进、出口母管之间，应装设带止回阀的旁通管，旁通管截面积不宜小于母管的 1/2。

（2）在循环水泵进口母管上，应装设除污器和安全阀，安全阀宜安装在除污器出水一侧；当采用气体加压膨胀水箱时，其连通管宜接在循环水泵进口母管上；在循环水泵进口母管上，宜装设高于系统静压的泄压放气管。

（3）循环水泵常设置在换热器被加热水（循环水）进口侧，以保证泵的安全运行。若设置在换热器出口侧，则应选择耐热 R 型热水泵。

（4）循环水泵的承压能力和耐温能力，应高于循环水供热系统的最大工作压力和最高工作温度的 10%~20% 为宜。

二、补给水泵

室内外供热管网系统经过一段时间运行，由于管道和附件的连接处不严密或管理不善，而产生漏水。漏水量因系统规模、供水温度和运行管理的水平而有所不同。系统缺失的水量需要通过补给水泵（图5-21）向系统里补充。

图5-21 补给水泵

1.补给水泵的流量

补给水泵的流量 G_{bs}，应根据热水系统的正常补给水量和事故补给水量确定，事故补水量（G_b）宜为正常补给水量的4~5倍；热水系统的小时泄漏量，应根据系统的规模和供水温度等条件确定，宜为系统水容量的1%，可按下式计算。

$$G_b=4G_{bs} \qquad (5\text{-}10)$$

2.补给水泵的扬程

补给水泵的扬程不应小于补水点压力加3~5m，可按下式进行计算。

$$H=(h_B+h_X+h_Y-h)+(3\text{~}5) \qquad (5\text{-}11)$$

式中： H——补给水泵扬程（m）；

h_B——系统补水点的压力水头（m）；

h_X——泵的吸水管路的水头损失（m）；

h_Y——泵的压水管路的水头损失（m）；

h——补水箱水位与补水泵之间的高度差（m）；

（3~5）——计算附加余量（m）。

系统的补水点一般选择在循环水泵入口处，补水点的压力由水压图分析确定。

3.补给水泵台数及型号的确定

（1）补给水泵一般不应少于2台，其中1台备用。

（2）补水点的位置一般宜设在循环水泵吸入侧母管上。

（3）补给水泵宜带有变频调速措施。

三、补给水箱

从运行安全可靠角度考虑，由补给水泵向系统的补水通常需要从补给水箱抽取。补给水一般需要经过软化及除氧处理。容纳经过软化或者除氧后补给水的水箱通常称为软化水箱或者除氧水箱（图5-22）。常用补给水箱的材质有不锈钢、玻璃钢等。

补给水箱的设计要点：

（1）补给水箱的有效容量，应根据供热系统的补水量和换热站软化水设备的具体情况确定，但不应小于1~1.5h的正常补水量。

（2）常年供热的换热站，补给水箱宜采用中间带隔板可分开清洗的隔板水箱。

图 5-22   补给水箱

（3）补给水箱应配备进、出水管和排污管、溢流装置、人孔、水位计等附件。

四、水处理设施

水处理设施的选定，应根据有关规范、用热设备及用户的使用要求确定，一般按下述原则考虑：

（1）为供暖、空调用户供热的系统，其补给水一般应进行软化处理，宜选用离子交换软化水设备。对于原水水质较好、供热系统较小、用热设备对水质要求不高的系统，也可采用加药处理或电磁水处理等措施。

（2）当用热设备或用户对循环水的含氧量有规定时，热交换站的补给水系统应设置除氧设施，可采用解析除氧或还原除氧、真空除氧等方式。

（3）全自动软水器的选择依据就是其提供的软化水量，软化水量一般由平时补水量确定。

五、定压设施

1. 定压值确定

换热站供热系统二次侧的定压值时，需满足二次系统的压力工况符合《城镇供热管网设计标准》CJJ/T 34—2022 中有关供热系统压力工况的要求。其中，对系统压力工况要求如下：

（1）热水热力网供水管道任何一点的压力不应低于供热介质的汽化压力，并应留有 30~50kPa 的富裕压力。

（2）热水热力网的回水压力应符合下列规定：

①不应超过直接连接用户系统的允许压力。

②任何一点的压力不应低于 50kPa。

（3）热水热力网循环水泵停止运行时，应保持必要的静态压力，静态压力应符合下列规定：

①不应使热力网任何一点的水汽化，并应有 30~50kPa 的富裕压力。

②与热力网直接连接的用户系统应充满水。

③不应超过系统中任何一点的允许压力。

2. 定压设施

换热站的各个循环系统都应配备各自的定压装置和相关设备。定压装置（或定压方式）包括高位膨胀水箱，氮气、蒸汽、空气定压装置、补水泵定压等。

热水系统的恒压装置和加压方式，应根据系统规模、供水温度和使用条件等具体情况确定。定压系统的选择可参考如下要求：

①通常温度低于或等于 95℃ 的热水系统可采用高位膨胀水箱定压或补给水泵定压。

②高温热水系统可采用氮气加压装置或补给水泵加压装置定压。

③当热水系统内水的总容量小于或等于 500m³ 时，可采用成套氮气、空气定压装置作为定压补水装置。隔膜式气压水罐不宜超过 2 台。

六、分/集水器

分/集水器是用于连接供暖系统主干供水管和回水管的装置。分为分水器和集水器两部分。

分水器是在供水系统中，用于连接各路供水管的配水装置。集水器是在回水系统中，用于连接各路回水管的回水装置。主要材质分为碳钢材质和不锈钢材质。分水器起到向各分路分配水流量的作用，集水器起到由各分路、环路汇集水流量的作用。分水器和集水器是为了便于连接各个水环路的并联管道而设置的，起到均压作用，以使流量分配均匀。水系统有 3 个以上环路时，设置分/集水器有利于回路之间的水力平衡和初调试。

分/集水器的设计详见项目二中相关内容。

任务 1.5　换热站主要设备安装与运行

换热站的占地面积一般比较小，而且很多建筑把设备间均建造在地下室，室内的设备比较多，管线复杂，如果施工人员缺乏工作经验，换热站的安装是一项流程比较复杂的工作，安装人员需要了解每项安装环节，还要采用正确的安装技术，这样才能保证安装的质量。没有合理安排设备及管道安装流程，可能会造成设备破坏地下室的管道，从而影响居民的正常生活。

一、换热站主要设备安装

1. 安装工艺流程

换热器安装→附属设备安装→管道及配件安装→管道水压试验及冲刷→外表安装→管道防腐保温→试运行→交工检验。

2. 安装工艺要点

1）换热器安装

（1）对换热器，按压力容器的技术规定进行检查验收。

（2）需组织各方进行设备基础复查，并形成验收记录。

（3）整体换热器安装：需根据现场条件采用叉车、滚杠等将换热器运到安装部位，采用车吊、拔杆、悬吊式滑轮组等设备机具将换热器吊到预先准备好的支架或支座上，同时进行设备的定位复核。

（4）组装式换热器安装：

①由于组装换热器各部件的重量较小，一般采用拔杆吊装。

②组装的顺序一般是由下向上，先主件后副件。先将主部件放到支架上，按安装尺寸调整好位置和方向，再吊装副件进行连接。

③组装换热器的各部件间大多是法兰连接，法兰连接工艺同法兰阀门安装，根据介质的温度和压力确定密封件。

④在组对部件时，要同时关注几个法兰的对口情况，以保证全部界面的正确和严密，同时也要保证换热器整体的水平度和垂直度。

（5）对热交换器以最大工作压力的 1.5 倍做水压试验，蒸汽部分应不低于蒸汽供气压力加 0.3MPa；热水部分应不低于 0.4MPa。在试验压力下，保持 10min 压力不降为合格。

（6）壳管式热交换器的安装，如设计无要求时，其封头与墙壁或屋顶的距离不得小于换热管的长度。

（7）安装换热器时，应保证管路布置的合理性，还要对设备的外观进行检查，对管道的通畅性进行检查，保证检修的方便性，还要保证换热器观测的方便性。

（8）施工人员应采用有效的技术避免换热器下沉，而且不能将管道的变形转移到传热器接管上。

2）附属设备安装

（1）水泵安装

①将水泵吊装就位，找平、找正，与基准线相吻合，泵体水平度（1m）0.1mm，然后进行灌浆。集中供热换热站中采用的水泵一般尺寸比较大，为了保证安装质量，施工人员需要借助三脚架以及捯链吊装设备，一般钢丝不能直接系在泵体上，容易引发危险事故。

②联轴器找正。泵与电机轴的同心度：轴向倾斜（1m）0.8mm；径向位移 0.1mm。

③如果泵机的放置不够平稳，则需要作好调整。对于循环水泵，应避免其出口直接对着板式换热器。

④水泵安装后外观质量检查。泵壳不应有裂纹、砂眼及凹凸不平等缺陷；多级泵的平衡管路应无损伤或折陷现象。

（2）水处理设备安装。

①换热站运行应使用软化水。

②钠离子交换器安装。将离子交换器吊装就位，找平、找正。视镜应安装在便于观看的方向，罐体垂直允许偏差为2/1000。在吊装时要防止损坏设备。

③设备配管。一般采用镀锌钢管或塑料管，采用螺纹连接，界面要严密。所有阀门安装的标高和位置应便于操作，配管的支架严禁焊在罐体上。

④配管完毕后，根据说明书进行水压试验。检查法兰、视镜、管道界面等，以无渗漏为合格。

⑤装填树脂时，应根据说明书先进行冲洗后再装入罐内。树脂层装填高度按设备说明书要求进行。

（3）闭式膨胀水罐装置安装

①闭式膨胀水罐装置包括闭式膨胀水罐、补水泵、安全阀、电接点压力表、超压报警器、电磁阀、软化水箱或软化水池等。闭式膨胀水罐有立式和卧式。

②闭式膨胀水罐的安装与立式换热器的安装方法相同。

③闭式膨胀水罐本体必须以工作压力的1.5倍做水压试验，但不得低于0.4MPa。在试验压力下，保持10min压力不降、无渗漏为合格。

④正确选定初始压力、终止压力、安全阀的启闭压力、电接点压力表的两个触点压力和超压报警压力等参数。这些压力参数应由设计和生产厂家技术部门共同研究确定，并写入设计资料。

⑤按设计要求和生产厂家安装使用说明书的要求进行安装和调试，并作好调试记录；得到安全阀的定压必须由有资质的检测单位进行，并出具检测报告。

（4）除污器安装

①除污器在加工制作后，必须经水压试验合格，内、外表面涂两道防锈漆后，方可安装使用。

②除污器安装时应设旁通管及旁通阀，以备在除污器发生故障或清除污物时，水流能从旁通管通过，不致中断系统的正常运行。

③除污器安装时应注意方向，不得装反，否则会使大量沉积物积聚在出水管内而堵塞。

④系统试压和冲洗完成后，应将除污器内沉积物及时清除，以防止其影响系统的正常运行。

（5）分汽缸（分水器、集水器）安装

①分汽缸（分水器、集水器）安装前应进行水压试验，试验压力为工作压力的1.5倍，但不得小于0.6MPa。试验压力下10min内无压降、无渗漏为合格。

②分汽缸（分水器、集水器）一般安装在角钢支架上，安装位置应有5%的坡度。分汽缸的最低点应安装疏水器。

（6）水箱安装

①将水箱稳在放好基准线的基础上，找平、找正，水箱之间及水箱与墙面、建筑结构之间的最小净距见表 5-4。

水箱之间及水箱与墙面、建筑结构之间的最小净距 （单位：m） 表 5-4

水箱形式	水箱壁与墙面之间的距离		水箱之间的距离	水箱顶至建筑结构最低点的距离
	有浮球阀一侧	无浮球阀一侧		
圆形	0.8	0.7	0.7	0.8
矩形	1.0	0.7	0.7	0.8

②水箱的安装应位置正确、端庄平稳，所用支架、枕木等应符合设计和标准图规定。水箱底部所垫枕木需刷沥青漆处理，其断面尺寸、根数、安装间距必须符合要求。

③为了防止水箱漏水和不保温水箱夏、秋两季表面的结露滴水等对建筑物产生影响，水箱安装时，应在水箱底部设置接水底盘。接水底盘一般是用木板制作，外包镀锌钢板，再用角钢在外围做包箍紧固。底盘的边长（或直径）应比水箱大 100~200mm，周边高 60~100mm，并置于枕木之上，接水盘下应装有 DN50mm 的排水管并引至溢水管或排水管道。对于安装位置较低、容积较大的水箱，可不设接水盘，但地面必须装有排水地漏并引至排水管道。

④膨胀水箱一般安装在承重墙上的槽钢支架上，箱底和支架之间应垫上方木以防止滑动，箱底距地面高度应不小于 400mm。安装在不供暖房间时，箱体应保温，保温材料及厚度由设计确定。

⑤水箱安装的质量要求如下：

a. 水箱的坐标允许偏差为 15mm。

b. 水箱的标高允许偏差为 ±5mm。

c. 水箱垂直度每米允许偏差为 1mm。

⑥所有和水箱连接的管道，均应装有可拆卸的法兰盘或活接头，以便检修。

⑦水箱的灌水试验。各类水箱经加工制作或组装完成以后，均应进行灌水试验：以检查水箱接缝的严密性。试验的方法为先关闭水箱的出水管和泄水管，打开进水管，边放水检查，灌满为止，然后静置 24h（装配式水箱为 2~3h）观察，不渗、不漏为合格。

⑧水箱的防腐处理。由钢板焊接而成的水箱，经灌水试验合格后，应进行防腐处理其方法为在水箱的内、外刷两道防锈漆，若为露天安装的不保温水箱，还应在外表面刷银粉漆。

微课 5.1-6
换热站的运行与维护

二、换热站的运行

1.启动前检查

（1）检查换热器、循环泵、补水泵地脚是否坚固，各紧固件是否紧固。

（2）检查供回水管路、凝结水管路、蒸汽管路、循环水泵、补水泵、各阀门是否正常，管路是否漏水漏气。

（3）检查循环泵、补水泵动力线路接线是否正确，电机转向是否正确，是否牢靠接地，润滑是否正常。

（4）检查定压罐是否完好，附件是否齐全正常。

（5）检查分水器、集水器、分汽缸及其阀门、仪表是否正常。

2.启动顺序

（1）开启水箱的进水阀门，将水箱注满水。

（2）用手转动补水泵及循环水泵轴，察看是否能转动，检查油箱里的润滑量是否合适。

（3）启动补水泵往管网内注水，通过补水箱、补水泵向系统内补水，在系统顶点排气阀排掉系统空气，待排气阀排气带水时，关闭排气阀，保证补水点规定压力。

（4）将管网压力提高到安全阀规定的开启压力，检验安全阀是否安全可靠。

（5）启动循环泵前，应打开换热器的所有出口阀，并关闭换热器的进口阀，启动循环泵后再慢慢打开换热器的进口阀，逐渐提高流量及压力，避免瞬时冲击而产生局部高压损坏设备。

（6）打开站内蒸汽总阀门；开启放空排气阀门，将气缸及管道内的空气排放干净，有蒸汽排出时再关闭；打开换热器蒸汽侧排污和排气阀门，打开疏水器旁通阀门。

（7）缓慢打开换热器热源侧蒸汽入口阀门，逐渐加压至供暖系统所需要运行的温度。

3.关闭顺序

（1）关闭换热器进气阀，停止对循环水加热。

（2）逐渐关闭循环水泵的出口门至全关，然后停循环泵，注意二次侧水压的升高。如升高及时停止补水，或放水。

（3）热水网停止后，应充水养护。如检修需放水时，检修完毕后仍应充水。冲水压力以系统充满水为准。

三、换热站运行中常见的问题和解决对策

1.供热系统内积气

在换热站初次投运时，应先微开站内的回水总阀，并开启站内管道高点及换热器与主管连接管处的排气阀（如未设置，可从压力表针芯阀处泄放），待

排尽管道积气后，再将站内回水总阀开大，同时开启站内供水总阀。如果不采取这种操作，可能会导致局部管道积气或换热器出现积气的情况，轻则造成一次或二次的循环流量不足，重则造成没有循环流量。

2. 一次侧循环流量不足

当一次侧循环流量不足时，一次侧供回水温差较正常运行时偏大，二次侧供回水温差偏小，且供水温度偏低。具体而言，如站内一次供回水的总管压差较大，则说明站内一次侧阻力较大。针对这种情况，应检查阀门是否有未开到位的现象，并检查除污器、换热器内是否存在堵塞。

3. 二次侧压力不稳定

若换热站正常运行，二次侧压力突然升高或降低，将造成用户侧超压或倒空，必须及时处置。若二次侧压力突然升高，应首先关闭补水泵，开启泄水阀，将压力泄至正常定压；如关闭泄水阀后，压力仍然上升，应将循环泵停运，并分别关闭一次侧和二次侧的总阀。如异常由一次侧引起，则要检查换热器内是否有蹿水现象；如由二次侧引起，则可能是换热器窜水的原因。

4. 二次侧循环流量不足

影响二次侧循环量的因素较多。其中循环泵是整个二次系统的动力源，因此，要首先检查循环泵是否正常出力，检查水泵进出口阀门是否开启，电气侧变频器是否存在运行频率过低的现象；其次，要检查并联连接的其他停运水泵；最后，要检查循环泵进出水母管间的连通缓冲管单向阀，检查其是否存在关闭不严的问题。

5. 水泵杂声大且出现颤动

之所以出现这种异常现象，是因为电机在长期超载运行后，轴承已经损坏。解决的办法是开启一台备用循环水泵或调节出口阀门，更换水泵轴承并注油保养。

6. 水泵不出水

造成这种异常的原因是系统注水时未打开排气阀，未进行排气，导致管路高点处存气。解决办法是在系统高点处安装排气阀，及时进行排气。

7. 水泵漏水

机械密封性严重受损，橡胶件老化是该故障出现的主要原因。解决办法是更换破损的机械密封件和橡胶件，同时在更换过程中要保持它们的表面清洁。

8. 循环泵运行的不同步

变频器调节不当、止回阀未开启是出现该故障的主要原因。举例而言，在启动一台泵时产生了瞬间高压，造成了另一台水泵的止回阀打不开或不能全开，导致了其出口阻力过大。遇到这种情况，要调整变频器，保证运行的各台水泵的电机电流一致，做到同步运转。

任务二　换热站机房布置

【教学目标】

通过实际训练，使学生具备换热站机房布置能力；具备换热站机房管道布置及安装能力。培养学生自主学习能力、实践动手能力以及耐心细致地分析和处理问题的能力。

【知识目标】

通过学习任务二换热站机房布置，应使学生：

1.掌握换热站机房布置原则。

2.掌握换热站机房管道布置及安装方法。

【知识点导图】

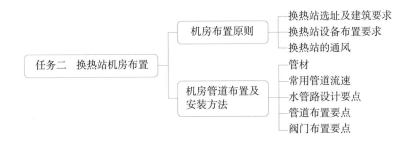

【引导问题】

1.换热站内设备布置时，需要考虑哪些因素？

_____

_____

_____

2.换热站内哪些位置应该设置压力表和温度计？

_____

_____

_____

_____

任务 2.1 机房布置原则

一、换热站选址及建筑要求

1. 热交换站的规模

（1）热交换站的规模应根据用户长期总热负荷确定。分期建设的项目，应统一考虑热交换站的位置和站房建筑，工艺系统和设备可一次设计、分期安装。

（2）居住社区供暖用的热交换站，供热半径宜在 1.0km 以内，供热规模不宜大于 15 万 m^2（供暖面积）。

（3）当自然地形高差大时，宜根据管道布置条件和设备承压能力，分区设置热交换站。自然地形高差较大，共享一个换热站导致地形低的用户承受较大的工作压力，对投资、安全运行均不利。

2. 换热站选址

（1）换热站宜靠近热负荷中心区。

（2）换热站可以是独立的建筑，也可附设在建筑物内。对设于多层建筑、高层建筑内的换热站（间），根据项目具体情况，可以与其他专业房间，如水站、空调机房合建。

（3）换热站既可设在地上，也可设在地下。附设在建筑物内的换热站，一般应充分利用建筑物的地下室。由于条件所限不宜设在地下室时，也可设在裙房中。

（4）尽量靠近水源和电源，便于引出热力管道。

3. 换热站建筑要求

（1）当换热站的热源为蒸汽，或水—水换热站的长度超过 12m 时，应设置 2 个外开的门，且门的间距应大于换热站长度的 1/2。

（2）换热站应考虑预留设备出入口。应预留满足主机房内最大不可拆装设备尺寸和重量的安装孔（洞）及设备运输与就位通道。

（3）换热站净空高度和平面布置，应能满足设备安装、检修、操作、更换的要求以及管道安装的要求，净空高度一般不宜小于 3m。采用板式热交换器时，热交换站的结构净高不宜小于 3.0m；采用壳管式或容积式热交换器时，热交换站的结构净高不宜小于 3.5m；同时应满足设备吊起、安装、检修、操作、更换的空间和管道安装的要求。

（4）独立的换热站，应根据其规模大小，设置热交换间、水处理间、控制室、化验室和运行人员必要的生活用房（如厕所、浴室、值班室等）。

（5）热交换站安全保护设计要求如下：

①换热站值班室位置应邻近换热站出入口，以便于值班人员在紧急情况时逃生。

②热交换站蒸汽系统的安全阀，应采用全启式弹簧安全阀；热水系统的安全阀应采用微启式弹簧安全阀。

（6）换热站应具有良好的采光条件及通风措施，以保障站房内正常的劳动条件。

（7）站内地面宜有坡度或采取措施保证管道和设备排出的水引向排水系统。当站内排水不能直接排入室外管道时，应设集水坑和排水泵。

（8）对于设置于住宅或办公用房、公建附近的换热站，在设计时应考虑减振降噪。换热站的墙壁和顶棚应安装吸声板；换热站的门窗应采用隔声门窗。门、窗、墙、层板、屋顶、设备基础应符合现行国家标准《工业企业噪声控制设计规范》GB/T 50087—2013 的规定，采取隔声措施。

（9）地面和设备机座应采用易于清洗的面层，用水设备的基础周边应设置排水沟。

（10）应根据设备的重量和工作时产生的荷载，做好必要的基础结构设计。

（11）换热站布置设计时，应考虑用户供热系统入户计量装置设置所需相应的维修和管理面积。

（12）换热站附属锅炉房内时，除考虑换热设备的布置要求外，还应与锅炉房的凝结水回收设备、水处理设备、除氧设备统一综合考虑，力求布置合理、办理方便、流程简短、安全可靠。

（13）机房设计应符合建筑防火设计等相关规范的规定。

二、换热站设备布置要求

微课 5.2-1
机房建筑设计及设备布置要求

（1）设备用房的面积，应保证设备之间有运行操作通道和维修拆卸设备的场地，管壳式换热器前端应留有抽卸管束需要的空间；板式换热器侧面应留有维修拆卸板片垫圈的空间，设备运行操作通道净宽不宜小于 0.8m。容积式换热器罐底距地不应小于 0.5m，罐后距墙不小于 0.8m，罐顶距屋内梁底不小于 2.0m。

（2）汽—水换热器的凝结水出口管段应装运行可靠的疏水阀，以便运行时系统的凝结水及空气排出。疏水阀宜考虑互为备用的双阀，安装位置需考虑检修空间及疏水畅通。

（3）汽—水换热器和水—水换热器设计采用上下布置组合形式时，为汽—水换热器操作及检修方便，应设置钢平台。结构要求简便和牢固。注意钢平台与汽—水换热器支座和留孔洞的配合。

（4）换热站水泵机组的布置要求：

①泵的布置首先要考虑方便操作与检修，其次是注意整齐美观。由于泵的型号、特性、外形不一，难以布置得十分整齐，因此水泵在集中布置时，一般采用下列两种布置方式：

a. 离心泵的排出口取齐，并列布置，使泵的出口管整齐，也便于操作。这是泵的典型布置方式。

b. 当泵的排出口不能取齐时，则可采用泵的一端基础取齐。这种布置方式便于设置排污管或排污沟。

②布置水泵时要考虑阀门的安装和操作的位置。

③当移动式起重设施无法接近重量较大的泵及其驱动机时，应设置检修用固定式起重设施，如吊梁、单轨吊车或桥式吊车。在建筑物、构筑物内要留有足够的空间。

④水泵机组的安装距离详见表 5-5。

水泵机组的安装距离	表 5-5
水泵基础应高出地面	不应小于 0.15m
水泵基础之间、水泵基础与墙的净距	不应小于 0.7m
当地方狭窄，且电动机功率不大于20kW或进水管管径不大于100mm时，两台水泵可做联合基础，两台水泵机组之间突出部分的净距	不应小于 0.3m
两台以上水泵不得做联合基础	

三、换热站的通风

（1）换热站应有良好的通风措施，以保证站房内正常的劳动条件。

（2）换热站内供暖、通风、空调系统的设计，应按现行国家标准《民用建筑供暖通风与空气调节设计规范》GB 50736—2012 的规定执行。

（3）设计局部排风或全面排风时，宜优先采用自然通风，利用自然通风消除建筑物余热、余湿；当利用自然通风不能满足要求时，应采用机械通风。

（4）地上建筑可利用外窗自然通风或机械排风自然补风，地下建筑应设机械排风。

（5）采用机械通风时换气次数宜为 10~12 次 /h。

（6）通风系统的风管布置及防火阀的设置，应符合国家现行有关建筑设计防火规范的规定。

任务 2.2　机房管道布置及安装方法

一、管材

供热管道应采用无缝钢管、电弧焊或高频焊接钢管。供热管道钢材钢号及适用范围应符合表 5-6 的规定。管道和钢材的规格及质量应符合国家现行相关标准的规定。

供热管道钢材钢号及适用范围		表 5-6
钢号	设计参数	钢板厚度
Q235AF	$P \leq 1.0MPa$，$t \leq 95℃$	$\leq 8mm$
Q235A	$P \leq 1.6MPa$，$t \leq 150℃$	$\leq 16mm$
Q235B	$P < 2.5MPa$，$t \leq 300℃$	$\leq 20mm$
低合金钢	适用于本章适用范围的全部参数	不限

二、常用管道流速

进行换热站设计时，有关流体介质在管道内的常用流速可参考表 5-7。表内流速为经济流速，当采用时，压力降在允许范围内，否则应以允许压力降计算确定管径。

常用流速表 表 5-7

工作介质	管道种类	流速（m/s）
过热蒸汽	DN>200	60~80
	DN=100~200	30~40
	DN<100	20~40
饱和蒸汽	DN>200	20~60
	DN=100~200	25~35
	DN<100	15~30
给水	水泵入口 *	0.5~1.0
	离心泵出口	2~3
	给水总管	1.5~3
凝结水	凝结水泵入口	0.5~1.0
	凝结水泵出口	1~2
	自流回水	<0.5
	压力回水	1~2
	余压回水	0.5~2.0
热网循环水	DN=25~32	0.5~0.7
	DN=40~50	≤ 1.0
	DN=65~80	≤ 1.6
	DN ≥ 100	≤ 2.0
生活热水	DN=15~20	≤ 0.8
	DN=25~40	1.0
	DN ≥ 50	≤ 1.2

注：* 当补水泵入口为重力流（如接自水箱）时，管道流速应按水泵实际流量及入口接口管径核算管道比摩阻，对入口接管较长的管道应适当加大管径，取用较低流速（即较小的比摩阻）。

三、水管路设计要点

1. 热交换系统一次侧设计，应符合下列要求

（1）一次热媒在进入换热站的总管上应设置切断阀、过滤器、温度计、压力表等附件，并设置一次热媒的热量计量装置。

（2）每台热交换器的一次热媒出入口管道上应设置切断阀，换热器出口管道上应设置流量由二次水出水温度控制的自动调节阀。

2. 当一次侧热媒来自建筑外的热水管网时，设计应考虑以下因素

（1）一次侧热水的设计回水温度，应符合外网对最高回水温度的限值要求。

（2）入口处资用压头小于热交换站内一次侧系统阻力时，可根据外网水力工况分析的结果，在一次侧设置增压泵。

3. 当一次侧热媒为蒸汽时，应满足以下要求

（1）蒸汽压力高于热交换站设备的承压能力时，应设置蒸汽减压阀和安全阀，安全阀泄压管出口应引至安全放散点。

（2）汽—水换热器一次热媒出口，宜串联设置水—水换热器，并将其作为二次热水的预热器；水—水换热器宜将凝结水温降至 80℃以下。

（3）应设置凝结水回收系统，汽—水换热器出口管上宜装设疏水器，凝结水的出水温度和回水压力应符合热源运营部门的规定。

4. 二次水侧的设计，应符合下列要求

（1）二次水的参数（温度、压力）应符合用户设备的运行要求。

（2）当一个热交换站需要供应多种不同参数的热水时，宜分别设置独立的热交换系统。

（3）二次水系统有多个环路时，宜设置分水器和集水器。分水器和集水器每个环路的进出口水管上，可根据需要设置手动调节阀或水力平衡装置，并应设置泄水装置及温度计、压力表等附件。

（4）二次水循环水泵应采用调速水泵（或变速控制）。其进口侧（或回水总管）应设置过滤器，过滤器前后应设置压力表、切断阀。

5. 高温水管路的设计，应符合下列要求

热水温度超过 100℃的系统称为高温水系统。新风加热和热水型冷水机组的热水管路可能采用高温水管路。高温水管路设计中要注意以下几个问题。

（1）高温水系统内如有汽化现象，就不能正常循环。因此，必须保证高温水在系统中任何地方都不能汽化。为了保证高温水在系统最高点不汽化，就必须增加系统内的压力。水温越高，其压力越大。水温较高时，用一般的开式膨胀水箱来定压难以满足要求（因为膨胀水箱安装高度往往是有限的），而采用其他加压装置（如静压、蒸汽加压、水泵加压等），使系统内每一点的压力无论在运行时，还是静止时，都高于该点的汽化压力。

（2）选用换热设备时，由于高温水系统内压力高，尤其是在低层的换热设备，应注意设备的承压能力。

（3）输送同样的热量时，高温水系统中热媒的流量要比低温水系统小，因此，设计中要注意高温水系统各用热设备之间的水力工况稳定性问题。

（4）高温水系统管道热胀冷缩量较低温水系统大，同时系统内压力也高，故易造成系统漏水。为此要求高温水管路连接的可靠性要高，尽量采用焊接，在需要拆卸的地方用法兰连接。

（5）高温水系统的管道宜选用无缝钢管。

（6）分水器、分汽缸、水箱等需保温的设备，宜采用涂抹式保温方法。

四、管道布置要点

（1）站内管道布置的净空高度及净距应符合现行国家标准《工业金属管道

设计规范》GB 50316—2000（2008 年版）的相关规定。平行管道间净距应满足管子焊接、隔热层及组成件安装维修的要求。有侧向位移的管道应适当加大管道间的净距。

（2）站内架设的管道不得阻挡通道，不得跨越配电盘、仪表柜等设备。

（3）管道布置不应影响起重机的运行。在建筑物安装孔范围内不应布置管道。在设备内件抽出区域及设备法兰拆卸区内不应布置管道。

（4）管道与设备连接时，管道上宜设支吊架，应减小加在设备上的管道荷载。

（5）管道布置应整齐有序，有条件的地方，管道应集中成排布置。

（6）从水平的蒸汽主管上引接支管时，应从主管的顶部接出。

（7）管道穿过隔墙时应加套管，套管内的空隙应采用非金属柔性材料充填。管道穿屋面处，应有防雨设施。

（8）管道支吊架的设置，按国家现行标准中关于支吊架间距的相关规定。

（9）管道由热胀冷缩产生的位移、力和力矩，必须经过认真的计算，优先利用管道布置的自然几何形状来吸收。

五、阀门布置要点

（1）阀门应设在容易接近、便于操作、维修的地方。成排管道上的阀门应集中布置，并考虑设置操作平台及梯子。平行布置管道上的阀门，其中心线应尽量取齐。手轮间的净距不应小于 100mm，为了减少管道间距，可把阀门错开布置。

（2）阀门应设在热位移小的地方。

（3）阀门最适宜的安装高度和水平管道上阀门阀杆的正确安装方向：

①所有手动阀门应布置在便于操作的高度范围内。阀门最适宜的安装高度是距离操作面 0.7~1.6m。

②按照阀门的结构、工作原理、正确流向及制造厂的要求，采用水平或直立或阀杆向上方倾斜等安装方式，阀杆不应向下垂直或向下倾斜安装。

（4）所有安全阀、减压阀及控制阀的位置，应便于调整及维修，并留有抽出阀芯的空间。

（5）换热器等设备的可拆端盖上设有管口并需接阀门时，应备有可拆管段，并将切断阀布置在端盖拆卸区的外侧。

（6）安全阀的管道布置应考虑开启时反力及其方向，其位置应便于出口管的支架设计。阀的接管承受弯矩时，应有足够的强度。

（7）站内热网系统管道上应设压力表部位：

①除污器、循环水泵、补给水泵前后。

②减压阀、调压阀（板）前后。

③供水管及回水管的总管上。

④一次加热介质总管或分汽缸、分水缸上。

⑤自动温控调节阀前后。

（8）站内热网系统管道上应设温度计部位：

①一次加热介质总管或分汽缸、分水缸上。

②换热器至热网供水总管上。

③供暖、空调季节性热网供水管、回水管上。

④生产、生活常年性热网供水管、回水管上。

⑤循环水水箱、凝结水水箱上。

⑥生活热水容积式换热器上。

习题精练

1. 水—水换热站系统由哪几部分组成？

2. 简述汽—水换热站的工艺流程。

3. 简述换热器的选型步骤。

4. 换热器台数确定有哪些原则？

5. 换热站循环水泵如何选型？

6. 换热站补给水泵如何选型？

7. 换热站选址时有哪些原则？

8. 简述换热站内主要设备安装的安装工艺流程。

9. 换热站内设备布置有哪些具体要求？

本教材数字资源 •

项目1

微课 1.1-1
常用冷源形
式－蒸汽压
缩式制冷

微课 1.1-2
常用冷源形
式－家用单
冷空调制冷
流程

微课 1.1-3
常用冷源形
式－吸收式
制冷

微课 1.1-4
常用冷源形
式－溴化锂
吸收式制冷

微课 1.1-5
常用冷热源形
式－热泵

微课 1.1-6
常用冷热源形
式－家用热
泵空调制冷热
流程

微课 1.1-7
常用热源形
式－换热站
及燃气（油）
锅炉房

微课 1.2-1
冷冻站施工
图组成

微课 1.2-2
冷冻站施工图
实例解读——
原理图

微课 1.2-3
冷冻站施工图
实例解读——
平面图

微课 1.2-4
冷冻站施工图
实例解读——
剖面图

微课 1.2-5
冷冻站施工图
实例解读——
详图

微课 1.2-6
换热站施工
图实例解读

项目2

微课 2.1-1
水泵的分类
及工作原理

微课 2.1-2
水泵性能参数
（一）

微课 2.1-3
水泵性能参数
（二）

微课 2.2-1
冷热源水质
标准

微课 2.2-2
水处理主要
设备

微课 2.3-1
冷热源管材
及阀门选型

微课 2.3-2
管道连接

微课 2.3-3
管道防腐保温

微课 2.3-4
冷热源系统
的设备附件

微课 2.4-1
稳压补水设
备（一）

微课 2.4-2
稳压补水设
备（二）

项目 3

微课 3.1-1
冷冻站系统
工艺流程

微课 3.1-2
冷水机组

微课 3.1-3
冷冻水系统

微课 3.1-4
冷却水系统

微课 3.2-1
电动冷水机
组选型

微课 3.2-2
吸收式冷水
机组选型

微课 3.2-3
水泵选型

微课 3.2-4
水泵选型标
准——水泵耗
电输冷热比

微课 3.2-5
冷却塔选型

微课 3.3-1
冷冻站建筑
要求及设备
布置原则

微课 3.3-2
机房管道设计

项目 4

微课 4.1-1
相关法规标
准技术文件

微课 4.1-2
锅炉基本知识

微课 4.1-3
燃油燃气炉

微课 4.4-1
锅炉三大安全
附件

微课 4.5-1
锅炉房实例
解读

微课 4.5-2
锅炉附属设备

项目5

微课 5.1-1
换热站组成
及工艺流程

动画 5.1-2
水一水换热
站的组成及
工艺流程

动画 5.1-3
汽一水换热
站的组成及
工艺流程

微课 5.1-4
换热器选型

微课 5.1-5
换热站附属
设备选型

微课 5.1-6
换热站的运
行与维护

微课 5.2-1
机房建筑设
计及设备布
置要求

参考文献 ●

[1] 陆耀庆.实用供暖空调设计手册[M].北京：中国建筑工业出版社，1993.

[2] 马最良，姚杨.民用建筑空调设计[M].北京：化学工业出版社，2003.

[3] 中华人民共和国住房和城乡建设部.民用建筑供暖通风与空气调节设计规范：GB 50736—2012[S].北京：中国建筑工业出版社，2012.

[4] 中华人民共和国住房和城乡建设部.公共建筑节能设计标准：GB 50189—2015[S].北京：中国建筑工业出版社，2015.

[5] 中华人民共和国住房和城乡建设部.工业循环冷却水处理设计规范：GB 50050—2017[S].北京：中国建筑工业出版社，2014.

[6] 中华人民共和国住房和城乡建设部.工业企业噪声控制设计规范：GB/T 50087—2013[S].北京：中国建筑工业出版社，2014.

[7] 中华人民共和国住房和城乡建设部.城镇燃气设计规范：GB 50028—2006[S].北京：中国建筑工业出版社，2006.

[8] 中华人民共和国住房和城乡建设部.建筑设计防火规范（2018年版）：GB 50016—2014[S].北京：中国建筑工业出版社，2014.

[9] 关文吉.建筑热能动力设计手册[M].北京：中国建筑工业出版社，2015.